UN HIVER

AU CAMBODGE

1re SÉRIE. IN-4°

Chasse à l'éléphant.

UN HIVER
AU CAMBODGE

CHASSES AU TIGRE
A L'ÉLÉPHANT ET AU BUFFLE SAUVAGE

SOUVENIRS D'UNE MISSION OFFICIELLE

REMPLIE EN 1880-1881

PAR

M. EDGAR BOULANGIER

INGÉNIEUR DES PONTS ET CHAUSSÉES

TOURS

ALFRED MAME ET FILS, ÉDITEURS

—

M DCCC LXXXVII

PREMIÈRE PARTIE

DE FRANCE AU CAMBODGE

CHAPITRE I

La traversée. — Avantages de la navigation en paquebot. — Le Stromboli. — L'arrivée à Messine. — Port-Saïd. — Le canal de Suez et la mer Rouge. — Périm et Obock. — Aden et les naufrages du cap Guardafui. — La mer de lait. — Ceylan. — Sumatra et Singapore. — L'isthme de Kra.

De Paris à Saigon, la distance est courte, un mois, trente-deux jours au plus, et par les temps les plus défavorables. Ne vous effrayez pas pour si peu. La traversée d'Indo-Chine est la plus belle qui soit au monde. Port-Saïd, Aden, Pointe-de-Galles, Singapore sont des escales magnifiques. Saigon, — une autre Capoue, — dont les délices vous retiendront huit bons jours, a cessé d'être la plus insalubre capitale de l'Asie. Vous partez en septembre pour revenir en avril. Figurez-vous, en embarquant, que votre médecin vous envoie passer l'hiver à Tunis ou à Corfou. Votre illusion sera parfaite, tellement vous vous sentirez vivre sous le soleil des régions équatoriales, tempéré par la fraîche mousson de la mer des Indes.

Un conseil seulement, avant de vous mettre en route ; je

ne vous en donnerai que de pratiques, et celui-ci a une importance capitale.

Si l'Administration vous offre le passage gratuit sur un transport de l'État, sous le couvert d'une mission honorifique, remerciez-la chaleureusement, mais gardez-vous d'accepter. Vous tomberiez, pendant quarante mortels jours, sous la férule des officiers de vaisseau et dans les griffes du *pourvoyeur*[1]. Moyennant quinze cents francs, — une bagatelle quand on entreprend une expédition pareille, — vous aurez toutes vos aises sur les paquebots des Messageries maritimes qui partent de Marseille. En outre, vous aurez la paix.

Le matin, dès six heures, vous ne serez pas réveillés en sursaut, comme des écoliers, par un clairon criard ou par un tambour sourd.

On ne vous fera pas attendre jusqu'à sept heures, — sinon plus, — l'insuffisante ration d'eau douce destinée à votre toilette.

S'il vous prend fantaisie de respirer l'air matinal sur le pont, vous ne recevrez pas des seaux d'eau dans les jambes.

Le *carré* où vous prenez vos repas (et la glace ne fera point défaut pour passer la mer Rouge), où vous causez, où vous écrivez, où vous tuez le temps de toutes les manières, ne devra pas être évacué à telle et telle heure. Ou, du moins, vous aurez un salon de lecture pour humer votre cigare, et une chaise-longue pour faire la sieste au frais sur la dunette.

Vous n'aurez pas non plus les oreilles assourdies par les manœuvres de l'équipage, les sifflets des *maîtres*, les com-

[1] Maître d'hôtel des passagers. Cet emploi lucratif se donne par voie d'adjudication *au rabais*.

mandements de l'officier de quart, sans compter les exer-
cices au fusil, au revolver, au canon, contre lesquels proteste

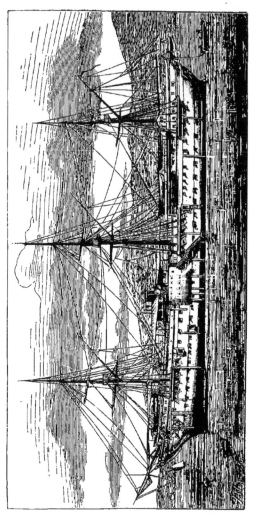

Un transport de guerre.

cette appellation consolante, mais trompeuse, de *transport-
hôpital*.

Tout se passera en silence, sans ostentation ni parade;

vous pourrez terminer votre whist du soir sans être brutale-
ment interrompu par l'extinction des feux ; vous ne *brûlerez*
aucune escale, et vous arriverez en bonne santé, en belle
humeur et beaucoup plus vite.

Cette traversée d'Indo-Chine est si connue que je puis bien
vous renvoyer aux guides. Vous ne manquerez pas de vous
en munir, et vous aurez en outre à votre service l'inépuisable
complaisance des officiers du bord. Naviguons donc à grandes
foulées.

Tant que les côtes de France resteront en vue, je vous
préviens qu'invinciblement vous ne vous lasserez point d'at-
tacher sur elles vos regards. Peu à peu elles s'effaceront dans
la brume. Elles auront disparu depuis longtemps et vous
croirez les voir encore ; mais vous ne voyez plus qu'une ligne
de nuages. Enfin le fatal *petit cercle,* formé par la terre et
l'eau, se fermera nettement, et vous éprouverez alors le sentiment instinctif qu'un invisible lien vient de se rompre,
sentiment indéfinissable qui, chez les faibles, touche à l'an-
goisse. La perspective des dangers futurs, les risques d'un
long voyage à travers les océans démontés, le spectre des
maladies et des bêtes féroces, l'horreur d'une mort lointaine, les idées les plus fantastiques assaillent à la fois
leur esprit. Que ne donneraient-ils pas pour être à terre !
C'est là ce qu'on peut appeler le baptême du feu : il est bon
d'être averti. Ne vous laissez donc pas aller à ces craintes
folles, et surtout ne priez pas le capitaine de vous débar-
quer. Fussiez-vous l'orateur le plus persuasif du monde, le
navire continuera sa marche, et dès le lendemain vous aurez
pris le dessus.

Déjà les côtes de Corse ont fui derrière le paquebot; vous avez aperçu de loin la silhouette bleuâtre de l'île d'Elbe; deux jours après le départ, vous vous réveillez au pied du Stromboli, qui lâche tranquillement son panache de fumée blanche dans l'azur du ciel. Sur les flancs décharnés,du volcan, les coulées de lave se détachent comme des ruisseaux d'encre; le cratère vous présente la profonde déchirure qui a donné passage aux dernières éruptions, et le long du rivage, insouciantes du danger, de jolies villas italiennes étincellent au soleil levant. Est-il besoin de le dire? elles sont habitées par des Anglais.

Bientôt après, les côtes de la Sicile et de la Calabre se dessinent à l'avant du navire; vous êtes saisi d'admiration par le coup d'œil du détroit de Messine qui vaut l'*arrivée à Sparte* par la route de Tripolitza, ou même l'entrée de la Corned'Or. La grande ville sicilienne, bâtie en amphithéâtre sur les derniers contreforts de l'Etna; en face d'elle, Reggio perdue dans une oasis de verdure; les collines cultivées, les falaises abruptes, les précipices qui descendent du haut des montagnes jusque dans l'eau bleue du canal; enfin, comme encadrement à ce tableau heurté, les cimes lointaines des grands sommets, dorées par le soleil couchant : ce spectacle vous captivera en dépit des marchandes à robes rouges et jaunes qui viennent offrir aux passagers les raisins de Syracuse et le miel du mont Hybla.

Trois jours plus tard, la vigie signale les côtes d'Afrique, et déjà vous avez le pied marin. Port-Saïd ! la ville *française* et la ville arabe, blanches comme neige, le grand phare, les longues jetées dont les blocs, coulés pêle-mêle, défendent l'entrée du canal de Suez contre l'invasion des sables marins... Espérons que les Anglais vous laisseront passer.

En tous cas, voici la chaloupe du pilote qui vient vous montrer la route. Le paquebot mouille près du quai. En un clin d'œil les barques égyptiennes s'attachent à ses flancs comme des puces. Il faut descendre, mais prenez garde ! Les Arabes qui fondent sur vous ne rendent pas l'opération facile.

« Viens, Moussi ! moi bien conduire toi ! bounes ouranges, Moussi ! pastèques, Moussi ! »

C'est une avalanche de hurlements. Des nuées de moricauds, grands et petits, vous harcèlent. Il en sera de même à toutes les escales. Martin Bâton, s'il vous plaît ; pour eux, ça leur est égal.

Vous visiterez la ville avec plaisir ; déjà vous n'êtes plus en Europe. Et puis le tour en est bientôt fait. Un ramassis de maisons en bois qui se sont construites en même temps que le canal ; des boutiques à l'européenne, peuplées de Grecs, de Turcs, de Dalmates, d'Arabes, et offrant un coup d'œil bigarré, bizarre ; quelques rues bien alignées et pas trop sales ; le square Ferdinand de Lesseps ; un Eldorado où on entend de la musique d'Offenbach et où l'on perd ses *roupies* à la roulette, sauf à être assassiné si l'on gagne : voilà tout Port-Saïd. Méfiez-vous de la roulette, mais encore plus de ces vingt Autrichiennes, — de Vienne naturellement, — qui râclent du violon ou battent de la grosse caisse, de sept heures du soir à minuit, avec un sérieux imperturbable. Vous trouverez pareil orchestre à Pointe-de-Galles, à Singapore, à Hong-Kong. A lui seul ce spectacle vaut le voyage. Toutes ces malheureuses filles obéissent à un impresario qui est le gardien de leur vertu. Plus leur exil est lointain, plus grandes sont leurs chances de mariage ; au fond de l'Océanie, peu de *frères de la côte* échappent à leurs filets.

Après dix ans d'exil, l'Allemand a fait fortune ; on s'épouse, on paye l'impresario et on revient au pays.

Mais le paquebot s'arrête peu et ne vous laissera pas le temps de faire des folies. Vous voici dans le Canal : 160 kilomètres à franchir en un jour, — si la chance vous favorise, — y compris l'étendue des Lacs-Amers [1]. Une nuit au minimum vous retiendra immobile, soit dans un de ces lacs, soit entre deux berges de sable. Vous aurez donc le temps de méditer sur la grande œuvre de M. de Lesseps, sur l'opposition violente qu'elle rencontra au début chez le peuple anglais, qui prétend aujourd'hui s'en emparer, sur le passé de cet isthme qui n'a pas toujours eu sa forme et sa largeur actuelles. Hérodote, en effet (450 ans avant J.-C.), lui donne une largeur de 200 kilomètres à vol d'oiseau ; de nos jours elle est de 100 à 110 kilomètres ; d'où nous devons conclure, non pas qu'Hérodote a commis une erreur grossière sur une distance si facile à mesurer, mais que dans cet espace de 2 300 ans l'isthme s'est rétréci de moitié.

En revanche, ce grand géographe donne à la mer Rouge une largeur de 50 kilomètres seulement ; aujourd'hui la largeur moyenne de cette mer est de 200 kilomètres, c'est-à-dire qu'elle a quadruplé depuis Hérodote, ou celui-ci s'est trompé dans son appréciation.

Quoi qu'il en soit, cette intéressante question géologique vous préoccupera bien moins que la chaleur torride de la région ; la mer Rouge est un des points du globe où le soleil produit les accidents les plus dangereux.

---

[1] Le canal n'a qu'une voie, et les croisements de bateaux ne peuvent avoir lieu que dans les *gares*. Le règlement ordonne à chaque navire de céder le passage à tous ceux qui sont entrés avant lui.

Je détache ici quelques pages de mon journal de bord.

Canal de Suez, 29 juillet.

Le thermomètre est monté à 48° centigrades. La réverbération du soleil sur les sables des talus est un supplice. On a
pris des chauffeurs nègres à Port-Saïd ; les blancs ne pourraient pas y tenir.

De distance en distance, des croix de bois : ce sont des
tombes. Si vous mourez dans le Canal, on ne vous mettra
pas à l'eau ; vous serez ensablé.

30 juillet.

Suez. Un ciel embrasé. Le désert de sable à perte de vue.
Pas un bananier, pas un palmier pour donner un peu de
fraîcheur à cette ville blanche qui cuit au soleil. On prend
un pilote égyptien pour la traversée de la mer Rouge. Des
bancs de sable voyageurs en rendent la navigation difficile,
et les abordages sont assez fréquents dans les passes les plus
étroites. Six chaudières sur huit sont allumées ; treize nœuds
de vitesse. C'est le mauvais pas à franchir. En avant !

31 juillet.

La nuit a été plus chaude que le jour, mais c'est encore
supportable. Le vent vient d'Arabie, il y a peu d'humidité
dans l'air et le thermomètre ne dépasse pas 40° centigrades.

La grande silhouette du mont Sinaï, « où la loi nous fut
donnée. »

1er août.

Même température. Tout le monde souffre, mais pas de
cas d'insolation.

Sur le soir, un grain nous arrive des montagnes de la Nubie ; l'atmosphère se rafraîchit, la brise est forte, on respire.

Quel panorama que celui de ces côtes brûlées, désolées, couvertes de volcans éteints !

2 août.

Passage du tropique du Cancer. La chaleur est devenue horrible. Plus un souffle. Les femmes se meurent. Le dîner n'a pu être servi ; le thermomètre des cuisines a éclaté à *soixante-douze degrés !*

3 août.

Redoublement de chaleur. L'air chaud est saturé de vapeur d'eau irrespirable. Les premiers cas d'insolation se produisent.

Il y a deux sortes d'insolation : celle qui est causée par l'action directe des rayons solaires (sur la nuque principalement), et celle qui résulte d'une inhalation excessive de vapeur d'eau. La dernière est une véritable asphyxie.

4 août.

Un médecin, deux dames et l'aumônier sont à toute extrémité. La température baisse un peu.

Les formidables canons de Périm : ces bons Anglais !

Il faudra cependant vider, un jour ou l'autre, la question européenne de la libre navigation de la mer Rouge. Il ne servirait à rien de proclamer à nouveau la neutralité du canal de Suez, si le drapeau britannique continuait à flotter sur le rocher de Périm. Le principe de la liberté des mers restera lettre morte tant que cette forteresse, élevée en violation du droit international, ne sera pas démantelée. Il s'agit là, en définitive, de la fameuse question d'Orient, dont le siège n'est plus à Constantinople depuis le percement du canal. Ou l'Angleterre cédera, ou l'Europe coalisée coupera court une bonne fois à ses prétentions injustifiables sur l'empire des mers.

5 août.

On signale Aden et ses côtes noires, abruptes, coupées, dentelées, déchiquetées. Pas un brin d'herbe. Le brasier d'un incendie. Mais quel incendie! Des cratères partout. Partout aussi des canons monstres; chaque rocher cache une batterie.

Ici se termine la fournaise. Ce n'est pas à dire qu'Aden soit un lieu de délices; les marchands de parapluies n'y feraient pas leurs affaires; il n'y pleut que tous les six à sept ans, soit vingt fois dans un siècle. La colonie anglaise boit de l'eau de mer distillée, car les fameuses citernes, commencées par les Romains, sont généralement vides. Quant aux Arabes de l'intérieur, on se demande où ils prennent l'eau douce; les Anglais, loin de leur en donner, ont élevé des retranchements pour se mettre à l'abri de leurs visites. Aden n'est pas autre chose qu'un dépôt de charbon dont l'existence remonte au percement de l'isthme de Suez. Les vapeurs européens, qui font route pour la Chine, ne peuvent emporter avec eux tout le combustible nécessaire à la traversée; d'où la nécessité d'escales destinées à leur ravitaillement. La France profite aujourd'hui de la prévoyance de l'Angleterre, à Aden comme à Pointe-de-Galles, à Singapore, à Hong-Kong; mais pour devenir grande puissance asiatique elle doit avoir ses dépôts à elle et ne plus rester tri-

Cap Gardafui.

butaire de marchands dont l'égoïsme n'a d'égal que l'âpreté au gain [1]. Un premier pas vient d'être fait dans cette voie par l'établissement d'une escale française à *Obock*, sur la côte africaine qui fait face aux rivages d'Aden. Resterait à en fonder une autre sur la côte occidentale de la presqu'île de Malacca, et nous n'aurions plus rien à envier, — ni surtout à payer, — à nos voisins d'outre-Manche, « qui ont si habilement semé leurs colonies sur les principales avenues du commerce du globe. »

Mais ne nous attardons pas. Après avoir doublé le cap Guardafui, auquel plusieurs naufrages ont fait une triste célébrité, vous respirerez tout à fait à votre aise, surtout si le pacifique océan Indien est secoué par un coup de vent parti du détroit de Mozambique [2]. Dans ce cas, je vous recom-

---

[1] Francis Garnier raconte dans un de ses voyages ce fait révoltant : Un paquebot français des Messageries maritimes, *l'Alphée*, s'étant trouvé sans combustible à une journée en mer de Suez, un vapeur anglais lui vendit cinquante tonneaux de charbon au prix de MILLE francs la tonne! « Certes, ajoute Garnier, voilà des gens pratiques et qui savent profiter des circonstances... Il est vivement à désirer que des lois internationales viennent atteindre ces honteuses spéculations. »

[2] La route de Cochinchine ne traverse pas la région des typhons. Les nouveaux transports de l'État, très hauts sur l'eau, sont faits pour naviguer dans les mers tranquilles.

C'est au retour de Chine que les navigateurs redoutent le cap Guardafui; il est facile de le confondre avec un autre promontoire plus méridional de la côte africaine, le *Ras-Hafoun*. La côte est dirigée nord-sud; les bateaux font route de l'est à l'ouest pour entrer dans le détroit de Bab-el-Mandeb, et s'ils se trompent de cap, ils viennent s'échouer sur les récifs. C'est ce qui est arrivé, il y a dix ans, au paquebot *le Mékong*, de la Compagnie des Messageries maritimes, et récemment au transport de guerre *l'Aveyron*. On demandera comment une pareille méprise est possible; le voici. Que deux ou trois jours de forte brume se succèdent dans le golfe d'Oman, les officiers ne peuvent plus *faire le point :* or le bateau traverse le grand courant de Mozambique, — analogue au Gulf-Stream, — et ce courant l'entraîne vers le sud. Le *loch* donne bien des indications sur la *vitesse relative* du navire, mais n'en fournit aucune sur sa *vitesse absolue*, ni sur sa *trajectoire*, qui dépendent l'une et l'autre de la direction et de la force du courant invisible. On peut se tromper ainsi de 100 et

mande bien de ne pas vous coucher pendant les deux ou trois
nuits qui suivront l'ouragan. Vous avez, en effet, quelques
chances de voir un phénomène très rare et que plus d'un
vieux marin n'a jamais observé dans le cours de ses voyages :
je veux parler de la *mer de lait*. Aucune description ne peut
rendre le spectacle dont vous serez le témoin émerveillé ;
après le coucher du soleil, par un de ces calmes plats qui
succèdent aux tempêtes, la teinte bistre de l'Océan, dont
aucune ride ne plisse la surface, deviendra tout à coup blan-
châtre, puis phosphorescente ; cette phosphorescence illu-
minera bientôt tout le ciel ; l'atmosphère qui vous entoure
prendra une nuance laiteuse, les étoiles disparaîtront, les
éléments se confondront, le navire ne creusera plus son sillon
dans l'eau que vous avez cessé de voir ; vous aurez l'illusion
qu'il n'est supporté par rien, qu'il flotte, — comme un corps
céleste, — dans l'espace éthéré, impondérable et lumineux.

Bien humble est la cause de cet embrasement magnifique :
un petit ver de la grosseur d'une tête d'épingle. Allez à la
salle de bain et vous en ferez collection. Ces petits êtres
n'aiment pas le grand soleil ; ils ne remontent à la surface
de la mer qu'après les forts coups de vent qui agitent les
couches profondes.

D'Aden à l'escale suivante, vous resterez huit jours entre
le ciel et l'eau, sur cette mer des Indes illustrée par le bailli
de Suffren ; puis vous toucherez, soit au dangereux mouillage
de Pointe-de-Galles, à l'extrémité sud de Ceylan, soit à Co-
lombo, sur la côte occidentale de cette île. Là vous apparaît

150 milles marins (le mille est de 1 852 mètres) sur la position du bâtiment dans la
mer des Indes. La cruauté des naturels augmente l'horreur du naufrage ; les *Somalis*
sont de vrais sauvages. Vous en verrez à Aden quelques types repoussants.

pour la première fois la luxuriante végétation intertropicale,
avec ses arbres gigantesques, ses mille variétés de plantes et
de fleurs, ses riches cultures, ses horizons ruisselants de lumière. Quel contraste avec les rochers d'Aden, dont l'image
horrible se grave dans l'esprit comme une vision de l'enfer
du Dante! Ici l'eau du ciel arrose la terre avec une régularité
parfaite; le soleil, au lieu de brûler, féconde. Voilà le pays
que Dupleix aurait donné à la France sans l'ineptie du gouvernement de Louis XV. Il mesure trois millions de kilomètres carrés [1]; il compte deux cents millions d'hommes.
N'y pensons plus.

Cinq jours plus tard le golfe de Bengale est franchi; vous
pénétrez dans le long et large canal qui s'appelle le détroit
de Malacca; vous côtoyez Sumatra, île immense, presque
aussi grande que la France, et dont l'intérieur, habité par
des peuplades guerrières, inhospitalières, mais commerçant
volontiers avec les Hollandais des côtes, est encore absolument inconnu; vous contemplez l'énorme masse du mont
Ophyr, haut de 4000 mètres, et la chaîne de montagnes
bleues qui partage en deux parties, suivant la longueur, cette
île autrefois soudée au continent; enfin, neuf jours après
avoir quitté l'Inde, vous retrouvez, à l'extrême pointe méridionale de l'Indo-Chine, la végétation exubérante des tropiques ou plutôt de l'équateur, car un degré de latitude seulement vous sépare de la Ligne. Là, le paquebot s'arrête
encore; vous êtes à Singapore et vous voyez, non sans
quelque agacement, l'inévitable pavillon britannique flotter
sur cette station navale qui commande trois ou quatre routes
maritimes: celles d'Europe, celle de Chine, celle de Bangkok,

[1] Six fois la surface de la France.

celle d'Australie, celle de Madagascar, du cap de Bonne-Espérance et de l'Amérique du Sud. Serait-il possible d'amoindrir cette situation merveilleuse? Peut-être. A 400 milles au nord de Singapore, la presqu'île de Malacca forme un étranglement remarquable qui semble se prêter au percement d'un canal. Mais c'est l'affaire de M. de Lesseps [1].

Si vous le permettez, quittons vite cette escale où les Anglais de Ceylan, d'Aden, de Périm et de Port-Saïd vous vendront du charbon, si tel est leur bon plaisir, et entrons dans la mer de Chine, que la mousson du nord-est n'a pas encore rendue furieuse. Deux jours après, vous reconnaissez l'île de Poulo-Condore et son pénitencier annamite; encore cent milles, et vous apercevrez le phare du cap Saint-Jacques, dominant une vaste baie dont le mouillage sûr appelle la création d'un port [2]. Un drapeau flotte au sommet du phare qui se dresse fièrement sur une haute colline; vous distinguez avec joie les couleurs françaises; ces côtes basses qui se confondent avec les eaux limoneuses, ces montagnes boisées qui ferment l'horizon à l'est, c'est la Cochinchine.

[1] Le canal, dit de *Kra* ou de *Talung*, raccourcirait d'environ 500 milles (un jour et demi à deux jours) la traversée de Marseille à Saigon.

[2] La baie de Ganh-ray. Saigon est situé à 50 milles dans l'intérieur, sur une branche du fleuve Donnaï, et la navigation de la rivière est interrompue à marée basse par un haut-fond connu sous le nom de *banc de corail*. Il en résulte que l'escale de Saigon fait perdre trente-six heures aux paquebots des Messageries qui desservent la grande ligne de Marseille à Hong-Kong. C'est un retard fâcheux pour ces courriers rapides qui franchissent à toute vapeur 3500 lieues marines en moins de trente-cinq jours.

L'établissement de comptoirs sur le littoral de Cochinchine eût offert de grands avantages à un autre point de vue, celui de la salubrité. Est-il trop tard aujourd'hui? Je ne me prononcerai pas. On peut remarquer seulement que les maisons de Saigon, construites avec de mauvaises briques et de la chaux médiocre, n'auront pas une longue durée, et que la ville fera peau neuve à de courts intervalles.

CHAPITRE II

La Cochinchine réserve deux surprises au voyageur qui la visite pour la première fois : une odeur *sui generis,* âcre, capiteuse, rappelant celle du patchouli, le saisit au nez dès que le paquebot navigue au milieu des terres marécageuses du littoral ; elle obsédera ses narines, — surtout dans la saison des pluies, — jusqu'à son départ pour les régions élevées et relativement saines de l'intérieur. Mais, de Saigon à la mer, il y a seulement quelques heures, et à Saigon, grande ville cosmopolite, il suffit de rester quelques jours. Ayant fait vos visites et vos préparatifs, vous montez à bord d'un autre excellent paquebot, qui vous transporte en moins de quarante heures, à travers les méandres de fleuves immenses, dans une ville non moins cosmopolite que Saigon et non moins connue, *Pnom-Penh* [1], capitale du Cambodge. Là commence le vrai voyage.

J'éprouve quelque embarras à vous faire part du second

---

[1] Prononcez *Pnon-Peigne* ou plutôt *Pfnon-Peigne.*

sujet d'étonnement. Pendant que le paquebot remonte à petite vapeur les sinuosités du Donnaï, regardez sur les rives
ces petits êtres jaunes, cuivrés, chétifs, osseux, presque
nus, repoussants de saleté, et d'une laideur, mais d'une laideur si drôlatique, que vous ne pouvez vous empêcher d'en
rire : sont-ce là des hommes ou des animaux? Ce sont des
Annamites. Ils crient sur toutes les notes de la gamme, ils
s'appellent, ils se font des signaux; vous apercevez leurs
dents noires, leurs gencives d'un rouge vif; ils se comprennent entre eux, cela ne fait pas de doute, et vous n'en revenez pas; ce sont bien des êtres humains. Puis, voyez leurs
petits, nus comme vers, le ventre ballonné, la tête rasée,
sauf deux ou trois mèches sur le front et sur la nuque; voyez-
les pataugeant dans la vase ou grimpés sur le dos de buffles
noirs à longues cornes; leurs gestes enfantins, leurs grimaces, leurs espiègleries, leurs regards étonnés, tout en eux
dénote l'intelligence de l'enfant blanc; cette constatation vous
rend rêveur. Remarquez aussi, dans ce grouillement des villages maritimes, les coolies chinois non moins jaunes, non
moins sales, non moins osseux, reconnaissables à la tresse
de cheveux qui leur tombe dans le dos et à leur chapeau
pointu aux larges ailes, et dites-moi si la nouveauté du spectacle ne vous cause pas tout d'abord la plus grande stupéfaction de votre vie! Certes, ce sentiment, que l'habitude et
le contact modifieront, vous dominera le premier jour.

Saigon, capitale de la Cochinchine, est bâtie sur la rive
droite d'une large et profonde rivière, toujours encombrée
de navires, de barques, de *sampans* ou canots indigènes;
son courant est si rapide, ses remous si dangereux dans la
saison des crues, qu'un homme tombé à l'eau ne reparaît

Palais du gouvernement à Saigon.

généralement pas à la surface. Saigon possède de belles rues
bien tracées, bien plantées d'arbres et qui commencent à se
garnir de maisons ; de beaux édifices publics, de beaux quais,
un puissant arsenal, un palais du gouvernement qui ne serait pas déplacé en face du Louvre, un grand hôpital qui est
toujours plein, une grande cathédrale qui est toujours vide,
et, j'ajoute, qui est un chef-d'œuvre de mauvais goût. Il y a
aussi les vastes établissements de la Compagnie des Messageries, le château d'eau, le dock flottant, les théâtres annamites et chinois, l'hippodrome, qui réunit tous les ans les
sportmen de l'Extrême-Orient, le jardin botanique, qui est
le bois de Boulogne du high-life saigonnais. La ville renferme 50,000 habitants, dont la majeure partie sont annamites ; on y compte quelques centaines d'Européens, dont la
plupart employés ou fonctionnaires français. Les distractions
mondaines s'y trouvent à l'état rudimentaire ; le climat éner-
vant sera toujours un obstacle à leur développement. On ne
va pas à Saigon pour s'amuser. Le matin, vers six heures,
le soleil vous chasse du lit, — un lit dont les matelas se
composent d'une douzaine de nattes très dures recouvertes
d'un simple drap ; — vous prenez une première douche d'une
ou deux minutes, et vous vaquez à vos affaires jusqu'à dix
heures. Après cela, le déjeuner, puis la sieste, qui se pro-
longe jusqu'à deux heures de l'après-midi. Nouvelle douche
et reprise du travail jusqu'à cinq heures. Alors, le *grain*
tombé [1], vous faites atteler ou vous montez dans un *ma-*

---

[1] Le nuage qui donne le *grain* affecte la forme d'un arc immense, embrassant la
moitié du ciel ; il est d'un gris très sombre, et ses bords sont frangés de nuées plus
claires. A peine formé, le météore s'ébranle avec une grande vitesse ; son premier
choc est terrible ; il renverse souvent des paillottes, des arbres de grande taille ; la
pluie ou même la grêle fouette horizontalement, la foudre éclate avec un fracas épouvantable, et cette tourmente dure environ une demi-heure, une heure au plus. Puis

labar[1]; s'il y a musique, le jardin botanique est le rendez-
vous général de la colonie européenne. Après le dîner, viennent les visites, les réceptions officielles, ou les longues
causeries intimes; on retarde le plus possible le moment de
rentrer dans sa moustiquaire; la chaleur de la nuit est plus
pénible encore que celle du jour.

Aussi bien, si vous me permettez un conseil d'ami, ne
vous attardez pas dans les délices de ce pays pestilentiel.
Hâtez-vous de visiter Cholen, centre commercial considérable où grouillent plus de cent mille Chinois. L'excursion
est facile : Cholen se trouve à quatre kilomètres de la capitale; un canal (l'*arroyo*[2] chinois) qui disparaît sous les
barques et un petit chemin de fer qui deviendra, — je le lui
souhaite, — aussi productif que celui d'Athènes au Pirée,
relient les deux grandes villes de Cochinchine.

Vous prenez enfin le paquebot des Messageries fluviales,
qui vous ramène à l'embouchure du Donnaï et s'engage à
marée haute, non sans hésitation, — la barre est dangereuse
et l'entrée peu visible, — dans la branche septentrionale du
Mékong, le *Cua-tieu*. Entre les deux embouchures, la traversée maritime ne dure guère que cinquante minutes, mais
on peut dire que c'est le quart d'heure de Rabelais. Bien que
la Cochinchine soit située en dehors de la trajectoire des
typhons, chaque année pourtant le terrible météore fait sentir
son voisinage par des perturbations qui offrent tous les ca-

le vent diminue, la pluie continue à tomber à torrents pendant le même intervalle,
et enfin les nuages se dissipent tout d'un coup et le soleil reparaît dans tout son
éclat.

[1] Les fiacres saigonnais sont conduits presque tous par des Hindous des côtes de
Malabar ou de Coromandel; le cocher a donné son nom à la voiture.

[2] Mot importé par les premiers missionnaires portugais.

ractères du cyclone sans en avoir l'intensité[1]. Elles durent de vingt à vingt-quatre heures, et cela leur suffit pour faire de grands dégâts et de nombreuses victimes. Les arbres sont arrachés ou brisés, les habitations de bois détruites. Le typhon du 5 octobre 1876 a provoqué un ras de marée de trois à quatre mètres de hauteur; onze grandes jonques annamites, chargées de passagers, ont sombré à l'entrée même du Cua-tieu. Les bateaux de la Compagnie fluviale supportent fort mal les *grains* qui les surprennent quelquefois à cette embouchure. Le rouf, c'est-à-dire la toiture fixe en bois qui protège le pont contre l'ardeur du soleil, donne prise au vent et détermine un roulis démesuré. Une queue de typhon les ferait inévitablement *cabaner*[2].

Si cette éventualité ne vous sourit pas, faites-vous transporter par le chemin de fer de Saigon jusqu'à Mytho, importante ville annamite située sur le Mékong; ou mieux encore, frétez une chaloupe à vapeur qui suivra l'arroyo de la Poste, un des plus pittoresques et le plus animé de la colonie. Un rideau de grands cocotiers, de bananiers, de bambous, de

---

[1] Les cyclones, ou tempêtes tournantes, sont de véritables tourbillons qui prennent naissance à l'équateur et se déplacent avec une vitesse croissante dans la direction des tropiques, en suivant une trajectoire curviligne dont la concavité est tournée vers l'orient. Leur diamètre, d'abord assez petit, augmente en s'éloignant de la ligne; il peut atteindre 2 000 kilomètres. Dans l'hémisphère boréal, le sens de la rotation des cyclones est inverse de la rotation des aiguilles d'une montre; le contraire a lieu dans l'hémisphère austral. Dans tout cyclone, les marins distinguent le *demi-cercle dangereux* et le *demi-cercle maniable;* dans le premier, les vitesses de rotation et de translation s'ajoutent; dans le second, elles se retranchent. Il existe des règles pour reconnaître si l'on se trouve dans l'un ou l'autre de ces demi-cercles et manœuvrer en conséquence pour fuir le centre du tourbillon. En ce point, qui est comme le fond d'un entonnoir, le vent s'engouffre à la fois de tous les points de l'horizon, et il règne dans l'atmosphère un calme apparent; mais la mer est absolument démontée. La vitesse de l'ouragan atteint son maximum à une certaine distance du centre; elle dépasse quelquefois 160 kilomètres à l'heure.

[2] Terme marin : chavirer et rester la quille en l'air.

palmiers d'eau, borde les rives ; c'est partout un fouillis de verdure, de lianes, de plantes grimpantes ; des milliers de *cases* indigènes, faites de bois et de feuillages, forment un double quai de 40 kilomètres de longueur, et un nombre infini de barques, de sampans, de jonques chinoises, circulent sur l'eau dormante, se croisent, se choquent, échangent les apostrophes les plus véhémentes, voire même les coups d'aviron.

L'arroyo de la Poste vous mène à la branche du Mékong, que le paquebot est allé prendre à son embouchure ; c'est la première fois que vous voyez ce grand fleuve, et s'il vous paraît médiocre, vous êtes bien difficile. A *Caïbé,* où vous rejoignez le vapeur qui va vous mener au Cambodge, il roule ses eaux impétueuses dans un lit de 1 500 mètres de largeur, de 20 à 25 mètres de profondeur en temps de crue, et avec une vitesse de 4 à 6 nœuds (2 à 3 mètres par seconde). Encore faut-il ajouter qu'à cette hauteur de son cours (45 milles de la mer), le Mékong possède trois autres branches, qui ne sont ni moins larges, ni moins profondes, ni moins rapides.

Le paquebot touche à *Vinh-long* (50 milles de la mer), le centre de la Cochinchine le plus important après Saigon et Cholen. Au delà de Vinh-long, il fait escale près de *Chaudoc,* autre ville importante, que ses moustiques rendent presque inhabitable ; après Chaudoc, il ne s'arrête qu'à Pnom-Penh, où vous débarquez. La distance de Pnom-Penh à Vinh-long est de 110 à 120 milles. Pendant ce long trajet, qui demande plus de vingt-quatre heures, vous remarquerez à votre droite un immense marais inculte dont la superficie dépasse 10 000 kilomètres carrés : il est connu sous le nom de *plaine des Joncs ;* son niveau est inférieur à celui de la mer ; une force souterraine paraît en exhausser le fond, et d'une année à l'autre des espaces absolument marécageux s'élèvent assez pour devenir propres à la culture. Cette force souterraine n'est autre chose que la sous-pression des couches profondes du delta, dans lesquelles les réactions hydrostatiques, se transmettent partiellement. L'exemple suivant, qui est bien connu à Saïgon, fera comprendre le phénomène mieux que tous les raisonnements.

Il y a quelques années, on entreprit de curer l'arroyo de la Poste qui s'était envasé. On se mit à draguer le dos d'âne. Or, à mesure que l'on draguait, les terrains riverains du canal s'enfonçaient à vue d'œil et le dos d'âne se reformait. Il y avait donc appel de vase.

Le delta de Cochinchine est, en somme, une alluvion fluviale, dont le soleil brûlant des tropiques a cuit assez rapidement la couche superficielle. A voir aujourd'hui encore les chaussées annamites, — non empierrées et fort économiques, — être défoncées par le grain journalier de la saison pluvieuse et se changer en cloaques infranchissables, puis sécher et redevenir praticables quelques heures après le grain, on est tenté de croire que la solidification de la croûte qui forme la Cochinchine a été, pour ainsi dire, instantanée. Qu'y a-t-il au-dessous? En général, il arrive que plus on s'enfonce, moins le terrain est résistant, ou, pour mieux dire, plus la vase est molle. Aussi bien est-ce chez les personnes qui connaissent les marais de ce pays un principe de construction qui, pour sembler paradoxal, n'en est pas moins parfaitement justifié, que, dans certains cas, pour avoir un édifice solide, il ne faut pas lui donner des fondations trop profondes. La Cochinchine est, à proprement parler, une terre flottante, au-dessous de laquelle les pressions *tendent* à s'égaliser par plans horizontaux, suivant le principe d'Archimède. Un point de la surface est-il surchargé? il tend à s'enfoncer en soulevant les parties voisines. Un autre point est-il allégé? les points voisins s'enfoncent. La plaine des Joncs est la cuvette la plus déprimée et la plus vaste de cette région en formation, et les forces qui la soulèvent sur certains points ne proviennent nullement de l'intérieur du globe.

CHAPITRE III

Trente heures après avoir quitté Saigon, le paquebot des Messageries fluviales franchit la frontière cambodgienne; huit heures plus tard, il parvient au sommet du delta; vous découvrez à l'avant du navire, sur la rive droite du fleuve, une interminable rangée de huttes en bois, perchées sur des piquets dont le courant déchausse le pied; en arrière de ces quais, animés par des centaines de jonques, vous voyez une autre file de maisons en pierre couvertes de briques, quelques jolies habitations européennes, quelques pagodes aux toits étagés, le mât de pavillon qui vous avertit de saluer le palais du roi, un autre mât planté à deux kilomètres au nord devant l'hôtel du Protectorat français; enfin, au dernier plan, trois ou quatre monticules boisés qui ont donné leur nom à la ville; vous êtes arrivé dans la capitale du Cambodge.

3

Pnom-Penh est un double mot cambodgien qui signifie littéralement « montagne pleine [1] » ; pleine de quoi ? de trésors ? La légende ne le dit pas. Tout ce qu'elle nous apprend, c'est que les petites collines au pied desquelles la ville est bâtie, sont sorties un jour du sein de la mer qui couvrait tout le pays. On verra plus loin si cette tradition s'accorde bien avec les faits.

La première chose qui vous frappe en mettant le pied sur

Un coolie annamite.

la berge d'argile molle, c'est d'être reçu par des habitants qui ne ressemblent pas beaucoup plus que vous-même aux Annamites de Cochinchine. Jaunes comme eux, plus foncés peut-être et aussi peu vêtus, ils ont la taille moyenne des Européens, et leur figure dénote au premier coup d'œil une origine indienne. L'Annamite est d'aspect si malingre, qu'une chiquenaude semble suffire à le renverser ; sa faiblesse physique vous le rend sympathique malgré sa laideur ; il appar-

[1] *Pnom* ou *Pfnom,* montagne, colline.

tient à la race jaune. Le Cambodgien, solidement bâti, vous
paraîtra d'abord un adversaire redoutable, — illusion qui se
dissipera bien vite ; — vous lui trouverez, de plus, l'intelligence aussi paresseuse que celle de l'Annamite est vive ; le
singe pense et ne parle pas ; le Cambodgien parle, mais ne
pense guère. Seulement, — et ici commencera votre contra-
riété, — vous ne pourrez méconnaître que ces individus au
cerveau en apparence rudimentaire, possèdent une tête assez
voisine de la vôtre, malgré le nez aplati et les yeux bridés,
et présentent certains caractères qui définissent la race
blanche. Si l'espèce humaine est une, du moins on la divise
en trois grandes races dont les rejetons, plus ou moins diffé-
renciés par les *actions de milieu,* se partagent la planète : la
race jaune, la race noire et la race blanche. Le Cambodgien
n'appartient pas bien certainement aux deux premières
races ; donc il fait partie de la troisième, appelée aussi indo-
européenne ; il y a entre lui et vous les liens de parenté qui
peuvent unir un cheval de fiacre et un pur-sang. Peut-être
la comparaison vous flattera-t-elle médiocrement ; mais
enfin voilà ce qu'apprend l'anthropologie [1].

Pnom-Penh a l'apparence d'une grande ville très animée,
très commerçante, aussi importante que Saigon, mais infiniment moins belle ; les habitations européennes s'y comp-

---

[1] Encore ce sont les monogénistes qui parlent ainsi ; les polygénistes vont plus
loin :

« Entre l'Anglais et l'Écossais, entre l'Irlandais et le Gallois, entre le Français et
l'Allemand, entre celui-ci et le Bohême, les différences sont du même ordre que
celles qui séparent l'âne du cheval, et ce dernier du zèbre. » (M. de Quatrefages,
Unité de l'espèce humaine.)

Soit ; mais, par exemple, de l'Allemand et du Français lequel est le cheval, lequel
est l'âne ?

tent; de petites cases en bambous, ne possédant qu'un
rez-de-chaussée et le plus souvent qu'une seule pièce, servent de repaire aux indigènes; vous remarquerez seulement
dans la rue principale, longue de deux kilomètres, une centaine de maisons à un étage, construites en mauvaises
briques et sur un même modèle fort médiocre; le roi en est
le propriétaire, et il les loue aux commerçants chinois. Inutile de dire, en effet, que les Célestes détiennent à peu près
tout le commerce de ce pays que bien peu d'Européens habitent; leur suprématie serait plus absolue encore, s'ils ne
formaient pas deux congrégations rivales et souvent en dispute. Le roi bâtonne ses sujets à tort et à travers; il a peur
des Chinois.

　La résidence royale termine la capitale au midi; elle est
entourée de murs et forme une vraie cité, qui renferme plusieurs milliers de personnes attachées au service de Sa Majesté. Le Protectorat français, avec les habitations assez confortables des officiers et des soldats, se trouve à l'extrémité
nord; la ville sépare le pouvoir qui vient et celui qui s'en
va[1]. Je ne vous décrirai pas les pagodes boudhiques avec
leurs colonnades en bois, leurs triples et quadruples toits
superposés en forme de pointe, leurs sculptures peintes ou
dorées, leurs mosaïques, leurs modernes statues de Boudha,
sans originalité ni valeur, leurs ornements en clinquant,
leurs grossiers *ex-voto*. Ce qui fait la beauté de Pnom-Penh,
ce ne sont pas ses monuments, c'est sa situation admirable
au sommet du delta de Cochinchine, au point où le Mékong,
coulant dans un seul lit profond de 15 à 20 mètres en hautes
eaux, atteint une telle largeur, — deux kilomètres et demi, —

---

[1] Le Cambodge est placé sous la protection de la France depuis 1864.

que des industriels ont décidé le roi à y construire un phare,
— lequel, du reste, n'a jamais été allumé.

Cette rivière monstre, désignée au Cambodge sous le nom
de Grand-Fleuve (*Tonlé-Thom*), a une longueur approximative
de 4000 kilomètres; elle traverse l'Indo-Chine du nord au
sud et paraît descendre du Thibet; mais nul Européen ne
peut jusqu'à ce jour se vanter d'en avoir contemplé les
sources. Le capitaine de frégate Doudart de Lagrée, Francis
Garnier, de Carné, Delaporte et d'autres pionniers coura-
geux dont le nom m'échappe, ont essayé d'en remonter le
cours; ils sont morts presque tous à la peine. L'expédition a
duré près de vingt mois au milieu de souffrances inouïes.
Elle a démontré que le Grand-Fleuve est embarrassé d'innombrables rapides qui en rendent la navigation impossible.
Parfois ses eaux coulent emprisonnées entre des falaises à
pic; dans ces endroits resserrés les crues atteignent 80 mètres.
En Cochinchine, à l'extrémité d'un delta comparable à ceux
du Nil et du Gange, elles ont 12 mètres de hauteur. Ces
crues terribles se produisent d'une façon soudaine après
l'*établissement* de la mousson du sud-ouest (mai, juin) qui
arrive brûlante de l'équateur, traverse l'Indo-Chine, entraî-
nant avec elle des myriades de nuages noirs qui tombent en
pluies diluviennes dans le Laos, vient se briser contre la
chaîne qui ceinture la péninsule au nord, et détermine ainsi
une fonte de neiges extrêmement rapide.

Fort heureusement, le Mékong possède dans le Cambodge
un réservoir naturel de sûreté avec lequel il communique
par un canal appelé le *Tonlé-Sap* (fleuve d'eau douce); ce
canal a 70 milles (130 kilomètres) de longueur; il est plus
large et plus profond que la Garonne à Bordeaux. Le bassin
de réserve où sont emmagasinés en septembre, au moment

de la plus forte crue, près de 130 milliards de mètres cubes
d'eau [1], s'appelle communément le Grand-Lac. Sa plus
grande dimension est orientée dans le sens du nord-ouest
au sud-est; sa laisse de basses eaux actuelles est comprise
entre 12°30' et 13°20' de latitude nord, 101°20' et 102°10'
de longitude est de Paris. Il atteint jusqu'à 125 milles de
longueur dans la période de l'inondation. Pendant quatre
mois de l'année (juin à septembre), il reçoit le trop-plein
du fleuve; pendant les huit autres mois, il le lui rend et se
vide aux neuf dixièmes. Ainsi les eaux du Tonlé-Sap coulent
tantôt dans un sens, tantôt dans l'autre, avec des vitesses
variables.

Qu'adviendrait-il de la Cochinchine si ce colossal réservoir
n'existait pas? Certes, s'il était, par une cause quelconque,
supprimé brusquement, Pnom-Penh se verrait emporté à la
crue suivante, et il est fort probable que Chaudoc, Winh-long
et même Mytho ne seraient plus à l'abri de l'inondation.
Rien n'autorise à craindre cette suppression brusque; mais
l'éventualité qu'il est permis d'envisager, c'est la suppression
lente, car le Grand-Lac n'a pas toujours existé, — il est
même de date récente, — et il n'est pas impossible de fixer
l'époque assez prochaine de sa complète destruction.

Deux mots d'abord sur le passé de la race khmer.

Les Cambodgiens formaient, au commencement de l'ère
chrétienne, une nation nombreuse et puissante qui occupait
l'Indo-Chine centrale et méridionale. Des ruines imposantes
attestent le degré d'avancement de la civilisation khmer à
cette époque assez rapprochée de nous. Les vestiges de

---

[1] 130 kilomètres cubes.

quelques villes cambodgiennes, situés loin des grandes rivières, suffisent à donner une idée de cette civilisation ; on ne trouve rien de comparable en aucun point du globe.

Une enceinte rectangulaire, défendue par un mur cyclopéen et par un fossé large d'une centaine de mètres, renfermait un immense temple central d'où partaient quatre allées aboutissant à des portes percées au milieu de chaque côté de l'enceinte ; chacun de ces côtés avait plusieurs kilomètres de longueur, de sorte que la superficie de cette grande citadelle atteignait une dizaine de kilomètres carrés. Outre un temple décoré de nombreuses tours, elle renfermait des pagodes secondaires, des monastères, le palais du roi ou du gouverneur, les résidences des princes et des hauts fonctionnaires ; elle contenait aussi un ou plusieurs grands bassins en pierre, véritables lacs qui ne servaient pas seulement à l'ornementation.

En dehors de cette première cité et tout le long du fossé de ceinture, se développait une seconde ville, la ville proprement dite, celle des marchands, des artisans, des cultivateurs. L'eau du fossé ne pouvant pas suffire à l'alimentation de la ville pendant la longue période des sécheresses, les Khmers avaient imaginé de creuser à côté de la citadelle un lac rectangulaire à peu près aussi grand que celle-ci ; cet étang artificiel, de 10 à 12 kilomètres carrés, bordé de larges quais, entouré de quartiers populeux, relié aux fossés de la première ville, se remplissait pendant la saison pluvieuse à l'aide de canaux embranchés sur les rivières les plus voisines, et permettait aux habitants de vivre pendant les cinq à six mois de saison sèche. Quelquefois une seconde enceinte rectangulaire en terre levée et garnie de corps de garde enveloppait les agglomérations urbaines groupées autour de la citadelle et du lac; son développement pouvait atteindre la longueur prodigieuse de 40 et 50 kilomètres [1]. Rien n'est plus ingénieux que cette disposition générale des réserves d'eau dans le sein d'une grande ville; non seulement elle procurait des communications faciles, surtout dans le quartier du lac dont l'aspect devait être féerique, mais en même temps elle permettait d'avoir un développement de quais considérable, eu égard à la surface couverte de maisons.

Certes, de pareils vestiges parlent assez éloquemment de l'ancienne puissance des Khmers; et quand on étudie de près leurs monuments religieux et leurs palais, on est frappé d'admiration par ces édifices, qui ne le cèdent ni en grandeur ni en magnificence aux plus belles créations de l'art moderne. On ne rencontre nulle part des masses de pierres plus imposantes, disposées avec plus de talent pour concourir à un effet unique; les moindres parties sont étudiées avec un soin infini; les sculptures, les bas-reliefs, d'une exécution admirable, peuvent être comparés à ce que le ciseau grec nous a laissé de plus parfait. « Si l'on admire les pyramides d'Égypte comme une œuvre gigantesque de la force et de la patience humaines, à une force et à une patience égale il faut ajouter ici le génie [2]. »

Il résulte du récit d'un voyageur chinois qui visita le Cambodge en l'an 1295, que l'empire des Khmers florissait en Indo-Chine avant le vi[e] siècle de notre ère; dès cette époque sa capitale, Angcor-la-Grande, contenait vingt-mille mai-

---

[1] Voir le *Voyage au Cambodge* de M. Delaporte. — Le périmètre des fortifications de Paris ne dépasse pas trente-cinq kilomètres.

[2] Francis Garnier.

sons; le royaume possédait trente villes considérables; la
cour du roi brillait par sa richesse; devant la porte de son

Vue d'une ancienne ville cambodgienne, d'après Delaporte.

palais se tenaient un millier de gardes revêtus de cuirasses et
armés de lances; près de la capitale existaient deux temples

toujours gardés, l'un par mille soldats, l'autre par cinq mille;

Antiquités cambodgiennes.

l'empereur comptait vingt rois parmi ses tributaires; son
armée s'élevait à plusieurs *millions* d'hommes. Le récit mi-

nutieux de l'explorateur céleste concorde parfaitement avec certains détails de bas-reliefs postérieurs à sa visite; en même temps il les explique.

On ne peut donc douter qu'à la fin du xmᵉ siècle l'em-

Antiquités cambodgiennes.

pire khmer était à l'apogée de sa puissance; dès lors comment deux cent cinquante ans plus tard n'en restait-il plus que des ruines, au point que les survivants avaient seulement conservé de vagues légendes sur l'histoire de leurs ancêtres? « Il y a au Cambodge, — écrit en 1601 l'explorateur Ribadeneyra, — les ruines d'une antique cité, que quelques-uns disent avoir été construite par les Romains ou

Alexandre le Grand. C'est une chose merveilleuse qu'aucun des indigènes ne puisse vivre dans ces ruines, qui sont le repaire des bêtes sauvages. » Christoval de Jaque, qui a visité

Antiquités cambodgiennes.

l'Inde de 1592 à 1598, écrit à son tour qu'en 1570 « on découvrit au Cambodge une ville remplie de nombreux édifices ; elle est entourée d'une forte muraille qui a quatre lieues de tour. Dans l'intérieur on voit de superbes maisons et de magnifiques fontaines. On y remarque un très beau

Antiquités cambodgiennes.

pont dont les piliers sont sculptés de façon à représenter des géants : ils sont soixante et supportent le pont sur leurs mains, leur tête et leurs épaules. »

Comment a pu s'opérer l'anéantissement d'une pareille
civilisation?

Nous voyons bien, au commencement du xi⁰ siècle, le
Tartare Mahmoud franchir le Sindh et ravager l'Hindoustan ;

Antiquités cambodgiennes.

nous voyons ensuite des tribus du Khoraçan, les Gourides,
soumettre l'Inde au mahométisme (1185-1289). Enfin, l'héritier de Gengis-Khan (1162-1227), Timour, franchit l'Indus
en 1398, détruit l'armée de Mahomet IV sous les murs de
Delhi, et couvre de ruines l'Inde entière. C'est lui qui faisait
égorger cent mille esclaves la veille d'une bataille et fouler
aux pieds par sa cavalerie mille enfants envoyés pour le flé-

chir. Ces invasions épouvantables ont certainement provoqué des migrations en Indo-Chine, et c'est à cette période plus rapprochée de nous (XIIIᵉ et XIVᵉ siècles) que doit être rapportée la formation de la monarchie siamoise.

On conçoit ainsi que l'empire khmer ait eu à soutenir des, guerres contre les nouveaux venus ; en même temps, les Birmans, descendus du plateau du Thibet par la vallée de l'Iraouaddy, représentaient peut-être un courant secondaire de la grande invasion mogole, que Baber entraînait dans l'Inde en 1525 ; enfin, c'est vers l'an 1500 que les Annamites du Tonkin, après avoir secoué le joug de la Chine, dirigèrent leurs armes vers le midi de la péninsule et fondèrent une colonie à Hué. Accablés d'ennemis à l'est, à l'ouest et au nord, les Cambodgiens finirent par succomber. Mais toutes ces guerres, qui n'ont pu être plus atroces que l'invasion de Tamerlan, n'expliquent pas la disparition complète et presque soudaine, au commencement du XVIᵉ siècle ou même dès la fin du XVᵉ, d'une grande puissance et surtout d'une civilisation dont les vainqueurs ont respecté les plus beaux monuments, sans lui emprunter ni ses mœurs, ni ses inventions, ni aucun de ses bienfaits.

Une seule hypothèse permet de comprendre cette décadence à vue dont l'histoire n'offre pas d'autre exemple ; je veux parler d'un cataclysme de la nature. C'était déjà l'idée de Francis Garnier, du commandant de Lagrée, qui songèrent à invoquer l'action d'un tremblement de terre, — supposition que la parfaite conservation de certains monuments très élevés rend presque inadmissible. Je demande la permission d'expliquer en peu de mots comment j'ai été amené à rendre le Mékong responsable de cette destruction brutale et inconsciente de la civilisation cambodgienne.

Le Mékong se jette dans la mer de Chine par une dizaine de bouches, dont la largeur cumulée est d'environ 30 kilomètres.

Chaque jour, pendant douze heures, et en toute saison, la marée monte dans ces larges canaux et refoule l'eau douce ; à l'époque des basses eaux du fleuve, elle se fait sentir à 200 milles dans l'intérieur des terres. Admettons que pendant ces douze heures de *flot,* le fleuve n'envoie rien à la mer, ni eau, ni limon, ni sable, et que l'écoulement ne s'opère que pendant les douze heures de *jusant.* D'après ces bases, on calcule que, dans le cours d'une année entière, le Mékong envoie à la mer 1400 milliards de mètres cubes d'eau, et que les matières solides tenues en suspension dans cette eau ne représentent pas un volume inférieur à un milliard de mètres cubes [1].

L'esprit ne se rend pas immédiatement compte des grandeurs de cet ordre. Avec ce cube de matières solides que le Mékong enlève tous les ans à l'Himalaya ou à la péninsule de l'Indo-Chine, on pourrait élever de Dunkerque à Nice, sur un développement de 1000 kilomètres, une muraille

---

[1] Pendant les douze heures d'écoulement journalier, le tirant d'eau moyen dans les bouches du fleuve, en vue du large, est de 4 mètres. La mer *marne* de 4 mètres : ce qui donne 6 mètres et 2 mètres pour les profondeurs maxima et minima. La vitesse en ces points est 0,50 cent. (chiffre moyen) pendant les six mois de saison sèche, et de 1 mètre pendant la saison des pluies.

Il suffit de voir les flots perpétuellement jaunes du Grand-Fleuve qui coule dans un lit d'argile sablonneuse, pour affirmer que la proportion de matières solides tenues en suspension est considérable. Les expériences que j'ai faites en novembre et décembre m'ont donné jusqu'à $\frac{15}{10000}$; c'est le rapport trouvé pour le Nil. Pendant la saison sèche, elle descend jusqu'à $\frac{8}{10000}$; j'ai adopté le coefficient moyen de $\frac{7}{10000}$ pour tenir compte des dépôts qui se font, avant l'arrivée à la mer, dans le delta de Cochinchine.

Les calculs ci-dessus ont été contrôlés par l'observation des débits aux *Quatre-Bras* de Pnom-Penh, point remarquable où toutes les branches du fleuve se réunissent.

CARTE DE L'INDO-CHINE MÉRIDIONALE
avant l'an 1000

Carte de l'Indo-Chine méridionale, avant l'an 1000.

Gravé par Erhard fres 35 bis, rue Denfert-Rochereau, Paris.

ayant 1000 mètres carrés de section, c'est-à-dire, par exemple, 20 mètres d'épaisseur moyenne et 50 mètres de hauteur. Ou bien on pourrait édifier une montagne triangulaire qui dominerait les plus hauts pics des Pyrénées, et qui aurait 15 kilomètres de tour et 3600 mètres d'élévation. Faites le même calcul pour l'ensemble des puissants cours d'eau, et vous aurez une idée de la rapidité relative avec laquelle les continents actuels sont précipités dans les océans.

Les sédiments charriés par le Mékong ne forment ni montagnes ni murailles ; ils se déposent dans la mer de Chine par tranches sensiblement horizontales. Si l'on suppose qu'ils s'étendent suivant une nappe d'un mètre d'épaisseur, la surface couverte aura une étendue de 100000 hectares. En dix ans, si ces apports continuaient à se répandre côte à côte sur une épaisseur uniforme d'un mètre, ils occuperaient une superficie sous-marine égale au quart de la surface alluvionnaire de la Cochinchine (4 millions d'hectares) ; en un siècle, ce dépôt atteindrait 10 mètres de hauteur et il finirait par émerger.

Ainsi le Mékong a formé son delta. Ainsi, de nos jours encore, il continue à l'exhausser, à l'étendre de plus en plus[1]. Il fut un temps où ce delta était tout entier sous l'eau,

---

[1] Aujourd'hui les dépôts s'opèrent avec plus de lenteur, parce que la Cochinchine a pris une forme saillante et que les bouches du Mékong sont battues sans relâche par les moussons. La mer n'a pas assez de profondeur, tant s'en faut, pour ne pas être agitée jusque dans ses dernières couches par ces vents violents qui produisent les typhons. Aussi le sable et le limon, presque constamment agités, ont-ils la plus grande peine à se déposer après leur sortie du Mékong. La tempête les entraîne fort loin, peut-être jusqu'à Java et Haï-Nan. Cela est si vrai que l'orientation du littoral est parallèle à la mousson. Les débris du delta sont transportés suivant cette direction, et, chose curieuse, la pointe méridionale, gênée dans sa marche vers le sud, s'est

où les rivages suivaient la ligne des hauteurs qui le ceinturent circulairement par le nord. A cette époque, l'embouchure du fleuve était située à 250 milles de son emplacement actuel, au nord-est de Pnom-Penh [1]; une grande île existait en face, formée par les massifs montagneux du Cambodge méridional [2]; le Grand-Lac d'aujourd'hui communiquait avec la mer de Chine par le pertuis de *Compong-schnan,* — un vrai goulet comparable à celui de Brest; — ce lac était donc un golfe, et c'est au fond de ce golfe que florissaient la capitale et plusieurs grandes villes cambodgiennes.

On conçoit bien ce qui s'est passé. Les limons du Mékong, s'accumulant sur l'emplacement de la Cochinchine et du Bas-Cambodge actuels, ont peu à peu fermé l'entrée du golfe d'Angcor; et comme les dépôts s'opéraient au fond d'une vaste baie, à l'abri des vents constants qui règnent dans cette région, la marche de l'envasement a été rapide. C'est ainsi qu'en se reportant à l'époque où la profondeur moyenne de cette baie était celle de la mer de Chine en avant des rivages actuels, — 12 à 15 mètres, — on calcule que le Grand-

recourbée vers l'ouest; elle cherche des eaux plus calmes et se dirige vers Malacca. Le golfe de Siam sera comblé un jour, comme l'ancien golfe du Cambodge.

Entre l'Indo-Chine et les îles de la Sonde, les fonds les plus bas sont de 80 mètres, jusqu'à 100 milles des côtes asiatiques. Cette mer constitue un véritable chenal. En se rapprochant de la Cochinchine, les fonds arrivent bientôt à diminuer de moitié; à 20 milles au large de la côte cochinchinoise, ils ne sont que de 10 à 15 mètres. Le fond de la mer vient mourir par une pente insensible jusqu'aux rivages actuels. Ainsi l'accumulation des sédiments est évidente, et cependant une partie de leur masse est entraînée au loin dans les profondeurs de l'océan Indien.

[1] En ce point il existe une colline, nommée *Pnom-Batié,* où l'on retrouve les restes d'une petite pagode qui paraît avoir été contemporaine d'Angcor.

[2] Cette île, dont les annales cambodgiennes et chinoises font mention, s'appelait *Kouklok.* Elle était entourée par le golfe de Siam, l'estuaire du Mékong et un bras de mer reliant les deux estuaires du Mékong et du Ménam. La fermeture de ce bras de mer me paraît antérieure à la formation de la Cochinchine; il occupait la région alluvionnaire comprise entre Battambang et Chentaboum.

Fleuve a dû pour la combler y déverser 600 milliards de mètres cubes de limon, et que ce travail a demandé de cinq à six siècles. Cent ans après la visite du voyageur chinois, l'entrée du golfe d'Angcor commença à devenir difficile ; sauf dans certains chenaux creusés par le Mékong au milieu des dépôts sous-marins, l'eau manquait. Il est arrivé enfin que, les alluvions émergeant et se cuisant au soleil, le golfe d'Angcor, séparé de la mer, est devenu tributaire du Mékong et s'est trouvé soumis au régime de ses crues annuelles. Chaque année les riverains virent avec effroi la mer monter au-dessus du niveau des plus hautes marées connues et sortir de son lit. Ils lui opposèrent une digue immense, dont vous verrez les vestiges, pour protéger leur capitale [1]. Mais la nature fut plus forte que l'homme ; le gonflement des eaux atteignit jusqu'à 15 mètres de hauteur ; les habitants durent fuir devant ce déluge annuel, dont l'ancienneté ne remonte pas à plus de quatre à cinq siècles [2].

---

[1] Ces vestiges sont visibles au pied d'une colline, nommée *Pnom-Crôm*, à l'embouchure de l'arroyo d'Angcor. La digue coupe en deux la plaine de *Siam-Rep*, capitale actuelle de cette région, et n'est submersible que par les crues exceptionnelles. M. de Lagrée a constaté en outre l'existence d'une chaussée en pierres de taille, construite en prolongement de la première et traversant le Grand-Lac dans la direction de Posat, sur une longueur de 20 à 25 milles (40 kilomètres). Cette chaussée, dont les restes sont aujourd'hui submergés même en basses eaux, a-t-elle été construite pour arrêter les crues? S'il en était ainsi, que de ruines seraient ensevelies dans la partie septentrionale du Grand-Lac! Les ruines que nous connaissons n'ont sans doute pas été atteintes par les débordements de l'ancien golfe ; mais savons-nous quelles étaient les limites de ce golfe?

[2] Il existe, et on peut voir aujourd'hui dans les maçonneries d'Angcor-la-Grande (Angcor-Thom), des pièces de bois remarquablement conservées. Les tarets, les fourmis blanches, tous les rongeurs des tropiques n'ont aucune prise sur le bois de rose du Cambodge et ses variétés. Ces bois, encastrés dans les pierres de taille, sont simplement recouverts d'une légère couche de mousse ; enlevez-la avec l'ongle, et vous mettez à nu le cœur non altéré. Angcor existait au VIIe siècle ; il y a donc au moins douze cents ans que ces bois sont coupés, et c'est beaucoup. A coup sûr, les meilleures essences de chêne ou même de teck ne donneraient pas ce résultat.

Tels sont les tristes et grandioses souvenirs qu'évoque la région que nous allons visiter.

Si maintenant vous interrogez l'avenir, il vous sera facile de reconnaître que le Grand-Lac, reste d'un ancien golfe, n'aura qu'une existence éphémère. Les eaux limoneuses qui le remplissent chaque année, y forment des dépôts puissants, et le colmatage avance, on peut le dire, à vue d'œil. Il résulte d'observations nombreuses, que l'épaisseur des atterrissements sous l'eau atteint chaque année trois centimètres, et que, hors de l'eau, dans les parties qui *découvrent* après la crue, elle s'élève à quinze centimètres en moyenne. Ceci posé, mettez à part le chenal central, d'un à deux kilomètres de largeur, où la profondeur d'eau minima est toujours de deux à trois mètres et qui constituera plus tard un affluent du Grand-Fleuve : dans tout le reste du lac, la plus grande profondeur ne dépasse pas deux mètres en basses eaux, et sur les trois quarts de sa superficie, elle est seulement de soixante centimètres. A raison de trois centimètres par an, le colmatage sous l'eau demandera donc de vingt à soixante-quinze ans. Après cela, le fond du lac émergeant chaque année, l'atterrissement se fera cinq fois plus vite, et pour atteindre le niveau des plus hautes crues (15 mètres), il suffira d'un siècle. Ainsi la prochaine génération verra le Grand-Lac à sec pendant l'été et transformé en un marais pestilentiel ; dans un siècle, son étendue sera réduite de moitié à l'époque des plus grandes eaux ; dans deux siècles au plus, il sera complètement comblé. Le Mékong n'aura plus alors de réservoir de garde, mais aussi le delta de Cochinchine se sera exhaussé, consolidé peu à peu, mis à l'abri de tout nouveau déluge, et les seules terres en péril seront les plages récemment exondées.

Tels sont, en peu de mots, le passé et l'avenir de ce lac immense dont l'histoire n'occupera pas plus de sept siècles. Les océans eux-mêmes sont éphémères; mais la science, qui a marqué leurs rivages, aux différentes époques géologiques, n'a pu encore mesurer leur durée. Vous penserez aux grandes révolutions du globe en naviguant sur cette mer intérieure dont il est si facile de compter les jours ; vous penserez aussi aux campagnes qui lui succéderont bientôt; vous vous demanderez si la jungle y étendra encore son empire ou si une main civilisatrice la remplacera par des cultures riches. Enfin les conditions actuelles des voyages chez ce peuple khmer, jadis civilisé, vous reviendront à l'esprit avec leurs exigences et leurs périls, contre lesquels je ne vous ai pas encore mis en garde.

Le Cambodge, dont la superficie dépasse le cinquième de la France, possède tout au plus un million d'habitants, c'est-à-dire moins de dix habitants par kilomètre carré. C'est le désert. Le tigre dispute au mandarin cette contrée fertile.

Elle se partage en trois bassins : celui du Mékong, celui du Grand-Lac et celui du golfe de Siam.

C'est un fait général dans ces contrées peu peuplées et à demi sauvages, qu'elles sont accessibles à l'explorateur en raison des commodités de la navigation sur les cours d'eau qui les traversent.

Le Mékong reste navigable en toute saison, même pour les gros bâtiments, jusqu'aux rapides de Samboc et de Sambor, qui sont situés à la frontière septentrionale du Cambodge. En Cochinchine, ce grand fleuve coule au milieu d'une allu-

vion plate dont la vue monotone lasse bientôt les yeux ; au
nord de Pnom-Penh, la vallée se resserre de plus en plus
entre deux lignes de coteaux, cultivés à leur pied et boisés à
leur sommet ; là, vous retrouverez avec joie le pittoresque
qui fait totalement défaut dans le delta.

La région du Grand-Lac est celle que nous allons visiter.
Sur la rive sud de ce lac, aux lueurs éclatantes du soleil
couchant, se détachent le massif de Pnom-Ktiôl (montagne
du Vent) et la chaîne de Cardamom. Là paraissent se trouver
les plus hauts sommets du Cambodge. Ces montagnes, de
formation primitive (granits et quartz), sont hérissées de
forêts impénétrables, repaires de l'éléphant, du bœuf sauvage (auroch) et de la fièvre pernicieuse. Elles recèlent l'or
en filons et plusieurs variétés de pierres précieuses, y compris le diamant. Sur le flanc des montagnes de Cardamom
pousse, à l'abri du soleil et dans un terrain rocailleux éternellement humide, la plante du même nom, que le roi du
Cambodge envoie recueillir tous les ans, malgré une mortalité effrayante, et qu'il vend fort cher aux Chinois comme
remède contre les douleurs d'entrailles.

Au nord et à l'est du lac, vous verrez aussi, à travers des
nuages de rubis, les collines de Pnom-Koulen, de Moulou-
Prei et de Compong-Leng se dresser chaque matin aux premiers rayons du soleil levant, à l'heure où la Croix du Sud
commence à pâlir. Partout la forêt vierge ou la jungle ; çà et
là de médiocres affleurements de fer ou de houille ; des sapins de toute beauté, le caoutchouc, la gomme-gutte, le
sticklac, la noix de galle, et des bois précieux de qualité
telle qu'après douze siècles de coupe ils ont admirablement
résisté, dans les ruines d'Angcor-la-Grande, aux alternatives

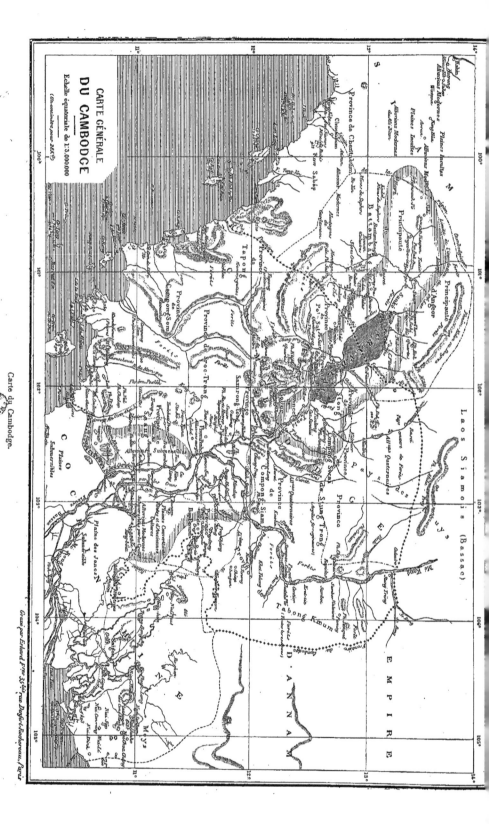

CARTE GÉNÉRALE
DU CAMBODGE

Échelle équatoriale de 1:3.000.000

(On considère pour 264°?)

Carte du Cambodge.

Gravé par Erhard F^res 35 b^is, rue Denfert-Rochereau, Paris

de sécheresse et d'humidité extrêmes qui caractérisent la
zone torride.

Le bassin du golfe de Siam, beaucoup moins connu que les
précédents, ne peut être abordé commodément que par mer,
Montagneux, couvert de bois, ce bassin est si peu peuplé
qu'on peut dire de ce coin de terre qu'il ne fait plus partie
du domaine de l'homme. Règle générale, l'homme ne peut
pas vivre dans ces forêts vierges où sa main ne réglemente
plus, depuis bien des siècles, le travail de la nature. Dans
ces lieux, tous les arbres, tous les végétaux des tropiques
poussent à l'envi, vivent leur âge et meurent de vieillesse sur
place. Les débris de la végétation, les vieux troncs d'arbres
renversés par le vent ou par la seule action de la pourriture,
s'entassent sur le sol, s'y décomposent, dégagent des
miasmes putrides, et donnent le spectacle de ce qu'a été
la flore des premiers âges, à l'époque de la formation des
houillères et bien avant l'apparition de l'homme sur cette
planète. J'exagérerais cependant si je disais qu'au Cambodge la vie végétale atteint son maximum d'intensité ; elle
est plus active dans l'Hindoustan méridional, à Singapore
et dans toutes les contrées équatoriales, où la régularité et la
constance des pluies ne cessent guère d'un bout de l'année
à l'autre; l'Indo-Chine, au contraire, possède une saison
sèche de cinq à six mois, pendant laquelle il ne tombe pas
une goutte d'eau, et dans cette saison sèche qui constitue
l'hiver de la péninsule, le soleil a le temps de brûler la terre
et de ralentir les progrès de la végétation. C'est ainsi que
cet astre, source de toute vie à la surface des corps célestes
de son système, mais qui a besoin d'eau pour féconder, devient à lui-même son propre frein.

Ces forêts, je m'empresse de le dire, ne doivent pas arrêter vos pas. Un séjour un peu prolongé sous bois serait un véritable suicide; une simple reconnaissance n'offre pas de sérieux dangers.

De loin en loin, vous y rencontrerez des huttes en paille, des *paillottes,* juchées à un mètre au-dessus du sol sur des pieux de bambous, et dans lesquelles végètent misérablement, entourés de légions d'enfants jaunes, les pauvres habitants de ces solitudes[1]. Si vous avez un hamac, suspendez-le à deux arbres pour passer la nuit; cela vaudra mieux que d'être piqué par les petits *serpents bananes*[2] et les *cent-pieds*[3]. Sinon, faites-vous bâtir une case; c'est l'affaire d'une heure et demie. Des bambous plantés en terre composent la carcasse de l'édifice, qui n'a qu'un rez-de-chaussée perché en l'air, comme je l'ai dit : précaution indispensable contre les miasmes pestilentiels qui se dégagent pendant la nuit de la terre et des feuilles, et que l'on a grand tort de ne pas prendre à Saigon. Des lattes de bambous et des feuilles sèches de bananiers forment le plancher et les murs. La toiture se compose généralement de l'écorce d'un arbre nommé *tram* par les Annamites; cette écorce peut se détacher de l'arbre par larges plaques. Vous mangerez d'excellent appétit dans ces palais rustiques, au bruit des longs vagissements de la forêt sans fin, et vous y dormirez à poings fermés en rêvant aux êtres basanés qui ont fait cercle autour de vous pendant le repas, assis par terre, les jambes croi-

---

[1] A comparer le nombre des enfants et le chiffre de la population adulte, on se persuade que la mortalité est effrayante en Indo-Chine jusqu'à l'âge de vingt ans.

[2] Serpent vert, long de 30 à 40 centimètres, dont la morsure est très dangereuse. Il se tient souvent dans les bananiers.

[3] Scolopendres. Ils ont jusqu'à 15 centimètres de long. Très dangereux aussi.

Une halte dans les forêts du Campong-Soaï.

sées, les yeux grands ouverts, la tête, le buste et les pieds nus. Vos voitures se rangeront circulairement : les bœufs, les buffles domestiques et les chevaux dans l'intérieur ; les hommes de l'escorte monteront la garde autour de grands feux qui doivent brûler toute la nuit ; les lévriers australiens' se réfugieront sur la plate-forme de votre case, et vous entendrez dans les bois le cri guttural du tigre en chasse : *kop ! kop !*

Les êtres humains avec lesquels vous devrez vivre, bien que jaunes de couleur, n'appartiennent pas à la race jaune, comme les Annamites. Ils forment un rameau issu de la race indo-européenne et de la race malaise. La nation autochtone, composée de Malais purs, a été aux trois quarts anéantie par les invasions annamites et birmanes venues du Tonkin et du Thibet ; elle s'est fusionnée aussi avec les migrations cambodgiennes et siamoises parties de l'Inde. Vous ne la trouverez représentée aujourd'hui que par quelques peuplades absolument sauvages, mais généralement inoffensives, les *Moïs,* les *Tiams,* les *Kouys,* etc., qui se sont réfugiées dans les grandes forêts de l'intérieur, où elles vivent de riz, de racines, d'eau corrompue, et sont décimées par la fièvre. Les Kouys, par exemple, chez lesquels nous allons chercher des mines de fer et chasser l'éléphant, ne sont pas plus de dix mille, et occupent la superficie de quatre ou cinq départements français. Certes, les carnassiers répandus sur la même surface sont plus nombreux.

Les débris plus ou moins civilisés de l'ancien empire khmer se sont exclusivement fixés au bord des rivières. Les Cambodgiens d'aujourd'hui, comme les Siamois, leurs rivaux séculaires, doivent être classés au rang des peuples de

civilisation inférieure. Ils ont une littérature, une histoire,
une organisation politique aussi savante que le comporte le
despotisme absolu de leur gouvernement, des lois plus ou
moins sages, mais enfin des lois.

Il y a, par exemple, la loi qui constitue le roi seul propriétaire du sol de son royaume; elle détruit l'esprit de propriété, décourage le travail individuel, augmente la paresse
naturelle aux habitants de ce climat torride, et son établissement, selon toute vraisemblance, a dû suivre la décadence
de la civilisation khmer. Je n'en dirai rien de plus, puisqu'elle vient d'être abrogée par une récente convention in-
tervenue avec la France (1883). Il est permis d'espérer qu'un
des premiers résultats de cette mesure sera de raviver l'instinct commercial, aujourd'hui complètement éteint; un
peuple qui ne possède pas le *change,* chez lequel les échanges
directs sont seuls possibles, parce qu'il y aurait imprudence
à faire connaître sa fortune, un pareil peuple, fût-il le plus
intelligent de la terre, n'est pas organisé pour le commerce
et doit vivre misérablement. Cela est vrai surtout si les impôts l'accablent. Au Cambodge, ils s'élèvent au dixième environ de la production, et sont payables tantôt en argent,
tantôt en nature; ajoutez que les mandarins s'arrangent de
manière à prélever le tribut deux et trois fois plutôt qu'une.

Il y a aussi la loi qui autorise l'esclavage, loi abolie par
la convention précitée, mais qui était fondée sur une raison
naturelle; car le Cambodge est du nombre de ces pays « où
la chaleur énerve le corps et affaiblit si fort le courage, que
les hommes ne sont portés à un devoir pénible que par la
crainte du châtiment[1] ». L'esclavage est passé dans les
mœurs khmers; un instrument diplomatique suffira-t-il à

[1] Montesquieu, *Esprit des lois.*

l'extirper? Je ne le crois pas. Tel peuple accoutumé à la servitude n'est plus capable de supporter la liberté.

Les détails de mœurs et de coutumes trouveront leur place
au fur et à mesure dans le cours de ce récit. Qu'il me suffise
d'ajouter ici que la législation cambodgienne, — au-dessus
de laquelle se place, bien entendu, le caprice du prince, —
n'a rien fait pour lutter contre les influences somnifères du
climat; les mœurs sont douces, et rien dans les coutumes
n'excite à vivre en dehors; le Cambodgien se concentre en
lui-même; il parle peu, travaille moins encore; les fêtes ou
les cérémonies religieuses sont à peu près nulles; si vous
voyez passer dans les rues de Pnom-Penh d'interminables et
bruyantes processions, où l'on porte des dragons en carton
peint de soixante pieds de longueur, ne vous y trompez pas :
ce sont des processions chinoises; si un grand bruit éclate
à la porte d'une maison de jeu, ce sont encore des Chinois
qui se querellent, ou des Annamites qui les battent; mais si
des êtres demi-nus s'accroupissent tout à coup au bord du
chemin et se mettent à quatre pattes à l'approche du roi, ce
sont des Cambodgiens. Les fêtes militaires sont aussi nulles
que les fêtes religieuses, parce qu'il n'y a pas d'armée; la
vie politique n'existe pas, puisque le régime est despotique;
la vie civile est rudimentaire, parce que la moitié du peuple
est esclave et que l'autre moitié vit dans la crainte des tribunaux; la sécurité individuelle est un mythe, puisqu'elle
dépend de la vénalité d'un juge ou de la fantaisie d'un des-
pote; pour tout dire en un mot, le Cambodgien, toujours
prêt à faire le sacrifice de sa vie ou du peu qu'il possède,
végète dans un demi-sommeil, fait de résignation et d'espoir en une vie meilleure.

Comment le peuple qui a construit Angcor-la-Grande est-il
tombé si bas? L'homme, en tant qu'individu, peut conserver
jusqu'à l'heure de la mort la plénitude de sa raison : est-ce
une loi naturelle que les sociétés les plus policées, après
avoir commencé dans la barbarie, finissent dans la barbarie?
Certes, la nation khmer constitue une exception bien remarquable à la théorie généralement admise de l'immutabilité
des mœurs, des manières, des lois dans les pays d'Orient.

Le supplice du rotin.

On ne peut comprendre que les lois despotiques et les coutumes grossières des Khmers contemporains aient pu appartenir à un peuple florissant; de toutes leurs institutions, la
seule qui paraisse s'être conservée depuis cinq siècles, c'est
la religion. Vous la retrouverez partout dans la simplicité, la
pureté des premiers dogmes boudhiques, et ce fait n'a pas
une petite importance pour l'explorateur : Boudha commande, en effet, de pratiquer les devoirs de l'hospitalité, et
les Cambodgiens les pratiquent; polis, serviables, ils ne
manquent pas de bonne foi; s'il vous arrive quelque déboire, ce sera l'exception. Cependant tout mauvais cas est
à prévoir, et quand vous serez en dehors du rayon d'action
des lois protectrices de l'Angleterre et de la France, vous

devrez vous résoudre à employer, à l'occasion, le moyen de
répression qu'un usage aussi vieux que le monde met entre
vos mains. Vous avez deviné qu'il s'agit de la bastonnade,
bien connue des Annamites sous le nom de *cadouille*. Seul
dans le désert, vous pouvez avoir à lutter non seulement
contre les bêtes fauves, les fatigues et les dangers du climat,
mais encore contre les hommes. Soyez doux sans faiblesse,
et surtout payez largement. Quand ces gens-là seront convaincus que vous n'êtes venu chez eux ni pour les voler ni
pour les battre, ils vous feront probablement, comme à moi,
l'accueil le plus sympathique. Mais si un vilain Chinois prétend vous barrer la route, n'hésitez pas : suivant la gravité
de l'offense, faites-lui appliquer, séance tenante, la petite
ou la grande cadouille.

La petite cadouille se donne, — comment dirai-je? — au
bas des reins, et cette correction, infligée sur la partie la
plus charnue du corps humain, ne fait pas *beaucoup mal*, au
dire des Annamites. Quand on y réfléchit, c'est une chose
charmante que d'avoir purgé sa peine et d'être remis en liberté après quelques minutes d'une souffrance physique qui
n'a aucune suite grave. Un condamné à six mois de prison
qui, ayant le choix, n'aimerait pas mieux recevoir trente
coups d'un joli jonc, mince et flexible, ressemblerait au
malade qui se décide à courir les chances d'une longue ma-
ladie plutôt que de supporter une opération douloureuse. Les
châtiments corporels, plus humiliants mais moins durs que
les peines morales, sont encore à l'ordre du jour dans ces
empires de l'Extrême-Orient.

Quant à la grande cadouille, qui se donne sur le dos et
peut devenir mortelle, on s'y prend de la manière suivante :

Deux forts bambous sont plantés en terre à trois mètres de distance, entre lesquels on fait asseoir son homme sur une bille de bois. Ses deux pieds, liés ainsi que ses deux mains, sont tendus horizontalement par des cordes amarrées au piquet d'avant; une autre corde, passée autour du ventre et amarrée au piquet d'arrière, tire le buste en sens inverse; enfin deux grands bambous, fixés sur les piquets, viennent serrer le cou du patient et maintenir la tête droite. Dans cette position pénible à voir, la victime ne peut pas faire un mouvement. Le bourreau, dans l'attitude d'un tireur qui se fend, tenant à la main son *rotin* dur comme le fer, attend votre signal. Alors vous verrez son bras se lever et s'abattre avec force en décrivant un cercle. L'air siffle comme au passage d'une balle, et le sang jaillit. Au dixième coup, tout au plus, le condamné perd connaissance; mais l'usage est de ne s'arrêter qu'au trentième.

J'espère que vous n'en serez jamais réduit à employer le *roï* pour vous faire obéir. Aussi est-il inutile que je vous parle d'autres supplices plus terribles, et que je vous apprenne, en particulier, à vous servir adroitement du sabre pour trancher les têtes.

Sachez seulement qu'il faut vous résigner à vivre, comme les indigènes, de riz, de poisson salé, d'œufs pourris et d'eau saumâtre. Emporter des provisions, c'est gênant, parce qu'il faut des voitures et qu'il n'y a pas de chemins; puis c'est inutile, car un jour vient fatalement où elles sont épuisées. Mais n'oubliez ni la quinine, ni le camphre, ni l'acide phénique, ni l'ammoniaque, ni le bistouri; la quinine surtout, — on peut manquer de tout, hors de quinine. Elle ne vous préservera pas de la fièvre des bois, mais au moins si vous en revenez, c'est à elle que vous le devrez.

Vous avez maintenant une idée des préparatifs à faire et du genre de vie qui vous attend. Aussi bien, je ne doute pas que ces préliminaires engageants vous décident quelque jour à quitter la France pour chercher aventures et chasser la grosse bête dans les déserts de l'Indo-Chine.

DEUXIÈME PARTIE

VOYAGE AUX MONTAGNES DE FER

CHAPITRE IV

L'auteur rend grâces au roi du Cambodge, et présente au lecteur le personnel de son expédition.

Il ne faut rester à Pnom-Penh que le temps d'obtenir des passe-ports cambodgiens, — une semaine environ; après quoi, comme je le fis le 2 novembre 1880, aux accents criards d'une musique malaise qui joue de temps en temps, par ordre du roi, *la Fille de M*^{me} *Angot* sous les fenêtres du Protectorat français, vous vous embarquerez sur un vapeur de la flottille royale. Avec sa bienveillance habituelle pour les étrangers, le roi du Cambodge mettra ses bateaux et ses équipages à votre disposition pour vous transporter rapidement à la fron-tière nord de son royaume.

Norodom Ier n'est pas un de ces vulgaires souverains asia-tiques que l'on désigne sous le nom générique de magots. A le voir, habillé à l'européenne ou vêtu d'un élégant costume Louis XV, on pourrait se croire, — n'était la peau du sire, —

au Palais-Bourbon, sinon au château de Versailles. Rien du
faste oriental au palais de Pnom-Penh. Mon Dieu! ce ne sont
pas les millions qui manquent au propriétaire; ses fidèles
sujets lui donnent bon gré mal gré toutes leurs économies,
et il pourrait se faire dorer, comme ses pareils, des pieds à
la tête et sur toutes les coutures. Mais non. Au lieu d'une
couronne, — et bien qu'il en ait une d'un pied et demi de
haut, — il porte une simple toque écossaise en soie noire,
avec une agrafe en brillants.

Des brillants! il faut bien que la majesté royale laisse
passer un peu le bout de l'oreille. Il y a encore le coffret à
cigares en or massif enrichi de pierreries; la boîte d'allumettes, en or aussi, étincelante de diamants; mais Norodom
vous offrira des cigares et des allumettes, et vous oublierez
d'être jaloux. L'amabilité peut sauver bien des situations dé-
licates, et, quand il n'a ni trop fumé d'opium, ni trop bu de
Martel-Trois-Étoiles, le roi du Cambodge possède cette vertu
au suprême degré. Dès l'abord, il vous séduit en allant à
votre rencontre sur la porte de son boudoir et en vous tendant
familièrement la main. Dieu sait pourtant s'il est ennuyé des
processions de visiteurs indifférents qu'on lui amène! Allez
ailleurs, et vous rencontrerez des Boudhas en chair et en os,
assis sur leur séant, les jambes croisées, la tête mitrée, entourés d'une légion de mandarins à plat ventre. Dans ses
réceptions ordinaires, Norodom, si terrible pour ses ministres
et ses femmes, produit l'effet d'une bonne pâte d'homme, à
l'esprit vif, au regard fin, à l'humeur enjouée et légèrement
gouailleuse. Il y a quelque chose du gavroche parisien chez
ce monarque de l'Extrême-Orient qui n'est jamais allé à
Paris, mais qui se décidera peut-être à faire le voyage, et
récoltera dans la capitale de l'Occident, si peu qu'on le laisse

faire, les succès fous auxquels lui donnent droit sa remarquable figure, ses goûts particuliers et son jovial caractère.

Ce légitime tribut d'éloges étant payé au propriétaire du bateau *l'Anadyr*, permettez-moi de vous présenter le personnel de mon expédition.

D'abord d'un boy chinois, que je mets en première ligne pour l'expédier plus vite. Absolument insignifiant, ou plutôt bête; fait son service pour ne pas être mis à l'amende; car, en fils industrieux du Céleste-Empire, il entasse soigneusement ses piastres, soit pour brocanter à l'occasion un bibelot de prix, soit pour tout perdre au bacoin[1]. Soigne beaucoup sa petite personne, se mire à toute heure et croit être le plus joli Chinois du monde. Tient énormément à sa queue, qui est de belle taille et dont il ignore, comme ses compatriotes, l'origine première[2], au point qu'un jour, son maître en colère se disposant à la lui couper avec un couteau de chasse, il s'écria d'un ton tragique : « Jamais! jamais! coupez-moi le cou! »

Mais c'est assez sur le personnage.

Comme gardes du corps, j'emmène deux soldats annamites, armés en guerre, petits et de frêle apparence, mais durs à la fatigue, remplis de dévouement, insouciants du

---

[1] Jeu de dés très répandu en Chine.

[2] Je me suis laissé dire que la queue avait été imposée aux Chinois par les Tartares mogols ou mandchoux, après leur conquête de la Chine, il y a quinze cents à deux mille ans. C'était une mesure de prudence. Avec cet appendice, un homme ne peut pas se défendre dans un combat corps à corps.

L'absence de la queue est une marque d'ignominie; personne ne s'avisera de prendre à son service un Chinois sans queue, parce qu'il l'a certainement perdue dans une mauvaise affaire.

Généralement ils la portent enroulée autour de la tête; mais en entrant chez vous ils la déroulent. Un boy chinois se présentant la queue roulée, et un domestique européen qui vous parlerait sans se découvrir, c'est absolument la même chose.

danger, — de vrais troupiers français. Ils sont bien trempés, les habitants de la Cochinchine, et nous l'ont su montrer au moment de la conquête; aujourd'hui encore, c'est un plaisir de les voir rosser les grands et lâches Chinois. Ils professent pareillement un profond mépris pour le paisible Cambodgien, toujours battu et refoulé par eux dans des guerres séculaires. Le plus jeune, *Sao,* a vingt-cinq ans; taille, 1 mètre 42. L'aîné, *Nam,* a trente-quatre ans; taille, 1 mètre 50 [1].

« Moi, dit-il dans son aimable et spirituel jargon, en faisant la petite moue féminine qui est familière aux Annamites, — moi y en a pas beaucoup grand, mais beaucoup brave. Avoir fait soldat sept ans à Tong-Kéou. Mais oui, sept ans. Beaucoup bien tirer. Y en a tirer cible avec Fouançais quahante-ouitte coups fois cents mètes; mis quahante et oune banes (balles). Oui. Gagné prix. — Et puis moi jamais salle poulice. Pas oune jour. Moi y en a boire oune petit peu, mais jamais soûler. Mais non. Sao beaucoup soûler. Toi bien vouoir. — Y en a aussi connaisse châpot (chassepot), démonter, nettoyer, tout. N'a pas manquer bouteille touante mètes. Fousils à piston n'a pas bons. Donné à nous Saigon quouante-vingts câtouches et quouante-vingts capoucines (capsules); mais y en a capoucines n'a pas partir, y en a hioumides. Dégoûtant ça! moi boulouoir châpot! beaucoup bon. Y en a là-bas sauvages beaucoup méchants, tigres beaucoup mauvouais. Toi, demander deux châpots Saigon, oune pour moi, oune pour Sao. Alors moi content. »

En effet, ma petite armée fut bientôt, grâce au gouverneur

---

[1] Dans les familles annamites les prénoms n'existent pas. Les enfants sont désignés par un numéro, suivant l'ordre des naissances. La mère porte le numéro un; les enfants s'appellent deux, trois, quatre, etc. Ainsi *sao* voudra dire six ou sixième; *nam,* neuf, etc.

de la Cochinchine, munie de deux carabines nouveau modèle avec quatre cents cartouches métalliques.

Je vous présente enfin mon auxiliaire le plus précieux de
beaucoup, M. Hunter. C'est un jeune Anglais de vingt-neuf
ans, né dans le royaume de Siam. Il a été l'ami d'enfance
de Norodom à l'époque où ce prince, envoyé comme otage
à la cour de Bangkok après une guerre malheureuse, et
menacé de perdre la vie, trouva asile dans la maison de
M. Hunter, le père, à l'ombre du pavillon britannique. Rap-
pelé par la France et installé sur le trône, Norodom n'oublia
pas son ancien compagnon de jeux ; il lui offrit la moitié de
ses États. Tout alla bien jusqu'au jour où la jalousie s'en
mêla, car le roi est extrêmement jaloux. Hunter quitta le
palais après avoir, dit-on, flanqué une forte pile à son royal
ami, et, depuis lors, il va et vient dans le Cambodge et le
Siam, attendant l'heure prochaine de la réconciliation. Je
me félicite de l'avoir pour guide. Il parle cambodgien,
siamois, anglais, laotien, français. Ce sera mon interprète,
car mes deux Annamites n'entendent pas un traître mot de
cambodgien. Hunter tire admirablement ; il a du reste la
réputation très méritée d'être l'un des plus habiles chasseurs
de l'Indo-Chine. MM. de Lagrée et Garnier sont morts ; mais
le docteur Harmand, qui est de ce monde, ne me donnera
certainement pas de démenti. Il l'a vu à l'œuvre avec les
partisans de Sivota. A 250 mètres, Hunter ne manque jamais
le buffle sauvage avec son fusil rayé à deux coups, calibre 12 [1].
Depuis neuf ans qu'il est revenu d'Angleterre, il a mis bas
sept cents grosses pièces. Il les inscrit soigneusement avec

[1] Douze balles rondes à la livre anglaise. Cette arme à percussion centrale coûte
quinze cents francs à Londres.

la date. Le gibier à plumes ne compte pas. Il note aussi
l'arme dont il s'est servi, car il traîne avec lui un véritable
arsenal ; je vous citerai en particulier deux énormes fusils à
éléphant qui envoient à 50 mètres, l'un des balles rondes
($^2/_3$ plomb, $^1/_3$ étain) de deux à la livre, l'autre des projectiles coniques à pointe d'acier d'environ 350 grammes :
de vrais canons, dont le recul abîme l'épaule et dont le bruit
crève le tympan. Nous allons dans un pays que l'on dit
hanté par toutes sortes de fauves, et il est bon de prendre
ses précautions.

Moi, qui n'ai aucune prétention à la gloire des Jules Gérard
et des Bombonnel, j'ai cru devoir emporter un chassepot et
deux revolvers (sans compter, l'avouerai-je ? un sabre de
cavalerie), mais c'est plutôt pour que les carnassiers se le
disent. *Si vis pacem, para bellum.*

Oserai-je maintenant vous présenter les autres membres
de la troupe, qui ne sont ni les moins fidèles, ni les moins
joyeux compagnons de voyage ?

Mytho et *Dakar*, deux superbes lévriers d'Australie, aux
pieds légers, aurait dit le vieil Homère, puisqu'ils forcent
le daim à la course. Nobles bêtes qui comprennent leur
valeur, — trois cents dollars, — et ne frayent pas avec le
pauvre peuple. Gare aux coups de dents, si un rôdeur s'approche de leur maître.

Arcone et *Fcamic*[1], deux jeunes orangs-outangs, gentils à
croquer ; un peu voleurs, par exemple ; mais à quoi bon les
battre ?

> Chassez le naturel, il revient au galop.

---

[1] Mots cambodgiens qui signifient : *Joie des enfants* et *Fleur du ciel.*

Et puis leurs grimaces sont si drôles, leurs tours si spirituels, qu'on leur pardonne.

Ainsi nous étions cinq, — ou neuf, — en tout. C'est peu pour entreprendre le tour du grand lac cambodgien, et surtout pour s'enfoncer dans la région qui s'étend jusqu'au golfe de Siam, région hérissée de montagnes et couverte de forêts où les indigènes eux-mêmes n'ont jamais pénétré. Mais à la guerre comme à la guerre! Avec de petits moyens et beaucoup de persévérance, on peut arriver à faire des choses utiles.

CHAPITRE V

3 novembre.

L'*Anadyr* navigua toute la nuit; ce malheureux bateau,
neuf jadis, mais entretenu depuis dix ans par des marins
cambodgiens, remontait avec peine le courant du large canal
qui mène dans le Grand-Lac, et le soleil était au zénith
quand nous entrâmes dans un étang qui sert comme d'antichambre au Tonlé-Sap, — antichambre de cinq kilomètres
sur douze; — on l'appelle le *Val-Phoc* (plaine de boue) [1].

Quand on parle d'un lac, on se représente une nappe d'eau
entourée de terres cultivées ou incultes; cultivées, elles sont
couvertes de moissons, de villages, de troupeaux; incultes,
elles n'offrent que des landes ou des bois; les rives forment
des falaises abruptes où le flot se brise en écumant, ou des
plages de sable sur lesquelles il vient mourir.

Ici, rien de tout cela : qu'on se figure l'étendue liquide
ceinturée par des forêts noyées qui s'étendent de toutes parts

---

[1] Il découvre en grande partie à la fin de la saison sèche.

et à perte de vue; les plus petits arbres ne montrent que leur cime, les plus grands ne cachent que leur tronc; aucune berge, aucune falaise, aucune plage; vous n'apercevez rien autre chose qu'une barrière de feuillage, interrompue çà et là par des brèches qui marquent l'embouchure des rivières. Tel est l'aspect des lacs cambodgiens dans la saison de l'inondation.

La traversée du Val-Phoc n'est pas longue. Après avoir serpenté dans un dédale de bois qui forment comme une chaussée entre le Grand-Lac et le petit, l'immense nappe d'eau apparaît si brillante sous les rayons verticaux du soleil, qu'elle ressemble à une coulée de mercure ou d'argent fondu.

Le capitaine mit le cap au nord pour côtoyer les forêts. Ce capitaine, c'est Akbar; il est indou, natif de Singapore; il baragouine anglais, cambodgien, siamois, annamite et un peu français. En même temps que commandant de l'*Anadyr*, il en est le mécanicien. C'est un progrès : le véritable maître d'un bateau à vapeur est l'homme qui possède le secret de la machine. Akbar commande en chef tous les vaisseaux du roi; il n'y en a jamais deux qui appareillent simultanément. Enfin c'est un brave homme, barbu et trapu, qui finit par découvrir une trouée où il s'engage; quelques minutes plus tard, le Grand-Lac cesse de nous éblouir; nous naviguons sur un beau fleuve, large de cent mètres, profond de six, bordé de palétuviers immergés. A cinq milles plus loin, le premier village cambodgien fait son apparition à travers les branches. En moins de vingt-quatre heures, nous avions parcouru cent cinquante kilomètres. Par terre, il eût fallu près de huit jours. Si le Grand-Lac n'est pas utilisé comme moyen de domination, il sert du moins aux voyages rapides.

9

Traversée des passes du Grand-Lac.

Quand on arrive dans un village cambodgien, la première chose à faire est de demander le *misroc*, autrement dit le chef. Il arrive, l'échine ployée en deux, vous salue avec les deux mains jointes, comme le prêtre à l'autel, et s'assied par terre, les jambes croisées. Vous lui parlez alors, et il vous répond invariablement : *Bât*, c'est-à-dire oui ; puis il va querir les poulets, le poisson, les œufs que vous avez réclamés. De payement, point n'est question quand on est à bord d'un bateau du roi. Vous ne risquez pas, comme dans un hameau de France, de trouver porte close chez le maire, l'adjoint, même l'instituteur, cas auquel nos braves paysans vous regarderont comme une bête curieuse sans vous tirer d'embarras. Dans un village indo-chinois tout le monde est chef ; s'il y a dix hommes, il y a dix chefs, savoir, aurait dit Sganarelle, le premier, le second, et ainsi jusqu'au dixième. Ils se remplacent, en cas d'absence, suivant l'ordre de leurs numéros. Celui-là n'était pas un sot qui imagina de classer ainsi les habitants des petites bourgades ; point de querelles, point de discussions orageuses.

Le village où nous avons fait halte, et qui s'appelle *Compong-tien-long*, jouit, comme beaucoup d'autres villages des bords du lac, de la singulière propriété d'émigrer deux fois par an ; mais c'est une émigration complète, vu que les habitants emportent leurs maisons avec eux. Quand le lac se vide, ils vont s'installer à l'embouchure de l'arroyo pour se livrer à la pêche ; à l'arrivée des grandes eaux, ils remontent dans l'intérieur. Leurs cases, toutes de bambous et de paillottes, sont établies sur un pilotis de bambous fichés solidement dans la vase et dépassant de plusieurs mètres le niveau des basses eaux ; ces pieux demeurent à poste fixe. Ils sont recou-

verts à l'époque des crues, de juillet à novembre. Il y en a de
plantés jusqu'à trois milles au large. Quand vous viendrez
admirer le Grand-Lac, vous les verrez par milliers, au mois
de décembre, dresser leurs têtes arasées au même niveau ;
vous demanderez ce que signifient tous ces pieux alignés sur
des centaines de mètres, et vous serez passablement étonné
de vous entendre dire :

« C'est un village. »

Après une heure de repos, l'*Anadyr* reprit sa marche avec
une sage lenteur ; ce bateau, de la taille d'une chaloupe-
canonnière (25 mètres de long), suit à grand'peine les sinuosités du fleuve. Akbar prouve bientôt qu'il mérite la confiance
du roi. Il se multiplie ; tout en soignant sa machine, il lance
dix commandements à la fois ; les matelots, armés de perches,
poussent à bâbord, soulagent tribord, courent sur le pont,
perdent la tête, et le petit navire va donner du nez dans les
arbres. Malheur alors au *gabier* qui tombe sous le poing du
capitaine ! Malheur au *timonier* responsable de la fausse manœuvre ! Akbar lui explique ce qu'il aurait dû faire et termine la démonstration par un soufflet.

Le jour était sur son déclin, et je commençais à me demander si nous sortirions jamais de cette forêt noyée. On
voyait bien cependant que nous nous approchions des terres
insubmersibles ; le tronc des arbres émergeait de plus en
plus, et déjà l'argile des berges apparaissait par intervalles,
formant de petites anses sur la lisière du bois. Ces recoins
exposés au soleil sont les cachettes favorites des crocodiles,
qui viennent s'y chauffer comme de gros lézards qu'ils sont.
Un cri d'Akbar me tira de ma rêverie.

« Qu'est-ce qu'il y a ?

— Là, » fit-il, en me montrant du doigt.

J'aperçus un petit caïman d'un mètre, que le bruit de l'hélice avait dérangé de sa sieste, et qui replongeait dans le fleuve.

Prendre une carabine fut l'affaire d'un instant, et je ne quittai plus des yeux le rivage. Les crocodiles infestent les marais qui ceinturent le Grand-Lac, et nous n'avions pas fait deux milles qu'un nouveau reptile fut signalé, mais d'une taille gigantesque. Nous en étions à trois cents mètres, et il dormait. Comment s'y prendre pour l'approcher sans le réveiller ? Il fallait évidemment mouiller le bateau et remonter avec la yole. J'allais en donner l'ordre quand un coup de feu partit derrière moi. C'était le petit Sao qui faisait acte d'indépendance. A cette distance, il eût fallu un hasard extraordinaire pour toucher le caïman au défaut de sa cuirasse. Mais la cuirasse elle-même fut manquée, et le bruit de la détonation ou la chute de la balle mit en fuite l'animal.

« Petit monstre ! m'écriai-je furieux, qui t'a permis de tirer ?

— Capitaine, moi bien viser. Fousil à capoucine n'a pas bon.

— N'a pas bon? deux jours de fers. Demain, continuai-je en m'adressant à Hunter, nous reviendrons dans ces parages pendant qu'on apprêtera nos charrettes à Compong-Thom. Il faut que les caïmans du pays aient de nos nouvelles. »

Peu après cette rencontre la nuit tomba tout à fait, et nous nous endormîmes malgré les vociférations d'Akbar. J'ai conservé un souvenir confus des péripéties multiples de ce voyage nocturne, qui ne se termina qu'à minuit. Le premier gouverneur de la province était absent; le deuxième gouverneur l'avait accompagné; ce fut le troisième mandarin qui eut le désagrément d'être réveillé pour nous recevoir. Je lui remis la lettre royale, qu'il porta plusieurs fois à sa bouche avec les marques du plus grand effroi ; je lui donnai mes ordres, et lui recommandai bien de tenir prêtes deux pirogues pour le lendemain matin.

4 novembre.

Au point du jour nous partîmes, Hunter et moi dans l'un des esquifs, trois Cambodgiens armés de lances dans l'autre. On descendit la rivière à force de rames ; les crocodiles ne remontent qu'à cinq milles plus bas que Compong–Thom, craignant sans doute d'être surpris par la baisse des eaux, et nous avions une longue route à faire pour être en chasse. Les pélicans, les aigrettes, les perruches, qui se levaient par dizaines à notre approche, trouvèrent grâce ce jour-là : il ne fallait pas réveiller les dormeurs à quatre pattes. Arrivés dans leurs domaines, on cessa de ramer, et nous glissâmes doucement au fil du courant, l'aviron d'arrière faisant office de gouvernail. Cela dura trois grandes heures.

Nous voyions bien de loin en loin un caïman posé sur la vase de la rive, mais tous étaient entre deux eaux, et dès lors à quoi bon tirer ? Nous aurions pu tuer l'animal, nous ne l'aurions pas eu. La patience commençait à me manquer en même temps que les forces, quand, vers midi, nous aperçûmes, couché sur le sable d'une petite anse et la gueule toute grande ouverte, un alligator magnifique. C'était peut-être celui de la veille ; il mesurait bien six mètres de la tête à l'extrémité de la queue. L'animal dormait à poings fermés, on peut le dire, car ses pattes, larges comme deux assiettes, étaient cramponnées au sable sous l'étreinte de griffes formidables. Comme il était à son aise, ce vieux poisson d'un

autre âge, sous les caresses d'un soleil mortel à l'homme!
Mais quel réveil, grand Dieu! l'attendait.

Nos esquifs flottaient silencieusement, sans faire plus de
bruit qu'une feuille morte; Hunter prit son fusil lisse à éléphants, je gardai le calibre 12; nous mîmes en joue, et,
parvenus en face du reptile, à moins de dix mètres, nous lui
envoyâmes nos balles dans le cou. Cette partie du corps n'est
pas garnie d'épaisses écailles comme le dos, et les projectiles
ne risquent pas de ricocher. Nous le vîmes bien. Le crocodile, surpris par une mort foudroyante, se souleva et retomba
sur place. Ses mâchoires, longues d'un mètre, se fermèrent
et s'ouvrirent par deux fois en d'immenses bâillements con-
vulsifs. Nous entendîmes ses dents de scie se choquer avec un
grincement qui nous glaça d'épouvante. Sa queue immense
battit la rivière et nous inonda. Ce fut tout. Le monstre était
-mort.

Les pirogues accostèrent la rive, et nos Cambodgiens com-
mencèrent leur métier de boucher, qu'ils connaissaient aussi
bien que les Annamites. A grands coups de hache, la queue
fut détachée; c'est, comme dans la crevette et le homard, le
morceau succulent de la bête. Quel régal ils firent, ces bons
Cambodgiens! Mon estomac m'avertit de ne pas y prendre
part; mais, si le cœur vous en dit, vous pourrez vous passer
cette fantaisie à peu de frais. Le crocodile est si répandu en
Cochinchine, qu'on en vend la viande dans les boucheries
annamites comme en France celle du bœuf. Les pêcheurs
indigènes lui font une guerre acharnée et qui n'est pas sans
profit: un jeune caïman d'un mètre vaut une piastre, et avec
une piastre le pêcheur nourrit pendant huit jours sa femme
et ses enfants. Ceci vous explique pourquoi la tête de ce dangereux saurien ne peut pas être mise à prix, comme celle du

loup, pour cinquante francs. Sa chair, dit-on, est fortement musquée ; j'en ai sans doute mangé sans le savoir, mais j'avoue humblement que, si je me suis accoutumé aux œufs couvés dont l'Indo-Chinois fait ses délices, il m'a été impossible de surmonter ma répugnance pour le crocodile. L'imagination exerce une grande influence sur nos goûts, qui ne se raisonnent pas et ne se discutent pas. Le crocodile ne se nourrit pas autrement que la langouste et l'écrevisse que nous aimons tous ; quand il a saisi une proie, il la traîne dans sa taverne, au fond des eaux, et il attend pour la dévorer qu'elle soit en putréfaction complète. Est-ce là ce qui nous dégoûte ? ou encore est-ce l'idée que ces monstres se nourrissent de chair humaine ?

Quoi qu'il en soit, les Cambodgiens furent enchantés de se voir possesseurs d'une bête qui valait bien cinq piastres, et dont je ne leur réclamais que la tête et les griffes. Le dépeçage fut long. Pendant qu'il s'opérait avec des soins doublés par la reconnaissance de ces braves gens, nous nous couchâmes, Hunter et moi, sous un palétuvier dont les branches épaisses faisaient écran au soleil, et bientôt tout un gigot de sanglier, — cadeau du mandarin de Compong-Thom, — ne fut plus qu'un souvenir. Nos compagnons ne furent pas oubliés ; ils burent avec force grimaces l'*eau de feu* apportée à leur intention, et vers cinq heures, chargés de nobles dépouilles, nous remontâmes le cours de l'arroyo.

Chasse au crocodile.

CHAPITRE VI

5 novembre.

Quand un pays offre de grands et nombreux souvenirs, les événements du passé se pressent en foule dans la mémoire de l'explorateur : le Cythéron, le Parnasse, l'Olympe ne lui apparaissent plus comme des monts vulgaires ; le champ de bataille de Marathon n'est plus une plaine fiévreuse; Salamine ne ressemble pas aux autres îles; les sables de l'Égypte ne sont pas des sables ; le cap Sigée est si beau que sa vue seule guérit de toutes les fatigues ; et, l'imagination aidant, les solitudes de la Judée décèlent à chaque pas des miracles. « Chaque nom renferme un mystère, chaque grotte déclare l'avenir, chaque sommet retentit des accents d'un prophète. Dieu même a parlé sur ces bords : les torrents desséchés, les rochers fendus, les tombeaux entr'ouverts attestent le prodige ; le désert paraît encore muet de terreur, et l'on dirait qu'il n'a osé rompre le silence depuis qu'il a entendu la voix de l'Éternel[1]. »

[1] Chateaubriand.

Rien de pareil au Cambodge. L'épigraphie n'a pas encore
écrit l'histoire des Khmers ; sauf de rares exceptions, les
monuments que vous rencontrerez resteront pour vous des
énigmes. La poésie grandiose, — trop grandiose parfois, —
de la nature équatoriale dédommagera seule votre imagination. Les légendes mêmes ont disparu, et l'indigène, passé
à l'état de brute, ne pourra rien vous apprendre sur l'histoire
des plus grandes villes.

Celle où nous sommes a peut-être eu des annales glo-
rieuses ; des ruines situées dans son voisinage (*Pnom-Sontuc*)
montrent encore des statues hautes de quinze mètres, et
aussi un énorme Boudha que le caprice de l'artiste a représenté endormi, la tête appuyée sur un oreiller de pierre ;
mais, en tous cas, de son ancienne prospérité cette ville
déchue n'a conservé que le nom. *Compong-Thom,* en cambodgien, signifie grand embarcadère ou grand port, et ce
grand port compte aujourd'hui vingt misérables huttes en
paillotte et sur pilotis comme toutes les cases cambodgiennes. Cependant, quand je dis que vous ne tirerez rien
de l'abrutissement des indigènes, je les calomnie : à les en
croire, Compong-Thom était encore, il y a quelque dix ans,
le centre d'un important commerce ; elle a été ruinée par les
révoltes que Sivota, frère aîné de Norodom, fomente contre
son souverain. La guerre civile trouble ces lieux déserts : où
donc trouver la paix sur notre planète ?

On vous dira sans doute que l'art de combattre n'est pas
au Cambodge ce qu'il est en Europe, que les généraux de
ce pays méprisent la stratégie et la tactique européennes.
C'est exact. Le Cambodgien n'aime pas la vue du sang. Il
sait se servir de son fusil contre les bêtes féroces, et le fer
de son couteau est le meilleur du monde ; mais au moment

d'en venir aux mains, si l'affaire ne s'arrange point par un échange de cadeaux, coutelas et fusils sont d'un commun accord déposés par les parties belligérantes, et l'on se bat à coups de poings. Seuls, les chefs faits prisonniers risquent d'avoir la tête tranchée.

Si ensuite vous vous étonnez, — non pas que deux frères se querellent, mais que le cadet soit sur le trône, — on vous expliquera d'abord que Norodom est le vrai roi, parce qu'il a été choisi, installé, reconnu par la France. Cette raison est la meilleure. On ajoutera que la polygamie des princes orientaux peut donner lieu à des méprises ; qu'il n'est pas toujours commode de distinguer les enfants légitimes et ceux qui ne le sont pas, et que l'ordre de primogéniture pâtit de ces confusions. Les rois eux-mêmes ne s'y reconnaissent guère. Interrogez Norodom :

« Majesté, combien avez-vous d'enfants ?

— Quatre-vingts à cent, répondra-t-il après réflexion ; mais je puis bien me tromper de dix. »

Un jour, se promenant à pied, — suivant sa coutume, — dans la grande rue de Pnom-Penh, il rencontre un mandarin entouré de petits garçons :

« Les beaux enfants ! lui dit-il. Je te fais mes compliments.

— Mais, Majesté, ce sont les vôtres. »

Je séjournai deux jours à Compong-Thom, chef-lieu de la province de *Compong-Soaï* ; il fallut tout ce temps-là aux indolents Cambodgiens pour réunir huit charrettes à buffles, avec des provisions de riz, d'œufs et de poulets.

« Nous allons dans un pays de sauvages, disait le troisième gouverneur, qui devait me suivre avec une dizaine d'hommes et me servir aussi d'interprète [1] ; les Kouys ne nous donneront rien à manger. »

L'*Anadyr* reçut l'ordre d'attendre notre retour, et, dans la matinée du 7 novembre, la caravane se mit en marche vers le nord, à travers des steppes incultes parsemés d'arbres rabougris, couverts d'un sable blanc presque impalpable, tristes restes d'une inondation qui fut un vrai déluge pour cette malheureuse contrée. A l'horizon, sur le faîte de plateaux qui s'élèvent par une pente insensible depuis les rives du lac, apparaît la lisière des forêts vierges ; elles s'étendent à l'infini devant nous, recouvrant les parties inhabitées de l'Indo-Chine, c'est-à-dire les trois quarts de cette grande péninsule ; car, si l'on en excepte quelques peuplades tombées au dernier degré de la bestialité, les habitants se réfugient au bord des fleuves ; là, ils trouvent des terrains submersibles pour planter leur riz, de l'eau pour se baigner, des bouquets de bambous pour s'abriter du soleil et bâtir leurs paillottes légères. Loin des fleuves, c'est le désert, la plaine brûlée et aride, la jungle infestée de moustiques, la forêt fiévreuse que l'homme, depuis bien des siècles, ne dispute plus aux bêtes féroces.

Les buffles marchent assez vite sur le sable des plateaux,

---

[1] L'idiome kouys ne ressemble pas beaucoup à la langue cambodgienne. Une chose qui frappe, en Indo-Chine, c'est le grand nombre des idiomes absolument différents. Sans parler des dialectes moys, tiams, kouys, etc., quelle ressemblance y a-t-il entre le cambodgien, le siamois et l'annamite? Les deux premiers possèdent l'écriture phonétique, le troisième l'écriture idéographique ; le siamois est *recto tono*, comme les langues indo-européennes ; le cambodgien se chante sur trois tons et l'annamite sur tous les tons ; ce qui veut dire que le même monosyllabe (tous les mots annamites sont monosyllabiques), prononcé sur différentes notes de la gamme, a des significations absolument distinctes. Ces variétés de langages suffiraient à prouver que les peuples aujourd'hui en contact dans la péninsule indo-chinoise viennent de contrées diverses du continent asiatique.

et l'on n'est pas trop secoué dans les chars du pays, véritables cercueils où l'on s'introduit à genoux et où l'on peut
s'étendre de tout son long. Un rouf de latanier y maintient
une fraîcheur relative; deux minuscules fenêtres permettent
d'apercevoir un coin de paysage. Le petit boy qui la conduit
s'assied entre vos jambes; si vous vous endormez, il vous
réveille. C'est une invention merveilleuse que ce véhicule
d'où l'on ne voit rien qu'un dos noir; je le réserve pour y
passer la nuit, et m'installe sur un des chars découverts qui
portent nos caisses de vivres.

Encoma, un charmant hameau perdu dans une oasis
de cocotiers, de bananiers, de bambous, et entouré d'une
palissade qui le protège contre les attaques nocturnes du
tigre, nous donna l'hospitalité pour le déjeuner. Cadeaux de
riz, de canards, de fruits délicieux; ma présence inspire un
respect mêlé de crainte. Nul doute que les indigènes me
prennent pour un prince de sang royal, c'est-à-dire pour un
personnage qui réquisitionne tout, suivant son bon plaisir,
et sans rien payer. J'ai apporté des *ligatures,* et, à la grande
stupéfaction de nos hôtes, je les leur donne. La ligature
n'est pas, comme vous pourriez croire, un instrument de
supplice, quelque chose qui sert à lier le patient avant de
le bâtonner; c'est une monnaie, ou plutôt un chapelet de
pièces de monnaie (étain et plomb) percées par le milieu
et enfilées dans une ficelle. Depuis Lycurgue, on n'a rien
inventé de pareil. Si j'ai bonne mémoire, il faut cinq kilogrammes de ces saucissons de piécettes pour représenter la
valeur d'une piastre, ce qui donne une idée de ce que vaut
la piastre pour un Cambodgien et un Annamite.

Après une heure de sieste, nous partîmes pour *Mao.* Des
éclaireurs avaient pris les devants, et le chef du village

achevait d'élever à notre intention une superbe case, quand
nous arrivâmes à la chute du jour. Dans les villes, il y a
toujours une ou plusieurs maisons de refuge ouvertes à tous
les étrangers. Le voyageur s'y installe sans rendre de comptes
à personne. La *sala* est sa propriété. Les pauvres paysans
des hameaux se hâtent d'en construire une à l'arrivée d'un
mandarin. La religion de Boudha prêche l'hospitalité; je
m'en suis bien aperçu dans ce voyage. S'il s'est bien terminé, je le dois à la quinine et à Boudha.

Le lendemain à six heures, tout le monde était levé avec
le soleil. Le Cambodgien, comme l'Annamite, ne prend
rien à son réveil. Il allume une cigarette faite d'un tabac
qui n'a été soumis à aucun savant lavage et qui n'en est que
plus parfumé. Ce tabac chargé de nicotine, il le roule dans
une feuille sèche; il tire une étincelle de son briquet et met
le feu au coton sauvage qui lui sert d'amadou. Il ne fait pas
encore usage, comme l'Annamite de Saigon, de papier Job
et d'allumettes suédoises; mais cela viendra, car il en ap-
précie la supériorité. Après les bouteilles *vides*, ce sont là
les menus cadeaux auxquels il est le plus sensible.

Nous nous mîmes en marche vers l'ouest, suivant l'ordre
de la veille, en file indienne, le gouverneur en tête de la
colonne, armé d'un bâton ferré et coiffé d'un invraisemblable chapeau de paille. Le village de Mao est situé à la
lisière des grandes forêts qui chaque année envahissent de
nouvelles surfaces. Toute la journée nous fîmes mille zigzags
à travers des bois de date récente, qui marquent le dernier
empiétement de la nature livrée à ses forces brutales sur le
domaine de l'homme. Bientôt le chemin fut barré par une
série de marécages où les roues de nos charrettes enfon-

Une grande pirogue, au Cambodge.

çaient jusqu'au moyeu ; il fallait bien les franchir pour
gagner les hauts plateaux.

Le déjeuner fut assez triste ; Hunter avait la fièvre, et nous
dûmes faire une longue halte pour laisser passer l'accès dont
la durée est généralement de deux à trois heures. Ce fut le
tour de deux Cambodgiens au campement du soir, qui se
fit en pleine brousse. « Mauvais marais, » répétait sans
cesse le gouverneur, qui ne m'accompagnait pas pour son
plaisir.

L'étape suivante ne nous mena pas dans une région plus
saine. C'étaient toujours les mêmes tourbières pestilentielles.
Toute l'escorte finit par tomber malade ; après une courte
marche il fallut s'arrêter, et ce jour-là le tigre vint nous
rendre sa première visite.

Je me souviens que nous avions débouché dans une petite
plaine de jungles, et qu'au lieu de camper au centre, comme
la prudence le commandait, les Cambodgiens, à bout de
forces, s'étaient arrêtés à la lisière du bois. Il me semblait
qu'une fraîcheur exceptionnelle avait succédé à l'accablante
chaleur du jour. Quand vous aurez cette sensation, ne vous y
trompez pas : c'est l'accès qui arrive. Alors il n'y a plus
d'autre remède que de se coucher dans une couverture jusqu'à ce qu'il cesse ou qu'il vous emmène. Personne n'était
assez vaillant pour entretenir des feux ; personne même
n'eut l'idée d'en allumer, et le camp fut laissé à la garde
de Dieu.

Une lune inconnue en Europe éclairait magnifiquement
le désert où nous étions campés. Les voitures formaient un
cercle dans lequel tout le monde, sans distinction de couleur,
avait pris place pêle-mêle ; les buffles étaient attachés en

dehors, dans les intervalles des voitures, bouchant ainsi les brèches qui n'étaient pas défendues par des feux. La cigale au long sifflement, le serpent noir au cri aigu, le paon, la panthère, le chat-tigre, faisaient retentir les échos des bois : concert formidable, comme je n'en ai jamais entendu depuis, même dans des forêts bien autrement sauvages.

Il était près de neuf heures; la fièvre m'avait quitté, laissant à sa place une grande faiblesse, et je commençais à m'assoupir. Tout à coup les buffles, qui s'étaient couchés, se dressent ensemble comme mus par un même ressort et font face à un bouquet de bambou distant d'une vingtaine de mètres, la tête basse, les cornes en avant. C'est leur position de combat. Le tigre qui les guette n'a d'autre ressource que de leur sauter sur le dos; mais malheur à lui s'il tombe sur leurs cornes formidables! Et c'était bien un tigre royal qu'ils avaient flairé à son odeur fortement musquée. J'envoyai promener ma couverture. Sao était déjà debout. Abrités derrière un char, nous regardâmes du côté des bambous.

« Là! fit-il avec terreur : *Ong-Kop! le seigneur tigre!* »

Je finis par découvrir à mon tour l'animal que les yeux perçants du *mata* avaient aperçu du premier coup. Il était à trente mètres et se promenait de long en large dans la brousse. Le bruit de sa respiration gutturale arrivait jusqu'à nous. Quel beau coup de fusil! Je mis en joue. Mais hélas! quand j'y pense encore, j'aime à croire que c'était la fièvre qui me faisait trembler. Impossible d'ajuster. Et vous savez que, quand on tire un tigre, il faut le tuer raide ou du moins le mettre dans l'impossibilité de bondir; autrement il ne vous manque pas. En homme sage, je lâchai deux coups de feu en l'air. Le concert nocturne se tut comme par enchantement; quant au tigre, il prit la fuite comme toutes les

bêtes féroces à un mille à la ronde. Sao continua les salves
aux quatre coins de l'horizon, pendant qu'Hunter, réveillé
en sursaut, m'adressait des reproches amers. Je ne vous
conseille pas moins de ne jamais vous endormir dans un
camp, quelque sûr qu'il paraisse, sans avoir envoyé au moins,
une décharge aux carnassiers du voisinage, pour leur souhaiter le bonsoir. Vous allez voir bientôt que, une belle nuit,
nous faillîmes être réduits en chair à pâté, pour avoir manqué
à cette règle de prudence.

La fièvre des bois a ceci de bon, qu'elle ne fait pas longtemps souffrir. Le lendemain matin, tout le monde était sur
pied, frais et dispos. La quinine avait fait merveille. Trois
bananes et une bonne tasse de café noir achevèrent la cure,
et nous nous mîmes en route, par un temps délicieusement
frais, à travers une forêt de sapins où pourraient s'alimenter
toutes les marines du monde. La frontière cambodgienne
fut franchie ce jour-là ; nous entrâmes dans le pays de ces
sauvages Kouys, dont le mandarin de Compong-Thom parlait
avec un si plaisant dédain. Vers deux heures, après avoir
essuyé un soleil brûlant, nous arrivions à leur premier
village.

J'eus tout de suite l'occasion d'apprécier mes nouveaux
hôtes. J'avais pris en route, — sans m'en douter, — un commencement d'insolation. Singulière affection dont les blancs
sont victimes dans la zone torride, malgré le casque, et qui
s'attaque rarement aux indigènes qui vont tête nue ! Il y a
là un champ d'étude très intéressant, et, au dire des mé-
decins de la marine, incomplètement exploré.

Par exemple, on vous recommande de porter en été des
vêtements blancs, parce que la couleur blanche renvoie les

rayons solaires. La noire, comme disent les physiciens, possède un pouvoir absorbant considérable. C'est parfait; mais alors pourquoi la race noire est-elle la plus insensible au soleil? Et si le soleil, à l'apparition de l'homme sur la terre, a façonné les différentes races humaines suivant les latitudes, ne s'est-il pas singulièrement trompé en noircissant si bien les habitants de la Nigritie et du Mozambique?

On dit que ces gens-là possèdent une boîte crânienne épaisse et dure comme la carapace d'un crocodile. Cela ne rend pas compte de la loi de variation des couleurs à la surface du globe. Il est certain néanmoins que nos crânes n'ont pas en général l'épaisseur voulue pour protéger notre cervelle. On cite l'exemple terrifiant d'un Français de Pnom-Penh, qu'un rayon de soleil vint frapper sur la nuque en passant par une fente de volet. Le malheureux faisait la sieste. La cuisson produite par le filet de lumière le réveilla bientôt; déjà il était trop tard. Quatre jours après cet accident, vulgaire en apparence et qui ne l'empêcha pas de continuer son service jusqu'au lendemain, il mourut. L'autopsie fit connaître un fait étrange : le cerveau du mort était littéralement calciné et présentait, au dire du médecin du Protectorat, l'aspect d'une boule de papier brûlé.

A côté de la loi des couleurs, je vous signalerai une anomalie dont l'explication est à trouver. En Cochinchine, le thermomètre s'élève rarement au-dessus de 35° centigrades; pourquoi donc la lumière est-elle beaucoup plus dangereuse dans cette contrée humide qu'au Cambodge, où la température *sèche* est absolument sénégalienne? Pourquoi les Cambodgiens portent-ils les cheveux courts, tandis que les Annamites laissent croître depuis leur enfance toute leur riche chevelure noire, véritable bouclier qui leur couvre la nuque, et à l'insuffisance duquel ils suppléent, si besoin est, par un chignon [1]?

Quoi qu'on pense de ces questions obscures, je me couchai tout en arrivant au village qui s'appelle *Rakien*, sans chercher le moins du monde la raison scientifique de l'ébullition de mon cerveau. L'eau fraîche, l'eau sédative surtout, sont d'excellents palliatifs, et j'en usai. En ouvrant les yeux, vers cinq heures, je vis en rond autour de ma natte une douzaine d'indigènes accroupis silencieusement et surveillant mon sommeil. Tout ce qu'ils possédaient, ils me l'offrirent. Je n'eus pas assez de bouteilles vides pour leur marquer ma gratitude. Tels sont les sauvages kouys. Allez chercher pareil accueil dans les pays qui se disent civilisés!

Rakien, comme les précédents villages, compte une di-

[1] Le tableau ci-dessous donne des moyennes mensuelles de température, relevées à Saigon pour les années 1874-75-76-77 (échelle centigrade) :

MOIS	MAXIMA	MINIMA	MOYENNES
Janvier.	28°6	21°2	24°5
Février.	30°1	23°0	26°1
Mars	32°2	24°7	27°7
Avril	32°0	25°6	28°3
Mai.	32°5	25°6	28°3
Juin	29°4	25°4	27°1
Juillet	29°3	25°5	27°1
Août	28°7	25°5	27°0
Septembre.	28°7	25°2	26°8
Octobre.	28°9	25°1	26°8
Novembre	29°0	24°4	26°4
Décembre.	28°5	22°7	25°4
Moyennes générales.	29°8	24°5	26°7

zaine de huttes; autant d'hommes, autant de femmes et des
légions d'enfants. Le Kouys, comme le Cambodgien, passe
son temps à mettre en pratique le précepte de l'Évangile qui
ne lui a pas été révélé. Trois de plus, trois de moins, que
lui importe? Il y a toujours du riz à la maison. Le haut
Cambodge est très fertile. On n'y voit pas de famines comme
en Cochinchine, parce qu'il ne s'y produit pas d'inondations.
L'emplacement ne manque pas pour les cultures; les trois
quarts des bons terrains sont en friche; le sol pourrait facilement nourrir quatre ou cinq millions d'habitants.

. En Cochinchine, au contraire, les terrains cultivables sont
le dixième à peine de la surface de la colonie (600 000 hectares); ils se composent en grande partie des berges des
rivières et des digues élevées artificiellement sur chaque
bord; entre les arroyos se trouvent des terrains bas, en
forme de cuvettes, noyés généralement pendant un temps
trop long pour être susceptibles de produire quoi que ce soit.
Celles de ces cuvettes dont on tire quelque parti, exigent
une main-d'œuvre des plus pénibles pour l'enlèvement des
plantes aquatiques qui croissent, pendant l'inondation, jusqu'à deux mètres de hauteur. Il faut avoir vu les Annamites,
dans l'eau jusqu'à la ceinture, rouler ces herbes en énormes
saucissons et couper leurs racines au fur et à mesure, pour
avoir une idée de l'énergie de ce peuple, en tous points
supérieur aux autres races asiatiques, et de ses efforts pour
vivre sur un marais condamné par sa nature même à être
une terre ingrate pendant de longues années encore. Du
reste, la Providence s'est montrée prévoyante en donnant à
l'Annamite un pied approprié à la vase dans laquelle il pa-
tauge; pied unique, qui ne se retrouve nulle part et se caractérise par un gros orteil isolé des autres doigts. Un peu

Traversée d'un marais.

plus, et ce pied devenait la patte palmée des animaux aquatiques [1].

Au début d'un voyage, une bonne nuit repose de toutes
les fatigues. Le lendemain de notre arrivée à Rakien, nous
repartîmes dans la direction de l'ouest, avec des buffles frais
et une nombreuse escorte de Kouys, commandée par le
misroc. Si jamais vous allez à Rakien, méfiez-vous de ce
misroc : c'est un affreux bavard.

Les environs de Rakien ne ressemblent déjà pas mal à un
pays sauvage ; mais plus loin, c'est bien autre chose. Nous
prîmes à travers bois un chemin dans lequel Mme de Sévigné
aurait cassé tous ses carrosses. La charrette cambodgienne
peut se briser, elle aussi ; mais, comme il n'entre pas de fer
dans sa construction, un quart d'heure suffit pour réparer le
dommage, quelque grave qu'il soit. Ce véhicule possède en
outre un avantage inappréciable, celui de ne pouvoir verser :
un arc en bois très dur fait saillie en dehors des roues, et
quand le char bascule dans une ornière profonde, cet arc

---

[1] M. de Quatrefages, dans son livre sur l'*Unité de l'espèce humaine*, cite deux cas
semblables :

1° L'aïeule de Colburn avait six doigts à chaque main et six orteils à chaque pied.
Elle épousa un homme qui n'avait rien d'extraordinaire. Trois enfants naquirent de
ce mariage et deux reproduisirent l'anomalie de leur mère. A la troisième génération, quatre enfants sur cinq eurent des doigts surnuméraires ; à la quatrième,
sur huit enfants, quatre présentaient encore ce caractère.

2° Dans une famille espagnole, la *polydactylie* des Colburn se compliquait d'une
sorte de *palmure* qui réunissait l'un à l'autre deux ou trois doigts de chaque main.
On compta quarante individus présentant tous à des degrés divers cette double anomalie.

La force d'hérédité manifestée dans ces exemples est frappante. Si les individus
présentant ces caractères exceptionnels se fussent mariés entre eux, ils eussent
formé une race humaine *sexdigitaire*. Un naufrage sur les côtes d'une île déserte
eût suffi pour cela. En Annam, ce naufrage n'a pas été indispensable ; l'inceste est
assez commun dans ce pays.

vient frotter contre terre et supporte tout l'équipage. Avis à vous, si vous craignez les culbutes.

Nous n'en fûmes pas moins moulus après quatre heures de cahots épouvantables. Il fallut camper en forêt. La clairière était jolie, l'eau potable. C'est une bonne fortune de trouver une mare à peu près limpide ; seulement ayez bien soin de faire votre provision d'eau avant de dételer les buffles : leur premier soin est de courir à l'étang et de s'y vautrer. Leur bain peut se prolonger des heures entières avec des ébats très réjouissants, mais l'infortuné voyageur qui viendra là le lendemain se passera de boire. Ajouterai-je que ce soir-là la fièvre de l'avant-veille me reprit de plus belle ? Je croyais en avoir fini avec les marais puants ; pas du tout, il avait fallu en traverser une nouvelle zone de deux kilomètres. On prise du camphre, on avale de la quinine, on fume une éternelle cigarette ; le microbe passe malgré tout.

Le lendemain, route vers l'est, à travers une forêt de plus en plus noire, avec des cahotements de plus en plus excessifs. C'est à peine si, enfermé dans le cercueil dont j'ai repris possession, je distingue l'aiguille de la boussole. Le dos noir de mon petit boy dessine vaguement son profil académique dans le clair-obscur qui nous enveloppe. Le frayé où nos chars se traînent péniblement ne semble pas fréquenté tous les jours ; les Kouys qui nous précèdent, armés de haches, ont grand'peine à le rendre à peu près praticable. Un silence de mort règne sous les cimes des banians et des chênes gigantesques ; les rayons du soleil ne nous échauffent plus, le ciel même est invisible ; nous avons sur la tête le dôme d'une cathédrale tapissée de broussailles où il ne faut pas songer à pénétrer.

Nous fîmes halte pour déjeuner, à l'emplacement d'une fonderie de fer abandonnée ou en chômage, et le soir, très tard, nous arrivâmes sans accident au grand village de *Kié-truer*, capitale de ce pays ou plutôt de cette forêt sans fin.

Là commence la région des richesses métallurgiques.

CHAPITRE VII

12-18 novembre. — La capitale du pays des Kouys. — Les montagnes de fer. — L'industrie du fer au Cambodge.

Je restai tout un jour à Kiétruer pour laisser reposer l'escorte cambodgienne et prendre de nouveaux Kouys. Grand village, grands cadeaux, grande consommation de bouteilles vides. De monnaie point n'est question; on procède par voie d'échange. Une troupe de bonzes à robe jaune, gros et gras, la tête rasée, psalmodiait devant la case d'un moribond des cantiques en langue bali[1]; elle vint me saluer, ce dont je fus très fier, et m'offrir ses prières, dont j'avais grand besoin.

Mais la visite qui m'intéressa le plus fut celle d'une toute vieille femme à cheveux blancs; elle ignorait son âge, qui atteignait peut-être la centaine. Ce qui amenait cette matrone,

[1] Le bali ou pali, langue sacrée et savante, employée par la religion boudhique, est un dérivé du sanscrit, qui lui-même paraît être la langue mère des idiomes indo-germaniques. Le sanscrit cessa d'être parlé entre le IIIe et le VIIe siècle de l'ère chrétienne; le bali semble lui avoir succédé. Il est encore en usage dans les nombreuses contrées de l'Asie où s'est répandu le dogme de Boudha. Eugène Burnouf a le premier révélé les origines de cette langue sacrée et en a rendu l'intelligence facile.

c'était tout simplement la curiosité ; elle n'avait jamais vu
d'Européen. « Maintenant, dit-elle, je mourrai contente. »

La forêt, toujours noire, s'étend à quinze kilomètres au
nord de Kiétruer. On nous fit prendre d'interminables dé-
tours pour arriver à la principale fonderie de la contrée,
Sang-long-preï. Nous parcourûmes encore cinq kilomètres à
travers la brousse dans la direction du nord-ouest, et enfin
se déroula devant nous une vaste plaine bien unie, bien
découverte, dont la vue repose de la monotonie des grands
bois sombres. A quatre kilomètres au nord, se dressent
trois collines qui sont connues dans tout le Cambodge sous
le nom de *Pnom-Dek*, c'est-à-dire *Montagnes de Fer*. Puis,
plus loin et toujours dans le nord, s'élève une petite chaîne
dite de *Moulou-Preï* ; d'autres collines encore, moins fré-
quentées par les indigènes, parce qu'elles sont perdues dans
une forêt mal famée, émergent du sein des alluvions. L'exploration de cette région, pour ainsi dire, inhabitée, mais
riche en différents minerais, était le premier objet de mon
voyage ; j'ai pu y consacrer cinq jours, qui furent tristes et
empoisonnés par la fièvre, mais se passèrent en somme, sauf
le dernier, sans rencontre fâcheuse, ni même aucun incident digne d'être rapporté.

La principale, — j'allais dire la seule industrie du Cambodge, — est celle du fer, et encore est-elle localisée chez
ces sauvages kouys, tributaires de Norodom, auquel ils
payent, en signe de vasselage, un léger impôt. Chaque
année un mandarin de Compong-Thom parcourt leurs villages pour percevoir la rançon convenue. Les montagnards
qui travaillent le fer donnent trois kilogrammes de minerai

Fonderie de fer chez les Kouys.

réduit ; cela représente pour un maître de forges du pays
une contribution de dix à onze francs. On se fait donc une
idée de l'importance de ces forges ; à elles toutes, elles fa-
briquent quelque chose comme *trois tonnes* de métal par an.
Mais il faut être juste, ce fer est de première qualité. Avant ,
la trempe, il possède une élasticité remarquable. J'ai constaté aux ateliers de l'artillerie, à Saigon, qu'il supporte cinq
torsions d'équerre sans se rompre ; les cahiers des charges
de la marine n'imposent que trois torsions. Encore est-il
grossièrement martelé par les indigènes ; s'il subissait les
apprêts convenables, sa résistance croîtrait en raison de sa
pureté. La trempe lui donne une dureté incroyable. Un ciseau fabriqué avec le fer des Kouys entame sans difficulté le
fer doux de France. Fortement aciéreux, il possède une
sonorité comparable à celle de l'alliage des cloches. Pour
toutes ces raisons, on l'estime fort au Cambodge, où il se
vend par lamelles d'environ 250 grammes ; chaque lamelle
coûte une *ligature* (environ soixante-quinze centimes), ce qui
porte à trois francs le prix du kilogramme. Aussi les Cambodgiens en sont-ils très avares. Ils achètent le fer commun
aux Chinois et réservent celui des Kouys pour des emplois
spéciaux, par exemple, pour les tranchants de haches et de
pioches. De même, le sauvage kouys n'en garde que la
quantité strictement nécessaire à la fabrication de grands et
lourds coutelas qui lui servent à couper du bois, ouvrir des
cocos, dépecer le gibier. Le couteau du Kouys est son gagne-
vie ; je dirais son gagne-pain, si le pain était connu là-bas.

Les procédés métallurgiques qui donnent ces excellents
fers sont tout à fait rudimentaires. Le service d'une forge
n'exige que deux ou trois ouvriers, et la forge chôme sept
jours sur huit. Sur une aire d'argile bombée en forme de dos

d'âne, les Kouys bâtissent avec l'argile jaune qui abonde
dans la région une caisse rectangulaire de 2 mètres 50 sur
1 mètre 20, dans laquelle ils étendent des couches alter-
nées de minerai en petits grains et de charbon de bois. La
combustion est activée par deux souffleries à jeu discontinu,
qui prennent l'air dans un récipient dont la paroi supérieure
est formée par une peau de cerf mouillée ; en soulevant cette
peau, — ce qui exige un effort pénible, — et en la compri-
mant sous son propre poids, l'ouvrier insuffle dans la cuve
environ trente litres d'air toutes les dix secondes. Le lingot
obtenu va à la fonderie, où on le brise en petits morceaux,
que l'on martèle au rouge pour les transformer en lamelles.
Ce martelage est fait par des enfants ; j'en ai vu qui n'avaient
pas dix ans. L'enclume est une espèce de tête de clou large
de huit centimètres. Voilà toute la métallurgie des Kouys.

Ce serait ici le cas de se demander si l'on ne pourrait pas
ramener la confiance publique vers les entreprises coloniales, en appuyant celles-ci sur nos grands établissements
de crédit, en leur donnant une impulsion d'ensemble, en
groupant les efforts individuels, et, pour tout dire en un
mot, en faisant de la colonisation une *œuvre nationale*.

Mais cette question complexe sera mieux à sa place à la
fin de ce voyage. Nous connaîtrons le Cambodge et les difficultés que son exploitation présente à des Européens ; nous
verrons quelle petite place il occupe dans l'Indo-Chine ; nous
nous ferons une idée de ce que peut être la conquête, dans
le sens général du mot, de cette grande péninsule. C'est
alors que les moyens à mettre en œuvre pour obtenir ce résultat politique, humanitaire et commercial, se déduiront
naturellement de nos observations.

Forgerons kouys.

CHAPITRE VIII

Il faut que les philologues me pardonnent l'espèce d'indifférence et même d'impiété avec laquelle j'ai orthographié les noms cambodgiens ou annamites. Mon excuse, — qui sera trouvée détestable, — est de me rapprocher le plus possible de la prononciation. Comment devineriez-vous que *Quoc-Ngu* doit se prononcer *Koc-Nieu?* Demandez le pays des *Chams,* ou la route de *Pursat :* personne ne vous comprendra. Il faut dire *Tiams* et *Pou-Sat,* ou *Poo-Sat.* Que des motifs très sérieux aient guidé les orientalistes, cela ne fait pas l'ombre d'un doute; mais n'est pas orientaliste qui veut. Ce préambule était nécessaire pour vous avertir que je n'ai pas trouvé sur les meilleures cartes la moitié des villages que j'ai visités, ou, si leurs noms y figurent, je ne les ai pas reconnus. Ce fait m'a particulièrement frappé pour le pays des Kouys.

Le 19 novembre, ayant traversé le hameau de *Rèseï* ou *Raseï,* et marchant toujours vers le nord, nous étions arrivés aux confins d'une région habitée par des Laotiens *Ventre-*

Noir, — ainsi nommés pour les distinguer des Laotiens *Ventre-Blanc,* — et nous traversions une forêt vierge remplie d'arbres séculaires au pied desquels s'élevait une brousse impénétrable. Si ces fourrés sont le repaire favori des éléphants sauvages qui s'y promènent aussi allègrement que les Parisiens dans le bois de Meudon, en revanche ils rendent très pénible, ou, pour mieux dire, interdisent la chasse aux petits animaux, comme le cerf, le chevreuil, l'élan, dernier espoir du voyageur dont les vivres sont épuisés. C'était notre cas.

Le 20 au soir, le camp était établi dans une clairière, près d'une mare, au pied d'une petite montagne. Quand il eut mangé son riz assaisonné d'un jus de poisson pourri, le chef kouys s'approcha de nous :

« Il faut tirer toute la nuit, mitop. Il y a le diable par ici.

— Le diable! fit Hunter. Qu'est-ce que cela?

— Oui, des éléphants et des bœufs sauvages. »

Je tins conseil avec Hunter, qui me posa ce dilemme : ou les troupeaux n'existaient que dans l'imagination des Kouys, et les coups de feu devenaient inutiles ; ou ils étaient bien dans le voisinage, et le lendemain nous pourrions les chasser. Il fut résolu qu'on ne tirerait pas.

Vers minuit tout le monde dormait, y compris les sentinelles, éreintées d'avoir creusé des trous et ramassé des pierres pendant le jour. Tout à coup un grand bruit de broussailles brisées me réveilla en sursaut; on ne dort que d'un œil dans ce pays-là. Je sortis de ma charrette revolver en main. Tout le monde était debout, le nez au vent, écoutant le bruit qui se rapprochait.

« Qu'y a-t-il donc? dis-je bas à Hunter.

— Les éléphants! Ne tirez pas! Ils viennent sur nous. »

L'intrépide chasseur était sur son terrain ; il prit un de ses fusils monstres, et m'entraîna dans les hautes herbes, où nous nous accroupîmes. Tous les Kouys, tous les Cambodgiens, le boy chinois, les deux Annamites s'étaient blottis sous les voitures.

Le bruit s'approchait toujours. Hunter crut voir quelque chose et épaula. Il tint en joue près d'une minute. Puis je le vis se relever et désarmer son fusil flegmatiquement. Le bruit s'était éloigné.

« Vous les avez vus, lui dis-je, dans cette nuit noire ?

— Parbleu, oui ! mais trop loin : quatre-vingts mètres. Je ne suis pas sûr à cette distance avec mon fusil monstre. Ils sont sept. Demain je les retrouverai. »

Le lendemain, il était debout avant le jour. Je crois qu'il n'avait pas fermé l'œil. Il vint me réveiller.

« C'est le moment de partir, mais venez voir les traces. »

Il faut être assez exercé pour reconnaître le passage d'un éléphant. Les herbes n'avaient disparu que sur la largeur d'un petit sentier, et ce sentier semblait aussi bien battu que si tout un village l'eût foulé pendant dix ans. C'est là que la troupe avait passé en file indienne. De loin en loin une masse de fiente, comparable aux tas de boue que les cantonniers ramassent sur les routes ; ou bien une grosse branche d'arbre qu'un de ces monstres avait arrachée avec sa trompe et écrasée sous les marteaux-pilons qui lui servent de pieds.

« Les éléphants ne sont pas loin, dit Hunter. Ils doivent dormir maintenant, puisqu'ils ont voyagé de nuit, selon leur habitude. Je vais entrer dans cette forêt de sapins en suivant la piste. De votre côté, allez fouiller les bois qui couvrent la montagne. Nous nous retrouverons avant midi. »

Il fut convenu que je tirerais une salve pour ordonner le

ralliement vers dix heures, quand le déjeuner serait prêt.
Puis Hunter ajouta :

« Deux chasseurs kouys veulent me suivre. C'est sans
doute l'ivoire qui les tente. Seulement ils n'ont que de vieux
fusils à pierre qui partent une fois par semaine. Regardez-
les : le canon et la crosse tiennent ensemble par la grâce
de ces deux ficelles. Si vous pouviez me donner Nam avec
un chassepot...

— Oui, capitaine, fit le petit Annamite qui écoutait ; n'a
pas peur. Moi, beaucoup connaisse éléphant de Cochinchine, et puis bien tirer. »

L'escorte ayant été partagée en deux brigades, tout le
monde prit le thé (la provision de café était épuisée), et on
se sépara vers sept heures du matin.

Dix heures étaient arrivées ; j'avais battu inutilement deux
kilomètres de bois, jusqu'au haut de la montagne, où, par
compensation, le magnifique panorama d'une mer de forêts
s'était offert à mes yeux. Nous étions redescendus ; le petit
Sao avait installé la marmite sur une belle table de grès qui
se détachait en surplomb du flanc de la colline, et le riz
allait être cuit. Je me disposais donc à lancer du côté de mes
enragés chasseurs le signal d'appel, quand quatre détonations retentirent coup sur coup, et parmi elles je reconnus
la grosse voix du fusil à balles coniques de 350 grammes.

« Il faut aller voir, dis-je à Sao. Viens. »

Trois Cambodgiens furent préposés à la garde de la marmite, et nous marchâmes au canon avec une demi-douzaine
de Kouys.

Nous allâmes longtemps dans la forêt ; longtemps, c'est-
à-dire vingt minutes, mais les minutes me semblaient des

heures. Les Kouys appelaient de toute la force de leurs poumons en poussant le cri guttural très prolongé qui se retrouve chez beaucoup de peuplades sauvages : *Ouh! Ouh!* Aucune réponse ne nous arrivait.

« Donne-moi mon revolver, dis-je à Sao. Nous verrons bien ! »

Je tirai les six coups en l'air.

Quelques secondes après, six détonations répondaient.

Nous fîmes halte. Après deux minutes d'attente, je lâchai trois nouveaux coups. Pareille réponse ne se fit pas attendre, mais plus rapprochée que la première.

Bref, nous vîmes bientôt arriver Hunter. Il était seul. Il ne marchait pas, il galopait. Plus de chapeau, point de fusil, point de couteau de chasse. Il se laissa tomber à terre complètement anéanti.

« Qu'avez-vous? lui criai-je. Vous êtes blessé?

— Non, fit-il tout essoufflé par sa course.

— Et Nam?

— Non plus.

— Et vos Kouys?

— Les Kouys? »

Nous parlions en français ; les Kouys présents à cette scène ne comprenaient pas.

« Il faut renvoyer ces gens-là, continua Hunter sans répondre à ma dernière question. S'ils apprennent la chose, ils peuvent nous faire un mauvais parti. Songez qu'en marchant jour et nuit il nous faudra trois journées pour rentrer au Cambodge.

— Mais enfin qu'y a-t-il?

— Vous saurez cela bientôt. Donnez-leur à chacun une piastre; je vais leur dire ce qu'il faut. »

L'exaltation d'Hunter était telle que je n'insistai pas. Il fit son discours, et aussitôt les six sauvages rebroussèrent chemin vers la montagne.

« Il faut aller chercher Nam à présent, dit Hunter. Je l'ai laissé à dessein. Marchons vite. »

Un quart d'heure après nous arrivâmes, sans avoir échangé une parole, dans une partie de la forêt plantée de saos gigantesques [1]. La brousse était moins épaisse. Une sorte de clairière.

« C'est là, » fit-il.

Je regardai. Un éléphant femelle était étendu sur le sol. Il avait reçu quatre balles dans la tête ; il était mort.

A vingt pas plus loin, Nam était en train de remuer la terre et de débroussailler avec le couteau d'Hunter.

Celui-ci me prit par le bras, me conduisit derrière un grand arbre, souleva de terre une branche touffue qui semblait là par hasard, et me dit simplement :

« Voilà. »

C'étaient les Kouys. Ils étaient morts. Mais quelle mort ! Les têtes avaient été arrachées du tronc.

« Il n'y a pas de temps à perdre, ajouta Hunter. Le mâle peut nous surprendre. Sao, va aider Nam avec ton sabre-baïonnette. »

Il laissa retomber la branche touffue sur les cadavres mutilés. Puis il s'approcha de l'éléphant ; je le suivis. Il regarda attentivement ses blessures ; puis, revenant aux matas :

« C'est assez. Portez la terre là, et vous remettrez la branche. Faites vite et partons. »

_____
[1] Sapins de l'Indo-Chine.

Il reprit son fusil double rayé sans oublier d'y glisser deux cartouches ; Nam se chargea du fusil monstre, et nous quittâmes à pas rapides ce lieu lugubre.

Une demi-heure après nous étions au campement.

« Vous avez, me dit Hunter, tout le minerai que les voitures peuvent contenir. D'autre part vos provisions sont épuisées ; nous sommes pris au dépourvu. Il faut regagner Compong-Thom au plus vite.

— Mais les Kouys que vous avez congédiés tout à l'heure, où sont-ils ?

— Les Kouys ? Je les ai envoyés à une journée d'ici pour ramasser des cailloux. Ils pourront nous y attendre long-temps.

— Mais c'est impossible !

— Impossible ? Vous ne connaissez pas ces gens-là, ni moi non plus. Si vous tenez à votre peau, croyez-moi bien, il faut filer. Ce n'est pas de ma faute s'il y en a deux de morts ; mais le moyen, s'il vous plaît, de faire entendre raison à ceux qui restent ? Voici ce qui est arrivé : ces malheureux, qui allaient en éclaireurs, ont surpris l'éléphant pendant son sommeil. Au lieu de me prévenir, comme je l'avais ordonné, ils ont voulu le tuer eux-mêmes, à la mode cambodgienne, sans doute dans la crainte que nous ne prissions les dépouilles. Jugez un peu ! une femelle ! pas d'ivoire ! Bref, l'un d'eux s'est approché sans bruit de l'arbre contre lequel la bête dormait appuyée, et, à bout portant, lui a lâché son coup de feu dans l'oreille. Le fusil a raté, l'éléphant, réveillé en sursaut, les a chargés, et de deux coups de trompe les a décapités en moins de temps que je n'en mets à vous le dire. Heureusement encore le monstre en fureur était tellement occupé à piétiner sur les têtes,

qu'il ne nous a pas aperçus, Nam et moi, et qu'il a continué
son chemin sans méfiance; c'est alors que nous l'avons tué.
Mais je vous jure que je suis bien guéri de la chasse à
l'éléphant.

— Ainsi soit-il, lui répondis-je; mieux vaut tard que
jamais, et replions-nous en bon ordre, puisque vous croyez
prudent de le faire. »

Ce même jour, à trois heures de l'après-midi, nos charrettes étaient attelées et reprenaient en file le chemin d'une
fonderie de fer où nous avions couché cinq jours auparavant. Nous étions parvenus à la latitude de 13 degrés et
demi, à peu près celle d'Angcor-la-Grande, dont 50 milles
à peine nous séparaient suivant le parallèle; Saigon est
par 10° 47′ de latitude; nous en étions, à vol d'oiseau, à
380 kilomètres, la distance de Paris à Berne ou à Mayence.
Ce ne fut pas sans un serrement de cœur que je tournai le
dos au Nord, vers lequel nous allions depuis le début du
voyage. Le désert attire.

CHAPITRE IX

La décision est une qualité nécessaire à l'homme de guerre ; elle n'est guère moins utile à l'explorateur qui fait une guerre à sa façon contre la nature, le climat, les bêtes sauvages et même les hommes. Ayant donc pris le parti d'évacuer le pays des Kouys, nous nous mîmes à battre en retraite par la voie la plus directe et avec toute la célérité possible. Les fleuves ne nous arrêtaient pas. Point de ponts, naturellement ; mais c'est un préjugé de croire qu'il faut des ponts pour passer les rivières. Vous dételez les buffles, qui se mettent à la nage ; les charrettes sont chargées aux deux bouts d'une pirogue, de manière à se faire contrepoids. S'il n'y a pas d'esquifs, on ne dételle rien ; les charrettes, qui sont tout entières en bois, flottent sur l'eau et sont remorquées par les buffles, nageurs de première force. Si le chargement ne peut pas supporter un bain, on coupe des bambous dans la forêt voisine, et en trois minutes on a un excellent radeau. Les sauvages sont gens, comme disent les marins, très *débrouillards*.

J'avoue cependant que je ne compris qu'à moitié la stratégie d'Hunter. Que risquions-nous en somme? Nous étions quatre, armés jusqu'aux dents, en comprenant les deux Annamites que leur éducation militaire à la française remplissait de confiance et d'orgueil; l'escorte se composait encore de sept Cambodgiens, — trois s'étaient égrenés en route sous prétexte de fièvre, — et de cinq Kouys qui ne connaissaient pas le malheureux sort de leurs compatriotes. Bien que tous ces gens-là ne fussent munis que de bâtons ferrés, de coutelas et de haches, ils représentaient néanmoins, appuyés par nos rifles, une force respectable, et le jour d'une bataille nous l'eussions utilisée, après l'action de mousqueterie, pour poursuivre l'ennemi et achever sa déroute.

Je me souvenais aussi d'une leçon que m'avait donnée Norodom en personne et que j'étais parfaitement décidé à appliquer au premier imprudent qui nous barrerait le chemin. Je faisais une visite au palais sans être annoncé, et le premier spectacle qui s'était offert à mes yeux dans la cour d'honneur avait été la vue du souverain, armé d'un superbe jonc blanc à pomme d'or, qui frappait à coups redoublés sur le dos de quatre de ses ministres. Ceux-ci, aplatis par terre, ne soufflaient mot; que dis-je? chaque fois que la *cadouille* royale daignait s'abattre sur son échine, le patient levait les deux mains jointes en signe d'action de grâces; cela s'appelle *faire ses laï* [1]. Et le roi frappait, frappait; et il ne s'arrêta que lorsqu'il fut complètement essoufflé.

---

[1] *Laï,* remerciements. Mot annamite.

Passage d'une rivière.

Oh! oh! m'étais-je dit, on ne discute dans ce pays que la canne à la main. Alors mettons-nous bien avec Sa Majesté, et mon voyage se fera pour le mieux chez le peuple le plus bâtonné de la terre.

Vers le soir du second jour, Hunter me fit part de nouvelles appréhensions. Il avait appris, par un courrier kouys dépêché à notre recherche, que les troupes de Sivota venaient de faire leur apparition dans le pays, et il ne se souciait pas de se rencontrer avec elles. Voici l'histoire très véridique qu'il me raconta.

« Il y a trois ans, j'accompagnais M. H... dans une expédition semblable à celle-ci, et nous remontions le Grand-Fleuve du côté des premiers rapides, à 70 milles du lieu où vous campez ce soir. Tout à coup nous aperçûmes, rangés sur la rive gauche, des Cambodgiens armés de fusils; c'étaient des partisans de Sivota, au nombre d'environ deux cents. Ils observaient nos jonques, se demandant si elles leur amenaient des amis ou des ennemis. Certainement M. H... ne nourrissait contre eux aucune idée belliqueuse; le but de son voyage était de s'élever à 100 milles au nord et de visiter le royaume de Bassac, nominalement tributaire de Siam.

« Nous tâchâmes donc de faire comprendre par gestes nos intentions pacifiques. Elles furent comprises à rebours, et nous reçûmes une salve. Nous étions à deux cents mètres; aucune balle ne porta. La réponse, vous le comprenez, partit toute seule. Nos carabines rayées firent une victime à chaque coup, — la mienne du moins, — car nous avions chacun une jonque et je ne m'occupais pas des voisins. Bientôt l'engagement se termina par la retraite des rebelles, qui empor-

tèrent leurs morts et leurs blessés. L'honneur était sauf ;
nous restions maîtres du champ de bataille, mais je conseillai
à M. H... de ne pas aller plus loin, et nous revînmes à Pnom-
Penh. Depuis cette époque, je n'ai pas revu les soldats de
Sivota. »

Après ce récit qui ne me plut qu'à moitié, Hunter dit :

« Nous ferons bien d'obliquer dans l'ouest et de faire un
détour pour revenir à Compong-Thom. En même temps,
j'enverrai deux Kouys à Kiétruer pour annoncer notre arrivée. Cette fausse nouvelle dépistera les rebelles s'ils sont à
nos trousses.

— Oui, répondis-je, je vois qu'il ne s'agit plus d'admi-
nistrer la cadouille, mais d'échanger des coups de fusil. Tâchons de nous tirer de là. Je ne suis pas venu ici pour guer-
royer avec Sivota, et puis, dans cette forêt, on n'est pas
aussi à son aise qu'au milieu du Grand-Fleuve pour canarder
l'ennemi. »

Le lendemain matin, les deux Kouys furent expédiés dans
leur capitale, avec ordre de faire diligence, et ils n'eurent
pas plus tôt tourné les talons, qu'au grand étonnement du
chef cambodgien nous rebroussâmes chemin vers le nord.
Une heure après, se présenta sur notre gauche un sentier
qu'Hunter avait remarqué la veille ; nous le prîmes, et il
nous conduisit dans le sud-ouest, à l'opposé de la région
que nous supposions infestée de rebelles. Effectivement nous
ne les vîmes point ; mais un nouvel incident dramatique vint
attrister notre voyage.

C'était après le déjeuner, qui avait eu lieu dans un hameau
de trois paillottes. Nous fumions en attendant le départ.

« J'ai vu à Hong-Kong, me dit le mandarin cambodgien,
quand j'y suis allé avec le roi, un *mitop* anglais à deux ga-

lons qui tirait très bien ; mais vous qui êtes un *mitop* à quatre galons, vous devez tirer bien mieux. »

Je fus abasourdi du raisonnement.

« Oui, oui ! » cria Hunter, agréablement chatouillé dans son amour-propre britannique.

Et montrant un canard qui gobait le soleil à vingt pas de nous, au bord d'une mare :

« Le mitop va tirer ce *téa*, mais à la tête ! Ailleurs cela ne compte pas. Boy ! donne-moi mon martini. — Je tirerai après vous, » continua-t-il en cambodgien.

J'étais bien un peu vexé. Mais aux innocents les mains pleines. J'épaulai mon chassepot, et j'eus la chance extraordinaire de démolir la tête du volatile. Les Cambodgiens ouvrirent des bouches immenses. Hunter remisa son martini, je savourai mon triomphe, et si vous croyez qu'il s'agit d'un canard américain, allez-y voir.

Voici maintenant la fin de l'histoire ; elle est moins comique.

Mon boy était entré dans le marais pour repêcher la victime, qui se débattait, comme tout bon canard doit faire, du moins en Chine. A peine s'était-il avancé de quelques pas, qu'il poussa un cri aigu. Un serpent venait de le mordre à la jambe, mais un joli serpent d'un mètre cinquante de longueur, et qui, enroulé autour du mollet, ne lâchait pas prise. L'infortuné Cambodgien avait fait un bond terrible hors de la mare et courait comme un homme en démence.

« *Pós caït-na ! caït-na !* un serpent très méchant ! très méchant ! cria l'escorte épouvantée en prenant la fuite.

— C'est le *cobra,* me dit Hunter, qui avait saisi sa carabine. L'homme est perdu. »

Comme il achevait ces mots, le Cambodgien s'affaissa. Le

drame durait depuis vingt secondes à peine. Le cobra était toujours enroulé. Hunter coucha en joue.

« Arrêtez ! lui criai-je. Que faites-vous ?

— Je ne veux pas qu'il s'échappe, parbleu !

— Le serpent ou l'homme ? Vous êtes fou !

- L'homme ? il va mourir. Approchons-nous, si vous voulez ; mais prenez votre sabre et faites attention à ce que le cobra ne se jette pas sur vous. »

Nous nous avançâmes. Le serpent dressa la tête. Le battement de ses deux *oreilles* était le signe de sa grande colère. La cuisse de sa victime était devenue toute noire, et le noir montait positivement à vue d'œil. Une hideuse écume sortait de cette bouche qui riait si bien deux minutes auparavant. Les contorsions étaient horribles.

« Quand le venin, me dit Hunter, arrivera au cœur, tout sera fini. Il y en a pour trois minutes.

— A genoux ! et tirez à la tête ! lui répondis-je ; vous ne risquez plus de toucher le Cambodgien. »

Le coup partit. La balle effleura le cou du reptile qui, rapide comme la foudre, déroula ses anneaux et se dressa sur la queue en sifflant.

« Sauve qui peut ! » cria Hunter.

Nam, armé de mon sabre, crut de son devoir d'attendre le cobra qui n'était plus qu'à quelques mètres ; il tomba en garde, et d'un coup de revers, avec l'habileté du bourreau de Saigon, il en fit deux morceaux.

La tête se dressa encore, et je me penchai pour voir de près les incivises chargées du poison mortel. En même temps, la queue frétillait avec des soubresauts. Deux coups de sabre coupèrent court à ces vaines menaces.

Je courus au Cambodgien ; il agonisait. Le venin appro-

chait du cœur; toute la hanche s'était noircie comme de
l'encre. Je pris mon bistouri, et, à la limite atteinte par le
virus, je fis transversalement une incision profonde que je
remplis d'ammoniaque. Le blessé ne sentit rien. Bientôt son
corps devint inerte et le râle s'éteignit.

A ce moment, Hunter revint, tout pâle, et, contemplant le
moribond, ce jeune chasseur, qui rendrait des points à
Stanley et à Baker, dit simplement :

« Je suis né dans l'Indo-Chine et j'y mourrai. Je n'ai pas
peur du tigre, mais je ne puis me défendre contre les reptiles. Voilà la mort qui m'attend. »

Il tremblait et regagna sa charrette. Je ne le revis qu'au
campement du soir.

Le cobra fut jeté dans un feu, et ses cendres enfouies à
deux pieds sous terre : c'est la loi du pays. La nuit suivante,
j'eus un violent accès de fièvre.

Le lendemain, nous repassâmes enfin la frontière du Cambodge.

Nous étions à court même de conserves de viande. Plus
de vin, plus de café, plus de bière depuis longtemps; pas
même des bananes, — ce pays-là n'en produit pas. — Notre
plat de résistance était le riz; c'est maigre pour des gens fa-
tigués. Le Cambodgien, l'Annamite, le Chinois en avalent
deux soupières par jour avec un peu de poisson salé, et boivent l'eau plus ou moins saumâtre de la mare voisine. Il y a
une masse d'indigènes qui ne dépensent pas vingt francs par
an pour leur nourriture; mais ce serait une erreur de croire
qu'ils s'en portent mieux.

La lune nous manquait en même temps que les provisions
les plus nécessaires à la santé. C'est un auxiliaire bien pré-

cieux dans les campements; elle éloigne les fauves. Son
éclat est tel qu'on pourrait lire son journal à la veillée, s'il y
avait des journaux au Cambodge.

À mesure que la lune disparaît, le temps devient brumeux,
les nuits extrêmement humides. Il tombe des grains qui font
sortir de leurs repaires des nuées de moustiques. Nous avions
déjà passé plusieurs nuits déplorables à cause de ces insectes,
au bord de marais fiévreux. À dix heures du matin, il faisait
30 degrés de chaleur; mais au réveil et à sept heures du
soir, après le coucher du soleil, nous nous approchions des
feux. Il faisait réellement froid, bien que le thermomètre
marquât encore de 15 à 18 degrés centigrades.

Certes, c'est un charmant souvenir d'Europe que de se
rôtir le soir auprès d'un bon brasier; mais nous n'avions
plus rien à manger, et je donnai l'ordre de voyager la nuit.
Je n'ignorais pas les dangers de ces marches nocturnes : le
tigre, en embuscade le long du chemin, pouvait très bien
bondir sur une charrette découverte et enlever un homme.
Toutefois charité bien ordonnée commence par soi-même;
j'aimais mieux sacrifier, s'il le fallait, un Cambodgien que de
périr de faim et de fièvre. Les représentations du mandarin
furent vaines. Je pris la tête de la colonne.

Aucun incident ne survint jusqu'à minuit. Le pas le plus
dangereux était franchi, car il y avait à craindre le voisinage
des révoltés. Nous fîmes halte dans une plaine dénudée, pour
laisser reposer les bœufs et les buffles exténués de fatigue.
On alluma des feux, et, sans distinction de nationalité, tout
le monde se chauffa côte à côte, les armes prêtes, silencieusement. Le ciel était splendidement étoilé. Bientôt les Cambodgiens s'endormirent sous notre garde.

A deux heures : « *Tao! Tao!* Debout! En avant! » C'est Nam qui secoue les dormeurs, car il faut faire une seconde étape nocturne. Un petit incident la troubla : mes deux bœufs trotteurs firent un bond de côté, se retournèrent, finirent par briser leurs liens et prirent la fuite à travers bois. Nul doute que cette terreur folle n'ait été provoquée par l'odeur d'un félin. Le bœuf domestique, petit comme la vache bretonne, est très craintif; il prend la fuite, même devant la petite panthère d'Indo-Chine, au lieu de lui faire face comme le buffle. C'est là sa perte; il se livre sans défense à son ennemi, qui le rattrape, lui saute sur le dos et lui brise la colonne vertébrale. Que sont devenus mes deux poltrons? Je n'en ai jamais eu de nouvelles, et mal leur a pris sans doute de se sauver dans la brousse, où nous n'eûmes pas l'idée d'aller les chercher. Je tirai en avant plusieurs coups de revolver, on déménagea ma charrette, qui fut mise à la remorque d'un char découvert, et je pris place dans celle d'Hunter. L'étape s'acheva sans encombre à six heures du matin; deux heures après, nous étions de nouveau en marche. Ce jour-là (26 novembre), les deux étapes furent si longues que nous pouvions défier la poursuite des rebelles.

Mais nous ne leur échappions que pour tomber dans les griffes du tigre. Soit confiance, soit fatigue, on n'observa plus rigoureusement la discipline pendant la nuit suivante; les charrettes, au lieu de marcher en file serrée, laissèrent entre elles d'assez longs intervalles. Le tigre a peur du bruit causé par la marche d'une longue colonne; une seule voiture ne suffit pas à l'effrayer. Il arriva que le dernier attelage était à bout de forces; il perdit complètement sa distance. Le char qui le précédait continua sa route sans nous pré-

venir. Le traînard resta en arrière d'un demi-kilomètre. Il
était habité par le boy chinois et sa femme, — une kong-
haï¹ qu'il avait épousée à Saigon moyennant la somme de
cinq dollars.

Tout à coup j'entendis de grands cris :

« *Ong-kop! Kong-haï!* Le tigre! ma femme! »

C'était le boy qui accourait éperdu.

« Le tigre m'a pris ma femme! » s'exclamait-il avec désespoir en s'arrachant les cheveux ou, pour mieux dire, la
queue.

On avait fait halte. Je consolai le malheureux Chinois. Le
roi des forêts avait attaqué sa charrette pendant que les
bœufs retardataires reprenaient haleine, et parmi tant de
proies, en mangeur délicat, il avait fait un choix judicieux.
Il préfère toujours les jaunes aux blancs, la femme à l'homme.
C'est galant. Si, entraîné dans la poursuite des paons, vous
vous laissez surprendre par la nuit (un long crépuscule ne
vous avertira point de son approche), et si vous avez la
brousse à traverser pour rejoindre le camp, placez un esclave
devant vous et un autre derrière; vous ne risquez absolument rien, ce sera généralement votre arrière-garde qui sera
mangée.

Le boy se désolait toujours.

« Vous croyez que c'est sa femme qu'il pleure, me dit
Hunter. Non, ce sont ses dollars. Vous allez voir. — Boy!
cria-t-il, arrive. Ta kong-haï est morte maintenant; inutile
d'aller à son secours. Tiens, voilà cinq piastres pour en
épouser une autre. »

Le fils du Ciel prit les pièces, les fit sonner avec son doigt

¹ *Kong-haï*, mot annamite.

pour s'assurer qu'elles n'étaient pas fausses, et ses larmes se séchèrent comme par enchantement.

« Demain, après le lever du soleil, continua Hunter, nous retrouverons sans danger les restes du dîner; le tigre ne mangera pas tout. »

J'y allai par curiosité. Les seins avaient disparu. A leur place, deux trous béants sur lesquels le monstre avait appliqué son énorme gueule pour sucer lentement le sang de sa victime. Il ne s'était pas donné la peine de broyer la charpente osseuse.

« Pauvre fille! se disaient Nam et Sao; ce n'est pas tous les jours que le *seigneur tigre* est à pareille fête. »

Nous arrivâmes le lendemain vers midi dans ce délicieux village de Mao, qui avait été notre première étape. Nous y avions admirablement dormi dans une case improvisée. En le revoyant, j'oubliai les éléphants, les tigres, les sauvages, la fièvre ; il me sembla être de retour en pays civilisé.

Je renvoyai les Kouys qui nous avaient accompagnés ; Hunter avoua sa tragique aventure de chasse au mandarin, qui ne s'en émut guère, et on chercha d'autres attelages. Cela occupa tout l'après-midi.

Pendant ce temps-là, je pris plaisir à examiner le ventre des bébés de l'endroit; toute proportion gardée, l'homme le plus corpulent de France et de Navarre ne possède pas le pareil. Ces bedaines seraient une difformité dans la zone tempérée, tandis que le développement exagéré du foie, chez les enfants, est un fait général sous les tropiques. Vers l'âge de huit ans, la proéminence disparaît; le corps devient svelte et prend des formes plus académiques que celui des Européens. En revanche, la figure s'enlaidit, les traits

s'épaississent vers la vingtième année. Puis l'usage du bétel
ajoute ses effets à ceux de la nature ; les femmes mêmes le
chiquent comme les hommes, et, comme eux, elles ont les
dents d'un beau noir, les gencives et les lèvres sanguino-
lentes. Mais il faut dire que la chique, composée d'une feuille
de bétel, d'une noix d'aréquier, d'un peu de chaux et d'une
pincée de tabac, est utile dans un pays où l'eau n'est pas
suffisamment chargée de sels calcaires ; elle dispense de
boire de l'eau souvent corrompue, parce qu'elle entretient
la fraîcheur de la bouche. Les Cambodgiens en attribuent
l'invention à Boudha lui-même.

Nous partîmes après le dîner et voyageâmes encore toute
la nuit, sauf les haltes de rigueur. Le buffle domestique ne
peut se passer d'eau bien longtemps ; il aime à patauger
dans la vase. L'argile durcie des chemins lui blesse le pied.
Aussitôt dételé, il cherche une mare et s'y roule avec volupté.
Le bœuf trotteur de Pnom-Penh et de *Taï-Ninh* (Cochinchine),
dont l'allure est presque aussi rapide que celle d'un cheval
au petit trot, est bien supérieur au buffle comme résistance
au soleil. Pour lui nous n'aurions pas besoin de perdre une
heure sur quatre. En revanche, s'il est mouillé, il crève.
Ainsi la nature a doté l'Indo-Chine de deux races d'animaux de trait, sans compter le cheval, dont la rareté et la
cherté font un animal de luxe : l'une de ces races est bonne
pour la saison sèche, l'autre pour la saison des pluies.

Il était six heures du matin quand nous revîmes les rives
boisées de l'arroyo de Compong-Thom et la figure touffue
du terrible Akbar, qui guettait inutilement notre arrivée
depuis quinze jours. Les premières lueurs de l'aurore em-
brasaient l'Orient. La Croix-du-Sud commençait à pâlir. A

Attelage de buffles.

sept heures, la rivière était franchie et je me retrouvais à
bord de l'*Anadyr,* en face d'une immense tasse de ce café
dont nous étions privés depuis huit jours.

J'appris alors que le gouverneur de la province était
revenu de Pnom-Penh, et je me hâtai de lui envoyer des
présents. Il vint bientôt me rendre visite en grande cérémonie, revêtu d'un vieux veston à boutons dorés de la
marine française. Une demi-douzaine de mandarins lui
servaient d'escorte. Il prit un siège que je lui offris, et jeta
derrière lui un regard foudroyant; aussitôt sa suite s'ac-
croupit sur le plancher du pont. Il y a autant de différence
entre le gouverneur d'une province cambodgienne (*tiovaï-
sroc*) et son second (*balât*), qui est le premier des mandarins, qu'entre un ministre français et son domestique.

Celui de la province de *Compong-Soaï* est un vieillard de
soixante-cinq ans, au visage dur et fier. Il me pria d'excuser
les impolitesses qu'auraient pu commettre les Kouys, disant
qu'ils sont à moitié sauvages. Puis il me fit présenter des
œufs de tortue, une biche et deux veaux tout entiers pour
l'équipage du bateau du roi. Il s'excusa de n'avoir pas de
souvenir à me laisser, et je le crus facilement, car il venait
de passer quatre mois à Pnom-Penh pour défendre, disait-on,
sa place en danger, et dans ce voyage, celui devant lequel
tremblaient pour leur peau et pour leur bourse les indigènes
de Compong-Thom avait dû probablement rendre gorge.
Procédé très élégant dont use le roi du Cambodge pour
faire rentrer au trésor les impôts qui se sont oubliés dans
la poche des mandarins.

Après quelques minutes d'une conversation peu intéressante, — il n'y avait rien à tirer d'un aussi vieux renard, —
je lui demandai la permission d'appareiller le plus tôt pos-

sible, afin de traverser le Grand-Lac dans sa largeur avant
la chute du jour. Il se retira avec son escorte, je fis en
cachette quelques cadeaux aux fidèles Cambodgiens qui
m'avaient suivi jusqu'aux montagnes de Fer, et à huit heures
du matin l'*Anadyr* se mit en marche.

TROISIÈME PARTIE

VOYAGE A POSAT

CHAPITRE X

28 novembre. — Traversée du Grand-Lac. — Le crépuscule sous l'équateur. —
Histoire de tigres : les grandes battues.

Vous n'imaginez pas comme on se trouve bien sur un vapeur, — même cambodgien, — après trois semaines passées
dans une charrette à bœufs. C'est une jouissance sans pareille. Filer doucement sur une eau tranquille, être délivré
de cahots insupportables, respirer la petite brise que soulève
la marche rapide du navire, cela suffit pour faire oublier la
fièvre des bois. Oui, si je retourne en Cochinchine quand il
y aura de belles routes terrestres bien macadamisées, je
leur préférerai toujours le paquebot des Messageries, et, à
défaut, la jonque de l'indigène. Et le temps perdu sera-t-il
bien réellement perdu, puisqu'il évitera peut-être une insolation grave, et à coup sûr une grande fatigue, sous ce soleil
qui ne pardonne guère aux imprudences? Je me demande
si l'Annamite, qui est avisé, n'en fera pas autant.

La traversée du lac s'opéra sans encombre ; mais je ne la
vis qu'en rêve : noctambules depuis plusieurs jours, nous
tombions de sommeil. Les crocodiles de l'arroyo de Compong-Thom n'eurent pas à s'en plaindre.

10

On arriva sur le soir en vue de la rive sud. Il était beaucoup trop tard pour trouver l'embouchure de la rivière de *Compong-Prac* (embarcadère d'argent), qui devait nous conduire dans le grand massif montagneux du Cambodge.

A six heures, le soleil disparaissait derrière la chaîne de Posat. Seules les grandes cimes étincelaient encore comme des diamants enchâssés dans des saphirs. Bientôt elles devinrent opaques à leur tour, le saphir se changea en ébène, et les nuages rouges qui font escorte à l'astre du jour prirent une teinte bleu de roi. Tous ces changements de décors s'opèrent à vue d'œil sous l'équateur : c'est féerique. En moins d'une heure, le ciel s'était peuplé de milliers d'étoiles; Vénus s'efforçait de suppléer au soleil qui éclairait d'autres mondes, et à la lune qui prenait son repos mensuel de quatorze jours.

Nous mouillâmes au large. Les moustiques, qui infestent les forêts noyées des bords du lac, ne se doutèrent pas de notre présence. Je pus donc écouter en paix, couché sur le pont de l'*Anadyr,* le récit d'une chasse au tigre à laquelle Hunter avait pris part quelque huit ans auparavant; il faisait ses premières armes.

« En ce temps-là, dit-il, je voyageais en Cochinchine dans les provinces de l'ouest, et l'impression qui m'en est restée est celle d'une immense tourbière. Nous étions en septembre; c'est le mois où la crue du Grand-Fleuve atteint son maximum de dix à quatorze mètres, suivant l'intensité des pluies. Le Mékong roulait impétueusement ses eaux jaunes comme du café au lait dans un lit gigantesque dont la largeur dépasse deux kilomètres, et qu'il n'est pas toujours prudent de franchir en chaloupe à vapeur. Ces eaux furieuses, qui coulent à pleins bords dans le lit du fleuve enserré par des digues, quand elles trouvent une échappée, une *saignée*, elles s'élancent dans les plaines situées en contre-bas, et la Cochinchine, depuis Mytho jusqu'à l'extrême pointe méridionale, n'est plus guère qu'une nappe liquide sur laquelle on se promène en bateau. Plus de chemins, plus de charrettes à bœufs, plus de transports rapides d'aucune sorte; la jonque, l'éternelle jonque qui flotte toujours, qui voyage à petites étapes, profitant des courants favorables, et dans laquelle l'Annamite demeure nuit et jour comme la tortue dans sa carapace. C'est le déluge, un vrai déluge; et devant les éléments déchaînés il n'y a que deux partis à prendre : monter dans l'arche de Noé, — c'est ce que fait l'indigène, — ou s'enfuir sur les hauteurs insubmersibles, — c'est ce que font les animaux affolés. Les grosses bêtes, les petites bêtes, les carnassiers et les herbivores, le tigre comme le daim, tous se réfugient dans les *iongs,* espèces de plateaux sablonneux qui dominent les plaines d'alluvion.

« J'étais à Vinh-Long, le plus grand centre habité de la Cochinchine après Saigon et Cholen, le dernier boulevard des Annamites contre l'invasion française de 1867, quand un jour je reçus une lettre d'un missionnaire dont la chrétienté est située non loin de l'arroyo le plus ravissant de la colonie, le rach Mong-Thit. Elle était apportée par une jonque de six rameurs, et je laisse à penser la peine qu'ils avaient eue à remonter le Mékong sur une quinzaine de milles avec un courant qui s'élève jusqu'à six nœuds. Enfin, en côtoyant la rive, en s'aidant des arbres à demi submergés, ces braves petits Annamites avaient fini par arriver à bon port après une traversée de dix-huit heures, et, — chose presque incroyable, — sans s'être arrêtés un instant.

« Le Père G***, que j'étais allé voir quelque trois semaines auparavant, m'informait que deux tigres étaient cernés dans

un *iong* du canton, et qu'on n'attendait plus que moi pour
continuer la battue. Je sautai dans la jonque, et, moins de
trois heures après, porté par un courant de foudre, je me
trouvais dans les bras de mon vénérable ami, un des plus
vieux colons de cette terre inhospitalière, puisqu'il y est
depuis vingt et un ans, et un beau vieillard à longue barbe
blanche : il vient seulement de dépasser la *quarantaine...*

« — Comment! me dit-il après les premières effusions,
vous n'avez pas de fusil?

« — Pas le moindre. Je prétends rester neutre.

« — Rester neutre! Je vous prêterai le mien. »

« Le Père G··· m'inspirait une confiance absolue; je me
crus toutefois pris dans un traquenard.

« — N'ayez crainte, continua-t-il, il n'y a pas le moindre
danger. Les notables du canton sont en haut; montons, je
vais vous les présenter. »

« Au fond d'une grande salle qui n'avait d'autres meubles
qu'une table en bois commun, une douzaine d'escabeaux et
les quatre murs, cinq vieillards respectables étaient accroupis
en ligne, revêtus du *langouti* national[1] et coiffés du turban
noir, insigne de leur rang élevé[2]. Le Père prit la parole dans
leur langue, que je ne comprenais pas, et soudain, avec un
ensemble admirable, les cinq mandarins se mirent sur leurs
genoux, levèrent les mains vers moi et se prosternèrent par
trois fois tout de leur long... Puis le Père reprit son discours,
la conversation devint bientôt très animée et je continuai à
n'y rien comprendre. Tout ce que je sais, c'est qu'à un
certain moment les Annamites se levèrent, après un nouveau salut non moins respectueux que le premier, et ils

---

[1] Robe qui tombe droit depuis les épaules jusqu'aux pieds.
[2] Le noir n'est pas la couleur du deuil chez les Annamites; cette couleur, c'est le
blanc.

sortirent. Deux minutes après, j'étais armé d'un fusil lisse à piston, comme on en avait encore en France, il y a dix ans, pour chasser le perdreau.

« — Il est deux heures, il faut nous hâter, dit mon hôte. Partons. »

« Nous marchâmes environ vingt minutes à travers une forêt de bambous peu épaisse. A mesure que nous avancions, le bruit d'une épouvantable musique arrivait plus distinct à nos oreilles. Des hurlements humains se mêlaient au glas lugubre des gongs et des tam-tams. De votre vie vous n'avez ouï concert pareil.

« — Qu'est-ce que cela? » m'écriai-je.

« Le pacifique missionnaire donnait ses ordres et ne s'occupait plus de moi. Nous étions arrivés à l'enceinte dans laquelle les tigres étaient emprisonnés.

« Imaginez qu'après une revue de parade un régiment de deux mille hommes forme le cercle autour de son colonel; s'il y a trois lignes, et que chaque fantassin occupe un mètre de développement, l'espace intérieur aura environ deux cents mètres de diamètre.

« Ainsi s'étaient disposés les Annamites. Seulement, comme ils n'avaient pas affaire à un colonel, ils avaient paré au danger le plus immédiat et suppléé aussi à leur insuffisance numérique (ils n'étaient guère que six cents), en établissant devant eux une palissade à claire-voie de deux mètres à deux mètres cinquante de hauteur. Derrière cette frêle muraille se tenaient les hommes armés de longues piques; ils surveillaient l'intérieur du cirque sans dire un mot. En seconde ligne venaient les femmes et les enfants, qui avaient pour mission de faire, par des procédés naturels et artificiels, le plus de vacarme possible, et qui s'acquittaient consciencieusement de ce devoir capital. Le cirque n'avait pas plus de deux cents mètres de largeur, et il était couvert partie par une maigre jungle, partie par des bouquets de bambous dans lesquels l'œil de l'aigle n'aurait pas pu pénétrer. C'était dans ces repaires inaccessibles à la vue que les tigres avaient cherché un refuge; mais dans lequel, ou dans lesquels? Affolés par le charivari qu'on leur donnait, ils se gardaient bien de bouger.

« Cependant les instructions avaient circulé sur toute la ligne, et l'attaque commença. Un pieu de la palissade fut enlevé, et six Annamites résolus, le couteau à la ceinture et le fusil au poing, franchirent la brèche.

« Au lieu de se mettre en file indienne suivant leur habitude, ils se déployèrent pour être à même de faire feu ensemble, et, rampant dans les herbes, ils s'acheminèrent insensiblement vers les bambous les plus proches. L'orchestre infernal avait redoublé de fureur pour protéger ce téméraire assaut.

« Quand ils arrivèrent tout contre le massif ténébreux, leurs yeux, habitués aux nuits noires, purent plonger dans l'intérieur et s'assurer qu'il n'y avait rien.

« Ils se redressèrent. Le Père G⁺⁺⁺ donna aussitôt un coup de sifflet qui domina le tumulte, et en un clin d'œil la longueur de palissade qui faisait face aux bambous fut démolie et reportée en avant du massif. Vous dire la célérité, l'ensemble qui présidèrent à cette manœuvre, est impossible. C'était à croire que la barrière s'était transportée toute seule à son nouvel emplacement, devant le flot humain qu'elle semblait abriter, les hommes avec leurs piques aiguës, les femmes avec leurs gongs plus assourdissants que jamais.

« — Il n'y a que le premier pas qui coûte, me dit alors le missionnaire. Encore un second, et les tigres sont à nous. »

« Un deuxième point d'attaque fut choisi en face du bouquet d'arbres qui était devenu le plus voisin de la nouvelle enceinte. La musique redoubla d'activité sur ce point, une autre brèche fut pratiquée; les mêmes chasseurs se hasardèrent comme la première fois, se redressèrent encore; la palissade fut enlevée tout d'une pièce, le flot humain s'avança, et le second massif fut conquis.

« — Assez maintenant, dit le chef de la chrétienté. Nos ennemis occupent encore deux brousses, mais il ne serait pas prudent d'aller les chercher au fond de leurs repaires. »

« Alors il ordonna de consolider la barrière. La musique s'était tue. C'était comme une suspension d'armes avant le combat final.

« — On va nous élever une tribune dans ces bambous, continua-t-il. C'est de là que nous tirerons. »

« Depuis vingt ans passés qu'il avait quitté la France pour instruire des petits sauvages, le Père n'avait pas oublié ce mot de *tribunes*. Qui sait? Il avait peut-être été un fanatique autrefois! Je ne me permis pas de lui poser cette question indiscrète.

« Quoi qu'il en soit, six forts bambous solidement fichés dans la terre molle s'élevèrent bientôt à trois mètres au-dessus du sol, et furent recouverts d'une plate-forme rigide préparée à l'avance; nous y montâmes par une échelle, lui, le chef annamite et moi. Nous plongions dans l'arène, dont l'étendue était réduite de moitié; mais de tigres, point. Ils n'avaient garde de se montrer.

« — Que faisons-nous ici? dis-je fort intrigué.

« — Vous allez voir, » repartit le missionnaire.

« Il s'assura par un dernier regard que la palissade était partout gardée par une forêt de piques; il vérifia l'amorce de son fusil, j'en fis autant, l'Annamite aussi; puis il se leva.

« A l'instant même, les hurlements et les tam-tams recommencèrent leur hymne diabolique, et de tous les

points de l'enceinte furent lancés dans les massifs des pétards chinois.

« Ce que je vis alors, vivrais-je mille ans, je ne l'oublierai
jamais. Deux tigres magnifiques s'élancèrent avec des bonds
prodigieux, fous de terreur. Sur le pourtour de la palissade
comme dans les bambous, les détonations de la poudre
chinoise crépitaient avec fracas, et derrière les flammes et
la fumée se dressaient des piques menaçantes. Impossible
de franchir ce cercle de fer et de feu. Les tigres affolés bon-
dissaient dans leur prison, se dressaient, se lançaient en
avant, puis s'enfuyaient devant une nouvelle grêle d'artifice,
et poussaient des rugissements affreux.

« Après vingt secondes de contemplation muette :

« — Il est temps de tirer, me dit le Père G***. A vous
celui-là. »

« Trois balles s'allèrent loger dans le corps des fauves, qui
roulèrent dans la jungle. Pour que chacun eût son compte,
je redoublai la mienne pendant que mes voisins rechar-
gaient précipitamment leurs canardières à un coup.

« J'allais crier victoire, quand se dressa sous mes yeux un
spectacle horrible. La palissade venait d'être arrachée, et,
malgré la voix de leur chef qu'ils n'entendaient plus, les
Annamites s'étaient précipités sur les tigres pour les *nar-
guer*, — c'est leur usage national, — les accabler d'impré-
cations et les percer de coups de lance. Hélas! l'un d'eux
respirait encore, et, d'un effort suprême se relevant sous
l'insulte, il saisit deux hommes dans ses griffes. La seconde
balle du missionnaire et celle du mandarin arrivèrent trop
tard.

« Quand nous descendîmes dans le champ de carnage,
les malheureux indigènes étaient morts. »

CHAPITRE XI

29 novembre.

Au petit jour, les cris d'Akbar nous réveillèrent brusquement. Cet intrépide amiral, inquiété par la baisse des eaux, et peu soucieux d'hiverner dans le Grand-Lac, brûlait de retourner à Pnom-Penh et commandait l'appareillage.

Les levers de soleil sous les tropiques sont un spectacle incomparable. A l'Orient, une ligne de collines bleuâtres se détache sur le ciel rosé par l'aurore ; au sud, les magnifiques montagnes de Posat, encore inexplorées, cachent dans les nuages blancs leurs cimes élevées d'au moins 1 000 mètres. Le lac, si tranquille la veille, prend part au réveil de la nature ; la mousson du nord-est souffle *bon frais*, et l'*Anadyr*, malgré son tirant d'eau d'un mètre et demi, roule comme en plein Océan. Bientôt nous grelottons, Hunter et moi, tout en prenant le café bouillant. Les mauresques disparaissent bien vite sous les paletots de flanelle. Nous ne voulons pas le croire, mais c'est ainsi : le thermomètre du banc de quart marque encore 24 degrés !

Six heures. L'Orient s'est embrasé tout à coup ; le disque du soleil a franchi l'horizon. Nous sommes inondés de lumière. « Boy, les casques ! » Déjà le thermomètre monte à

28 degrés ; bientôt il atteindra 35. Un peintre qui oserait
rendre cette nature ensoleillée, avec ses éclatants con-
trastes, ses lignes de feu, ses ombres brusques, ferait un
chef-d'œuvre ou serait refusé au Salon.

Le matin est le seul moment convenable de la journée
pour se livrer à un travail intellectuel un peu suivi.
Passé dix heures, la chaleur vous écrase ; le soir, votre
lampe attire des bataillons d'insectes qui vous harcèlent.
L'*Anadyr* allait nous quitter ; je me hâtai donc de mettre
en ordre quelques échantillons de minerais, et de cacheter
une volumineuse correspondance pour Saigon et l'Europe.
Akbar reçut avec joie mes dernières recommandations, —
avec joie, parce qu'elles étaient les dernières ; — et je dois
dire qu'il les suivit de son mieux. La promesse d'un batchich
de six piastres, payable au retour à Pnom-Penh, stimula le
zèle du commandant en chef de la flotte cambodgienne. En
échange de ce pourboire qu'il n'oublia pas, trois mois plus
tard, de me réclamer, j'exigeai qu'il me fît parvenir par
un bateau de faible tirant d'eau, les lettres qui pouvaient
m'attendre au Protectorat, les innombrables provisions de
bouche et les quatre cents piastres que je demandais à mes
amis de Saigon. Heureux l'explorateur qui peut ainsi, dans
le cours de son voyage, renouveler ses caisses de vivres ! Car,
s'il a mal calculé le stock qui lui est nécessaire, et si la nourriture des indigènes n'est pas à peu près honnête, il peut être
certain de subir tôt ou tard, — même après son retour en
Europe, — les conséquences funestes de son imprévoyance.

La première condition pour supporter sans dommage grave
une expédition équatoriale, est de manger à son appétit, et
surtout de boire à sa soif. La question est de savoir ce que
l'on boit et ce que l'on mange. Je parle hygiène et non épi-
curisme. Ce n'est pas le vin qu'il faut proscrire sous les

tropiques : c'est l'eau. Elle est généralement corrompue ;
votre appareil olfactif vous en avertit sans doute, mais il ne
vous dit pas si elle est chargée de matières organiques,
véritables ferments qui se déposent dans les intestins et
engendrent une végétation dévastatrice. De là, la diarrhée,
puis la dysenterie, suite ordinaire des diarrhées chro-
niques [1]. Buvez du vin de France, et du meilleur. De la
bière aussi ; c'est un excellent fébrifuge, et on l'a calomniée
bien malencontreusement. A l'hôpital de Saigon, on donne,
à défaut de lait, de la bière aux diarrhéiques. Le bon cognac, la chartreuse, toutes les liqueurs toniques, l'absinthe
même, à petites doses, ont droit à réhabilitation. Sous un
climat débilitant, l'organisme a besoin d'être réconforté.

Il était près de midi quand nous prîmes connaissance de
l'arroyo de Compong-Prac. L'*Anadyr* s'engagea lentement
dans la forêt noyée ; puis, après un parcours d'un demi-
mille, il stoppa : l'eau manquait. Pendant que nous prenions
notre dernier déjeuner à bord, le fidèle Akbar, bon à tout,
fit main basse sur toutes les pirogues qui passaient à sa
portée. C'est par voie de réquisition obligatoire et souvent
gratuite qu'on procède au Cambodge, quand un grand mandarin voyage. Bientôt nous eûmes une flottille suffisante
pour contenir tous nos bagages ; je descendis dans un de
ces youyous indigènes, si petits qu'on est condamné à une

---

[1] La diarrhée de Cochinchine, si funeste aux Européens, est caractérisée par la
présence dans les intestins d'une anguillule microscopique (*anguillula stercoralis*).
Ces petits vers se multiplient avec une rapidité extrême quelques jours après leur
naissance, et telle est leur fécondité qu'on évalue à plus de *cent mille* le nombre
évacué par un malade dans l'espace de vingt-quatre heures (observations du docteur
Bavay). L'usage exclusif de l'eau bouillie, soit avec du café faible, soit avec du thé,
n'est pas un préservatif efficace ; les germes de ces anguillules paraissent exister
aussi bien dans l'air que dans l'eau. La *cochinchinite* persiste après le retour du
malade en Europe ; quelquefois elle ne se déclare que plusieurs mois après ce retour,
à l'arrivée des premiers froids. Le seul traitement connu est le régime lacté pur.

immobilité complète, et l'*Anadyr* fit machine arrière pour
regagner le Grand-Lac. La largeur de la rivière ne lui permettait pas d'évoluer, et je vous laisse à penser si nous,
rîmes de ses mésaventures dans cette marche à reculons.
Ce fut bien autre chose que la traversée de Compong-Thom ;
ce n'était plus l'avant qui donnait du nez dans les arbres,
c'était l'hélice, et pour la dégager des branches qu'elle
ramassait, les malheureux matelots devaient plonger dans
les repaires du crocodile. Qu'une vie humaine est donc peu
de chose chez ces peuples boudhistes ! Enfin l'*Anadyr* disparut dans un tournant ; j'entendis le dernier cri d'Akbar et
son dernier soufflet.

Nous ne restâmes qu'une heure dans nos pirogues, mais
cette heure nous parut longue. La réverbération du soleil
sur l'eau se faisait sentir atrocement. Trois kilomètres nous
séparaient de Compong-Prac, gros village qui est aussi l'un
des premiers ports du Grand-Lac. C'est dire qu'il émigre
deux fois par an, soit pour fuir l'inondation, soit pour aller
à la pêche. Précisément il se préparait à quitter sa station
d'été pour prendre ses quartiers d'hiver à un mille au large.
Une flotte de deux cents jonques de toutes grandeurs était
réunie le long des maisons qu'elle allait emporter, moins les
bambous des pilotis. Une grande animation régnait dans la
petite ville, dont l'unique rue est une rivière couverte de
barques et bordée de chaque côté par des paillottes juchées
à trois mètres en l'air ; quel contraste avec le silence lugubre
des villages kouys !

Je descendis, ou plutôt je montai chez le misroc. Ce
dignitaire était absent, ce qui ne m'empêcha pas de m'installer chez lui comme chez moi. Les cases cambodgiennes
ne ferment pas à clef ; à quoi bon ? Ce qui nous fut plus

pénible, c'est que, en sa qualité de cité maritime, Compong-
Prac ne possédait qu'une seule charrette. Hunter dut se
dévouer malgré sa fatigue, et gagner le prochain village

Maison cambodgienne.

pour réquisitionner cinq voitures. Resté seul, étendu sur
une natte, je me serais ennuyé prodigieusement si les *kong-
haï* de l'endroit n'étaient venues me tenir compagnie. En
voilà des gaillardes qui aiment à rire ! Malheureusement

je n'entendais rien à leur jargon, Sao pas davantage. Peut-
être se moquaient-elles de moi. J'en eus l'idée, et je me
vengeai en leur offrant à boire l'alcool à 90° destiné à nos
lampes. Le croirez-vous? elles m'en burent un demi-litre,
et je dus les mettre à la porte.

A l'heure de mon dîner, les notables se donnèrent rendez-
vous autour de la natte où j'étais tranquillement assis comme
un Boudha. Ce fut une fête de village. L'ahurissement devint
général quand on me vit manger de la viande saignante et
boire cette liqueur rouge qu'on appelle le vin. On dut me
prendre pour un anthropophage. La porte, les fenêtres,
les lucarnes du toit étaient garnies de curieux. On levait les
gamins en l'air pour qu'ils pussent me voir. A la fin, je
songeai que la toiture était légère, et qu'un de ces badauds
pourrait tomber dans mon assiette; puis, ne pouvant me
faire comprendre, je pris mon sabre et fis d'un air furieux
le geste bien connu là-bas de couper les têtes. Ce fut un
sauve-qui-peut général. J'en profitai pour me barricader
dans la case avec le petit Annamite, et, le repas terminé,
nous éteignîmes les torches et je m'endormis.

30 novembre.

Départ le lendemain matin. Après quatre heures de
marche dans des sables inondés par le lac et qui étaient
autrefois le lit du golfe d'Angcor, nous vîmes devant nous,
au milieu d'arbres chétifs, le chef-lieu de la province de
Krakor [1], un méchant petit hameau de douze maisons qui
porte le nom de *Trapéan-Kantout*. Le gouverneur, prévenu
la veille, m'attendait en grand costume : petite veste de soie
violette, culotte courte et pieds nus. Sa légitime épouse

---

[1] On prononce Krakŏ. On dit de même Angcŏ et non Angcor, Pôousat et non
Poursat.

avait apprêté elle-même un excellent déjeuner composé des plus fins mets du pays, et qui nous fit le plus grand plaisir. Il y avait en particulier de petits poissons blancs avec une sauce façon *curry*, mais une sauce dont je me lèche encore les doigts. L'expression doit être prise au propre, car j'avais abandonné l'usage de la fourchette, objet de luxe absolument inutile au bonheur. Mon hôte est un vieillard de soixante ans, affable et de grande distinction ; il a longtemps habité Pnom-Penh en qualité de ministre des travaux publics. Le roi lui a donné la province de Krakor pour le récompenser de ses services, et sans lui faire payer sa charge ; c'est là une faveur rare ; les places de gouverneur s'achètent au Cambodge et appartiennent, sauf exception, au plus offrant. Celle de Krakor était alors recherchée par plusieurs Cambodgiens millionnaires [1], et l'ancien ministre, qui avait quitté son *portefeuille* sans autre fortune que sa probité (leçon terrible de la part d'un sauvage), tremblait que le souverain ne finît par accepter les offres de ses ennemis. Au dessert, il me demanda mon appui : Pauvre appui ! pensai-je. Je le lui promis de bon cœur, et il parut rassuré.

L'étape fut contrariée par la rencontre d'une rivière profonde qu'il fallut traverser à la nage. On campa dans un bois clairsemé, au milieu d'anciennes dunes. Il y a huit ans, paraît-il, on n'eût pas eu pareille audace. Cet endroit était le repaire de tigres particulièrement féroces. Mais Norodom y avait passé en allant chasser à Posat, et depuis lors le roi des forêts n'avait plus osé se montrer. Les Cambodgiens croient ces choses-là fermement. Avons-nous le droit d'en rire ? Quoi que vous en pensiez, et pour venir en aide au

---

[1] Un Cambodgien millionnaire a quelque chose comme quatre ou cinq mille francs de rente. Tout est relatif en ce bas monde.

miracle, je fis tirer deux coups de feu vers sept heures, quand la nuit fut close. Il en aurait fallu quatre. Un quart d'heure après, comme nous causions étendus sur nos nattes, dans l'intérieur du cercle formé par les charrettes, les buffles et les feux, un grondement sourd se fit entendre.

« Tiens, dis-je à Hunter, il tonne! C'est singulier; je ne vois pas de nuages. »

Une minute ne s'était pas écoulée, qu'un deuxième grondement retentit à cent mètres de nous. Il n'y avait plus à s'y méprendre. J'avais eu bien raison d'être incrédule! Un tigre que deux détonations n'effrayent pas, et qui vient voir ce qui se passe au camp, mérite bien une salve d'honneur. Elle lui fut envoyée en hâte, et, mis en verve par cet incident, Hunter prit la parole pour me raconter l'étrange histoire que voici :

« Il y a quatre ans, je revenais de Bangkok et je me reposais à Pnom-Penh avant d'entreprendre une reconnaissance dans les forêts de Compong-Som et de Sroc-Trang, où nous arriverons dans quelques jours. Un soir, je reçus la visite d'un Cambodgien qui habitait la grande île de *Banam*, formée par les branches du Mékong après la boucle des Quatre-Bras, île fertile et giboyeuse qui mesure 40 milles de longueur sur 10 à 15 de largeur. Ce Cambodgien, qui était un paysan des plus misérables, m'apprit qu'une tigresse lui avait dévoré dans la quinzaine un buffle, trois cochons, — sans compter les poulets, — et deux de ses enfants. Les habitants du voisinage n'avaient pas été plus épargnés. Aucun d'eux n'était chasseur, aucun n'avait de fusil, et on me suppliait de venir purger le pays de l'animal qui le terrorisait.

« Je partis le lendemain avec mon Cambodgien. Quelle arme avais-je emportée? Attendez... Voici mon registre : c'était le calibre 12. Il n'est pas nécessaire d'une grosse

Chasse au tigre.

balle pour le tigre comme pour l'éléphant ou le rhinocéros, à condition toutefois de la loger au bon endroit.

« Arrivé sur les lieux, vers midi, j'acquis bientôt la conviction, par une masse de récits dont je vous fais grâce, que cette tigresse, enhardie par l'impunité, était devenue d'une impertinence remarquable. Elle ne se gênait pas pour venir aux provisions en plein jour ; elle saisissait une proie et s'en retournait au bois paisiblement sans être inquiétée par personne ; on la croyait ensorcelée.

« Je me dis tout de suite que cette audace allait causer sa perte, sans que j'eusse à me déranger beaucoup. J'ordonnai donc au Cambodgien d'enfermer son bétail et sa basse-cour, en ayant soin de renforcer la palissade qui entourait sa case, et à cinquante pas en avant de cette palissade, du côté du bois, j'attachai à un piquet, à l'aide d'une forte ficelle, un jeune chevreau qui se mit à brailler de toutes ses forces. J'employais là un procédé classique, dont le succès est infaillible dans les livres de chasses ; seulement il est si vieux que ma tigresse ne s'y laissa pas prendre. Il y avait trois heures que je gardais l'affût derrière la palissade, et la petite chèvre bêlait plus fort que jamais, quand un grand bruit s'éleva derrière moi, de l'autre côté de la paillotte ; les chiens hurlaient, les canards piaillaient, les buffles poussaient des beuglements de terreur ; bref, je vis le *seigneur tigre* défiler sur ma droite, à trois cents pas, emportant un mouton. Son allure était trop rapide et la distance trop grande pour que je tirasse à coup sûr ; je ne tirai pas. Mais vous dire ma colère ! C'était réellement un peu fort de se voir joué ainsi par une pareille bête. Je la suivis des yeux ; je remarquai bien l'endroit qu'elle choisissait pour entrer sous bois, — il faisait clair de lune, — et je me promis d'avoir le dernier mot dès le lendemain. Puis je m'en allai consoler mon malheureux Cambodgien, dont le désespoir se comprend de reste, et je lui assurai que le bourreau de son mouton n'avait pas vingt-quatre heures à vivre.

« Le lendemain, au lever du soleil, je pris du riz, du vin et du cognac pour toute la journée, et j'allai me poster tout simplement à la lisière du bois, à dix pas du frayé suivi la veille par le tigre, et probablement aussi l'avant-veille, car il était très bien marqué. Il me fut facile de me bâtir dans le creux d'un buisson une petite cachette satisfaisant à toutes les règles de l'art, c'est-à-dire permettant de tout voir sans être vu, de s'asseoir, de se lever, de se retourner; puis j'ouvris l'œil et j'attendis.

« Mais quand on chasse à l'affût, on doit s'attendre à des déboires : les fauves sont si capricieux, et leurs domaines si vastes dans le Cambodge! Cependant, une journée d'attente vaine, c'est bien long! Le soir venu, la tigresse ne s'était pas présentée devant mon rifle, et je revins tristement à la demeure de mon hôte, me demandant si elle n'aurait pas eu l'impudence de lui faire une visite en suivant un nouveau chemin. Mais non. Je sus bientôt pourquoi je ne l'avais pas vue déboucher de son repaire favori : deux paysans, d'un village situé à quatre milles sur le fleuve Bassac, avaient cru pouvoir traverser sans danger la forêt pendant le jour, et leur mauvaise étoile les avait conduits tout juste dans ses griffes. L'un d'eux y était resté; le second, tout éperdu, à moitié mort d'effroi, nous en apportait la nouvelle. Ainsi, la bête n'avait pas eu la peine d'aller chercher son dîner. Cependant il me parut très fort qu'un tigre attaquât deux hommes en plein jour, et je me dis que décidément celui-là n'était pas fait comme les autres.

« Le lendemain matin, j'étais de nouveau rendu à mon poste de combat. Ce serait bien le diable, pensais-je, si

deux jours de suite un Cambodgien se faisait manger pour
retarder ma vengeance ! Or, ce second jour, comme le premier, rien ne vint. Il y avait de quoi être exaspéré. Que
faisait mon tigre? que devenait-il? On ne l'avait pas vu à la
case du Cambodgien, et je le regrettais presque, craignant
qu'il n'eût changé de canton. Je finis par prendre garde
qu'avec le corps d'un homme il avait eu assez de viande
fraîche pour quarante-huit heures, et même plus ; je réfléchis
que, dans sa gloutonnerie, il pouvait s'être donné une in-
digestion; bref, je retournai une troisième fois dans mon
embuscade, et j'étais tellement résolu à exterminer le félin,
que, s'il n'était pas venu ce jour-là, je l'aurais attendu le
lendemain, le surlendemain, et au besoin j'y serais encore.

« Mais il vint vers cinq heures, marchant lentement et
avec précaution, le cou tendu, la tête basse, à la façon des
chats. L'air était calme, je ne fus pas éventé. J'eus tout le
temps d'ajuster à mon aise, et comme le tigre se présentait
de face, je visai au-dessus du poitrail, entre le cou et l'épaule
gauche. Quand il fut à vingt mètres, je pressai la détente.
Un rugissement terrible répondit, et, par-dessus la fumée du
coup de feu, je vis le tigre bondir sur moi malgré sa blessure
mortelle. Ma seconde balle lui fut tirée en l'air, et celle-là
au cœur. La bête retomba comme une masse et ne bougea
plus. J'avais saisi mon revolver, et, comme espoir suprême,
il me restait mon couteau de chasse. Rien n'est plus dangereux que de tirer un tigre qui vient à vous la tête basse,
tandis que de flanc on ne doit jamais manquer son coup.

« Quand je m'approchai, après lui avoir envoyé le coup
de grâce, jugez de ma surprise : la tigresse avait du lait!
Tout ce qu'on m'avait raconté sur sa férocité s'expliquait
naturellement. Son audace ne m'étonna plus. Les tigresses
sont d'excellentes mères de famille. Je me dis aussi que les

petits tigres allaient être à moi, selon toute vraisemblance,
et cette idée me remplit de joie. Mais, comme la nuit approchait, il n'était pas possible de les chercher dans le bois à
cette heure, bien que ce bois, à la brousse peu fourrée, ne
fût pas comparable aux forêts du pays des Kouys. Je laissai
donc mon ennemi mort à la place même où il était tombé,
et je regagnai la paillote du Cambodgien. Inutile de vous
peindre l'allégresse du pauvre homme.

« Le lendemain matin, accompagné des gens d'alentour
et suivi d'une charrette, je retournai au bois pour charger le
corps de la tigresse et donner la chasse à ses petits. Quand
nous fûmes arrivés, un spectacle touchant s'offrit à nos yeux.
Deux petits tigres d'un à deux mois avaient rejoint leur mère
pendant la nuit et pleuraient à ses côtés. Nous les prîmes
sans difficulté ni danger, — ils avaient la taille de gros
angoras, — et je les emmenai à Pnom-Penh. J'ai donné l'un
au roi et élevé l'autre moi-même avec le plus grand soin, ne
lui laissant manger que du riz : la viande, — et la viande
crue surtout, — eût réveillé ses instincts féroces. Enfin j'en
ai eu raison ; il savait bien que j'étais son maître et me
suivait comme un chien, sans être attaché. Quand il eut à
peu près huit mois, je le conduisis à Saigon pour en faire
cadeau à M. P***, le directeur du jardin botanique, et vous
auriez bien ri de voir la débandade des Chinois, quand je
descendis à l'appontement de la rue Catinat avec ce compagnon de voyage en liberté. Il avait alors la grandeur d'un beau
terre-neuve monté sur les jambes d'un basset. On l'interna
dans un petit palais, je lui dis adieu et je ne l'ai plus revu.

— Comment ! fis-je alors ; c'est vous, Hunter, qui êtes le père
nourricier du grand tigre de Saigon ! Je puis vous donner de ses
nouvelles. Mais il est tard ; ce sera pour une autre soirée. »

CHAPITRE XII

L'étape du lendemain nous conduisit vers onze heures
dans la grande ville de *Posat,* ou de l'Arbre-Sacré[1], en face
de la résidence du gouverneur. Pendant que l'escorte hélait
des jonques pour passer l'arroyo, je me hâtai de faire ma
toilette, c'est-à-dire de m'habiller. Quand on vit chez les
sauvages, je trouve que c'est bien le moins de se mettre à
son aise et de perdre, — je ne dis pas toute pudeur, —
mais tout souci de l'étiquette. Une large ceinture de soie
qui se noue autour des reins, couvre les genoux, se tord à
son extrémité et repasse derrière le dos, remplace avanta-
geusement, au Cambodge, le costume compliqué, lourd
et gênant des Européens. Mais il y a des circonstances
où le décorum est de rigueur. Le gouverneur de Posat
est un des trois grands gouverneurs du royaume. Il est,
de plus, cousin du roi. Il paraît enfin qu'il a une origine
céleste, car il porte le titre d'*Entibet,* ce qui veut dire *descendu du ciel.* A tout seigneur tout honneur. Je laissai donc
mon accoutrement de planteur, je revêtis l'uniforme de fla-

---

[1] *Pô* ou *Poou,* arbre; *sat,* sacré : vieux cambodgien, m'a dit Hunter. Les géo-
graphes écrivent *Pursat.*

nelle bleue, et je troquai mon chapeau de paille contre le
casque officiel.

L'homme descendu du ciel m'attendait avec une nombreuse suite sur la rive opposée, en tenue de gala, escarpins
aux pieds et casque en tête. Jusqu'alors je n'avais vu que
de vieux gouverneurs, desséchés comme des poissons salés;
à Posat il n'en fut pas ainsi. Je fus reçu par un homme de
trente à trente-cinq ans, de taille au-dessous de la moyenne,
comme Sa Majesté son cousin avec lequel il a quelque ressemblance. Encore un peu gêné dans ses manières, faute
de frottement avec nos officiers de marine, il n'oublie pas
sa parenté et vous fait bien comprendre, par son attitude
comiquement grave, qu'il est de sang royal. Un grand ministre en herbe. Après une poignée de main diplomatique,
il me fit entrer chez lui pendant qu'on plaçait des nattes
et des tentures dans la paillotte qui nous était destinée. Il
accepta, — mais avec une satisfaction dissimulée, — une
épée française que je lui offris, et me conduisit ensuite
jusque chez moi.

Ce *chez moi* mérite deux lignes de description ; il nous
abrita plusieurs jours et m'a laissé des souvenirs charmants.
Imaginez un hangar de huit mètres sur quatre, ouvert à tous
les vents, et je vous réponds que la mousson du nord-est,
après avoir balayé le Grand-Lac, souffle bien dans la plaine
de Posat. Tout autour règne une véranda recouverte d'un
toit très bas, qui donne de la fraîcheur pendant le jour,
mais, par contre, masque complètement la vue : le tout à
un mètre au-dessus du sol, juché sur les inévitables piquets.
Ni escalier, ni échelle ; il faut escalader. Comme plancher de
la véranda, un lattis de bambous à travers lequel nos pieds
ont passé plus d'une fois, sans se donner d'entorse heureu-

sement; comme parquet de la case intérieure, des poutres
branlantes en bois de *kraki*, essence presque aussi dure que
le teck, que l'on s'estimerait heureux d'avoir à bon marché
en Europe pour les ouvrages communs d'ébénisterie ou les
constructions sous l'eau. Des nattes finement tissées forment
les tapis. Les tentures sont des espèces de châles en co-
tonnade légère, fabriqués à Birmingham et vendus par les
Chinois. Un de ces Beauvais de Canton, tendu en travers
de la paillotte, sépare la salle à manger de la chambre à
coucher. Tout ce luxe m'éblouit. Je ne suis plus en pays
barbare. Le matelas cambodgien, étroit et dur, constitue à
lui seul un excellent lit où l'on dort très bien tout habillé.
Les nuits sont fraîches, froides même; le thermomètre ne
descend pas loin de 15° centigrades dans cette plaine en-
clavée entre une vaste nappe d'eau et un grand massif montagneux.

Le gouverneur a pu nous envoyer deux chaises de paille,
et nous nous asseyons à une table en bois de rose, autre
essence incomparable qui abonde dans le pays. Sur cette
table, qui n'est pas la première venue, on nous sert ce
que la cuisine des Khmers a de plus raffiné. Poissons frits,
poissons grillés, poissons salés, poissons en curry. Porc
frit, porc grillé, porc salé, porc en curry. Poulets frits,
poulets grillés, poulets en curry. Mais là de vrais currys,
dûment pimentés, croyez-le bien; car le piment, à tort ou
à raison, passe auprès des Cambodgiens pour être un puissant préservatif contre la diarrhée et la fièvre des bois.
Œufs de cane cuits dur à tous les repas. Le riz blanc,
bien décortiqué, remplace le pain. De copieuses rasades de
coco font descendre tout cela. Desserts variés sur lesquels
je me rattrape : mandarines parfumées, ananas exquis, pam-
plemousses grosses comme les deux poings, concombres,

mangues et mangoustans, — le roi des fruits, — bananes crues ou grillées avec du sucre. Ah! la bonne chère que je fis à Posat!

Notez que ces menus sont ceux du gouverneur lui-même, prince de sang royal; le commun des mortels ne mange que du riz noir, avec un peu de poisson salé, ou bien avec ce jus infect de poisson pourri dont les Annamites se régalent aussi en disant:

« Fouançais n'a pas aimer *nuoc-mam*; Fouançais difficiles; nuoc-mam beaucoup bon. »

Si nous avons le menu du gouverneur, nous ne prenons pas nos repas aux heures de Son Excellence, par la bonne raison que Son Excellence n'a pas d'heure. Elle mange quand elle a faim. L'appétit lui vient le plus souvent entre dix heures du soir et deux heures du matin. Alors malheur à nous! Notre *sala* n'est qu'à deux pas de son rustique palais de bois, et nous sommes réveillés par un charivari des plus drôlatiques. Mandolines aux sons criards, guitares sourdes, violons fêlés, tambours de basque battant la seconde, et, dominant tout, l'archet du chef d'orchestre, représenté par dix rotins que des bras vigoureux aplatissent en cadence sur une planche sonore; avec cela, les voix nasillardes de chanteuses qui psalmodient indéfiniment les mêmes ritournelles plaintives : cet ensemble admirable eût désespéré Wagner. Oh! la musique du petit pacha de Posat! Je n'oublierai pas les deux nuits blanches qu'elle m'a fait passer. Et les bons Cambodgiens trouvent ces airs divins, cette harmonie magnifique. Ils prétendent les tenir de leurs ancêtres, les constructeurs d'Angcor-la-Grande; s'il en était ainsi, on ne pourrait pas avoir une très haute idée de l'ancienne civilisation khmer; mais heureusement les traditions du passé se sont conservées ailleurs, et ces orchestres provinciaux n'en donnent que la caricature. Qu'importe, au demeurant? les gens de province, qui sont les mêmes partout, ne voient rien au delà; c'est tout ce qu'il faut. Un gouverneur ne se met point à table sans que la musique se fasse entendre pour élever son âme vers Boudha tout en excitant son appétit. Un plat est-il trouvé bon? l'orchestre infernal redouble de frénésie. Après le repas, il faut encore la musique pour endormir le maître dans des rêves d'amour. Ces mélomanes furent énormément surpris quand je leur demandai s'il ne serait pas possible de cesser à minuit leurs variations cacophoniques. C'était pour me *faire honneur* qu'ils les prolongeaient jusqu'à l'aurore. Que ne le disaient-ils deux jours plus tôt!

La ville de Posat est bâtie sur la rive gauche d'une jolie rivière qui se jette dans le Grand-Lac, à dix milles au nord, et dont les sables charrient de l'or, au dire de quelques indigènes. Elle a un développement considérable, près de trois kilomètres; mais il faut ajouter que les maisons ne grimpent pas les unes sur les autres, comme celles du quai des Augustins. Elles sont perdues dans des jardins garnis de tous les arbres des tropiques. Personne n'en sait exactement la population, pas même le chef de la province; elle ne doit pas dépasser quatre mille habitants.

Je ne connais pas, dans tout le Cambodge, de séjour plus agréable et plus sain que ce coin de terre, qui n'est ni fiévreux, ni infesté de moustiques. Les cultures s'étendent au loin tout autour de la ville, qui est située au milieu d'une immense plaine de sables et d'alluvions, bordée au nord par le Grand-Lac, au sud par une chaîne de montagnes orientée du sud-est au nord-ouest. Dans cette chaîne, l'œil distingue un piton de forme conique et un massif à trois sommets, que les indigènes appellent *Pnom-Ktiôl,* ou Montagne-du-Vent. Ces hautes cimes sont hérissées de forêts, et jamais Cambodgien ne s'est hasardé à en entreprendre l'ascension. « Pourquoi faire? » me disait le gouverneur. D'autres m'ont répondu comme les Kouys des Montagnes de Fer : « Il y a le diable. »

Posat devait être mon quartier général jusqu'à l'arrivée des vivres que j'avais commandés à Pnom-Penh, et que le fidèle Akbar avait juré sur sa tête de me faire parvenir avec mes lettres. Nos voitures furent donc déchargées, nos caisses déballées, tout notre équipement de voyage nettoyé et remis en ordre. Ce travail fut un peu long, malgré l'aide de trois jeunes boys que le gouverneur m'avait donnés; mais, quand il fut fini, la sala s'était si bien meublée et avait pris un tel air de fête que je songeai à y passer le reste de mes jours. Quel voyageur ne s'est pas dit au moins une fois : Je suis bien ici, j'y reste? Inspiration passagère, qui vient de la fatigue et disparaît avec elle.

Je ne vous ferai pas l'injure de vous présenter mes boys; quant au *Santi-Pédeï,* c'est autre chose. Le cousin de Norodom a fait preuve d'une grande bienveillance en mettant à ma disposition ce personnage, qui est son secrétaire, son homme de confiance, son second. Pourquoi ce nom de *Santi-Pédeï,* qui rappelle involontairement *Sanctus Petrus?* Hunter me dit en effet que c'est un mot de *bali,* importé par les bonzes, et que le bali, dérivé du sanscrit, est cousin germain du latin. Je ne me charge pas d'élucider cette grave question; sachez seulement que le possesseur de ce titre est un garçon qui rit toujours, — quoique mandarin, — et le cas est assez rare pour mériter d'être signalé. Nous sommes

devenus une fameuse paire d'amis, le Santi-Pédeï et moi,
et si je retourne au Cambodge, je ne manquerai pas de lui
rapporter l'habit de général qu'il m'a demandé.

Le soir, après un succulent dîner arrosé de vin de palmier,
Hunter, qui a bon pied, bon œil et bonne mémoire, me
rappela qu'il attendait des nouvelles de son tigre de l'île
Banam :

« Je vous préviens qu'elles sont mauvaises, lui dis-je.
Armez-vous de courage puisque vous êtes son père nourricier. Après que vous l'eûtes quitté, votre nourrisson continua
de suivre les leçons de gentillesse que vous lui aviez données;
il se laissait caresser par tout le monde à travers les barreaux
de sa cage, qui sont assez espacés, vous le savez, pour qu'on
puisse y passer la moitié du bras; jamais il ne fit de mal à
personne, et du plus loin qu'il l'apercevait, il reconnaissait
son gardien avec le pot de riz qu'on lui servait matin et soir.
Il grandit sans perdre de sa douceur, et devint au bout de
deux ans le plus beau représentant de son espèce qu'ait
jamais possédé le jardin de Saigon. Ce n'est pas en Europe
qu'on voit des tigres pareils! Ils deviennent malingres, rachi-
tiques, et ne sont que l'ombre d'eux-mêmes dans les pays où
le soleil n'est pas assez chaud pour eux.

« Eh bien, cette bonne pâte de tigre, caressant et inoffen-
sif, figurez-vous qu'un jour deux matelots étrangers, — alle-
mands, je crois, — lui firent la farce tudesque de lui prendre
la queue à travers les barreaux de sa cage et de la lui couper!

— Goddam! les lâches! on aurait dû...

— Rassurez-vous. Un gardien les avait vus. Ces brutes
eurent beau prétendre que leur bateau était en partance : on
les mit en prison et ils furent impitoyablement punis. Le
gouverneur était un amiral. Depuis cette mutilation, votre

tigre est devenu féroce, on ne s'avise plus de lui friser la moustache, et même si l'on ne se tient pas à distance respectueuse, il vous montre les dents, qu'il a fort belles. Mais a-t-il tort? Évidemment non. Il y a des hommes plus bêtes et plus méchants que les tigres.

« Je me suis souvent demandé, — continuai-je, — s'il ne serait pas possible de domestiquer ces animaux-là, et la même idée est venue à un administrateur de Cochinchine. A l'époque où je voyageais dans le sud de la colonie, je descendis un jour à son inspection; ignorant absolument qu'il prenait plaisir à élever des jeunes tigres, et en attendant l'heure du déjeuner, je me mis à sommeiller sur une chaise longue. Tout à coup je fus réveillé par le poids de deux grosses pattes qui se posaient sur mes épaules et le contact d'un énorme nez qui se frottait contre ma figure. Jugez si je fis un bond! Et avec la bête dans les jambes! Heureusement pour mon prestige, qui eût sombré dans cette aventure si les Annamites m'avaient vu, mon hôte accourut au bruit et rappela son « Bismarck », qui voulait jouer tout simplement. Il rit, mais je ne riais pas; car enfin, quand on a chez soi des chiens de cette espèce, on prévient son monde.

« En deux mots maintenant, — et nous irons dormir, — voici l'histoire de ce « Bismarck » et ma conclusion. Jusqu'à l'âge de onze mois, il ne fit aucune sottise; comme votre élève, il ne mangeait que du riz et des bananes, et c'était un bonheur de voir ce chat antédiluvien jouer avec les deux grands lévriers de mon ami N***. Il les roulait, les retournait, les mettait en fuite, sans jamais leur faire de mal. Ceux-ci, se voyant les plus faibles, se défendaient avec acharnement et mordillaient ferme. Tant que les chiens ont été jeunes, les jeux se sont bien passés; mais ils vieillissaient comme

leur compagnon, et ces lévriers d'Australie, qui sont beaucoup plus grands que les sloughis d'Afrique, ne leur cèdent
pas en férocité. Il est donc arrivé qu'un beau jour, irrités
de leur défaite, ils ont mordu trop fort, et leur ami, furieux
à son tour, a sorti ses griffes de leur gaine et les a éventrés.
Ce jour-là on dut le mettre en cage et le conduire à Saigon,
d'où il fut expédié au Jardin des Plantes, à Paris.

« Si vous me demandiez pourquoi Dieu a placé le tigre
sur la terre, je serais embarrassé pour vous répondre. C'est
peut-être pour empêcher le développement excessif des animaux herbivores, lequel eût pu devenir tel, que les contrées
les plus fertiles, ne suffisant pas à les nourrir, se seraient
transformées en charniers pestilentiels. Vous me direz que
l'homme est là, avec ses rifles; sans doute, mais il n'y a
pas toujours été, il n'y est pas venu le premier, et il n'a pas
toujours eu des carabines. Mais laissons cela. Ce que je puis
dire sans me compromettre, c'est que les transformations
de l'espèce, — si elles existent, — sont d'une lenteur déses-
pérante chez les félins; que les soins les plus assidus ne
peuvent qu'endormir pour un temps limité leur naturel féroce, et qu'il n'y a pas apparence que nos arrière-petits-
neveux puissent conduire en laisse les tigres du Bengale. »

CHAPITRE XIII

Il existe à Posat, comme dans toutes les villes du Cambodge, une pagode boudhique, et même plusieurs pagodes. Le surlendemain de notre arrivée, des chants lamentables nous réveillèrent vers quatre heures du matin; ce n'était plus la musique du gouverneur, c'étaient les bonzes. Nous avions le palais à notre droite, la bonzerie à notre gauche. Ce voisinage m'inspira des idées dévotes, et la protection du Santi-Pédeï m'ouvrit les portes du temple. Je reconnais que mon instruction religieuse resta superficielle et que je ne méritai point le titre de docteur en théologie; mais enfin c'est quelque chose de pouvoir mettre sur ses cartes de visite : *Ancien élève de la bonzerie de Posat.* Permettez-moi de vous faire part des petites connaissances que j'acquis, dans un noviciat de trois jours, sur la religion et la justice au Cambodge, ou pour mieux dire en Indo-Chine, car tous les traits, tous les caractères que je vais faire ressortir sont vrais pour les différentes races qui peuplent la grande péninsule. Siamois, Cambodgiens, Laotiens, Annamites, ont, à fort peu de chose près, les mêmes bonzes, les mêmes juges, les mêmes bourreaux. Tous ils vénèrent Boudha, le plus sage

12

des hommes. Tous ils sont justiciables des mêmes tribunaux corruptibles, et victimes des mêmes lois impitoyables. Il y a des nuances sans doute, mais comme je me tiendrai dans les généralités, les nuances disparaîtront.

Le boudhisme est l'aîné du christianisme d'environ six siècles. Il a pris naissance dans l'Inde, où florissait le brahmanisme avec ses castes, dont la première était celle des prêtres, et la dernière celle des parias. La révolution boudhique consiste dans l'affirmation de l'égalité des hommes devant Dieu. Nous sommes tous frères, dit Boudha, et il ouvrit la guerre contre les brahmes, après avoir écrit ces mots de fraternité, de tolérance et de charité sur son drapeau.

Il y a une ressemblance frappante entre cette révolution sociale et la révélation que le Christ devait apporter plus tard dans l'Occident. Mais si le boudhisme enseigne l'immortalité de l'âme, il repousse l'éternité des récompenses et des châtiments. Boudha suppose que les fautes humaines, qu'il regarde comme finies parce qu'elles émanent d'un être fini, n'entraînent pas une punition infinie.

Après la mort, dit-il, Dieu pèse nos bonnes actions et les mauvaises, et fait la différence. Vous êtes récompensé ou puni suivant la grandeur de cette différence. Après quoi, la jouissance finie ou l'expiation consommée, l'âme retombe sur la terre et recommence une vie nouvelle dans un autre corps. Cette seconde vie terminée, Dieu pèse encore le bien et le mal; il accorde une nouvelle récompense ou inflige un nouveau châtiment, limités l'un et l'autre dans leur durée.

Ces successions d'existences terrestres, séparées par des voyages plus ou moins longs dans des mondes inconnus, où l'on est heureux ou malheureux suivant ses mérites,

pourraient se prolonger indéfiniment; mais, comme il y a
un terme à tout, il arrive, ou bien que l'âme a lassé par ses
méfaits la patience de la Providence, qui, la jugeant incorrigible, prend le parti de la précipiter dans un enfer d'où
elle ne sort plus, ou qu'au contraire elle s'est tellement
approchée de la perfection, que les portes d'un ciel où

Statue de Boudha.

elle s'immatérialise à jamais dans la contemplation de Dieu
s'ouvrent pour elle.

Telle est la conception boudhique, qui rappelle de loin
celle de Pythagore, et que les sinologues retrouvent enve-
loppée de légendes obscures et délayée dans des poèmes où
l'imagination orientale se donne libre carrière.

Boudha ne s'est pas contenté d'assigner philosophiquement
à l'âme humaine, non une épreuve unique, mais plusieurs
épreuves successives; il a matérialisé sa conception pour la
mettre à portée des masses. Ainsi font tous les fondateurs
de religion. Il a donc créé plusieurs étages de cieux (je crois
qu'on en compte seize) et à peu près autant de purgatoires,
dans lesquels les âmes sont récompensées ou punies de dif-

férentes manières, mais en conservant toujours une enveloppe charnelle. Cette enveloppe, l'âme ne la quitte que
pour aller dans le plus profond des enfers ou dans le ciel
le plus élevé de tous, le *Nirvana*. Dans ces deux derniers
refuges, où l'âme humaine ne peut entrer qu'après avoir
accumulé les crimes ou les bonnes actions, on ne trouve

Figuier des banians.

que des jouissances ou des souffrances morales. Partout
ailleurs, ce sont des joies ou des peines matérielles.

Je me demande ce que le Cambodgien préfère. En fait de
plaisirs, je n'en vois pas qu'il mette au-dessus des plaisirs
des sens; en fait de châtiments, son dos est habitué aux
coups de bâton. Puis, pour entrer au Nirvana, il faut avoir
mené une vie d'anachorète extrêmement dure sous un climat

chaud, s'être mortifié sans cesse, avoir fait abnégation complète des biens de ce monde.

« C'est bien difficile d'aller au Nirvana, me disaient gra-
vement les vieux bonzes fanatiques ; nous n'espérons pas
trop dans cette vie-ci. »

Du reste, Boudha lui-même semble avoir fait entendre
que ce n'était pas commode. Quand il mourut sous son

Bonze cambodgien et jeune Siamois à queue.

figuier, — arbre sacré depuis cet événement, — ce sage prit
congé de ses disciples par ces paroles :

« Mes amis, je vais au Nirvana, et je vous souhaite d'en
faire autant. »

Depuis Boudha, paraît-il, une condition nouvelle a été
introduite pour forcer la porte de ce paradis inaccessible.
Il faut être bonze toute sa vie. Or combien peu de Cambodgiens en sont là ! En les comptant, on aurait la limite
maxima du nombre des heureux élus. Il se trouve justement
que ce calcul est fait pour les vingt-cinq siècles qui nous

séparent de la fondation du boudhisme. En effet, tous les sages qui, par leur vie exemplaire, ont paru à leurs contemporains mériter la félicité éternelle ont été proclamés boudhas. Les savants versés dans l'étude des religions vous en diront le nombre à peu d'unités près; s'ils en ont compté deux douzaines, c'est bien tout. Sur mille Cambodgiens, il y en a certainement neuf cent quatre-vingt-dix-neuf qui ne sont bonzes que par occasion.

Pendant plusieurs années, les enfants sont envoyés dans les bonzeries, où ils apprennent à lire et à écrire. Ce sont les seules maisons d'école. Ils servent d'esclaves aux bonzes d'âge mûr. Ils vivent jour et nuit avec eux, séparés de leurs parents, qui leur apportent à manger à la pagode. Comme les bonzes, ils portent la tête complètement rasée et la toge de laine jaune. Avec eux ils chantent à plusieurs époques de l'année, par exemple, aux changements de lunaison, des prières nocturnes en langue bali, qui rappellent certaines litanies plaintives en usage dans la religion catholique. A cela se réduit le culte. Les Cambodgiens *laïques* ne mettent que rarement les pieds à la pagode, pour faire des présents à Boudha.

Lorsque l'enfant est suffisamment instruit en toutes choses, il quitte la bonzerie. Mais il peut y rentrer, devenu homme, quand il lui plaît, et en sortir encore de la même façon. Il est tenu d'être rigoureusement chaste tant qu'il y sera, mais il ne fait pas de vœux perpétuels. C'est une période de calme hygiénique que les rois eux-mêmes s'imposent. Quand l'observation de ses devoirs devient pénible à un bonze, il rentre dans la vie civile; personne n'y trouve rien à dire.

A côté de privations volontaires, les bonzes ont bien quelques petits avantages qu'ils sont loin de dédaigner. Ainsi, le peuple les nourrit et les nourrit bien, car, s'ils ne

mangent qu'une fois par jour, c'est de bon appétit. Tous
ceux que j'ai vus dans la force de l'âge avaient une mine de
prospérité magnifique; avec cela un petit air de dévotion
qui sied bien à l'emploi. Quand ils voyagent, quand ils se
promènent, ils font adroitement main basse sur tout ce qui
leur plaît. Adroitement, car ils se gardent bien de prendre;
ils entrent dans une paillote, trouvent que le riz est blanc,
disent qu'il est beau; la femme le leur donne et se couche
sans souper. Ils visitent un magasin, s'arrêtent devant un
objet, s'extasient, et le Chinois, — boudhiste aussi, —
s'empresse de leur en faire cadeau. S'opposer au désir d'un
bonze, ou ne pas le satisfaire, ce serait offenser Boudha.
Le roi lui-même cède le pas au chef des bonzes, mais il
ne faut voir là qu'une simple marque de déférence qui n'a
aucun rapport avec les affaires de l'État.

Je dois vous dire en terminant qu'après avoir triomphé
du brahmanisme, la religion boudhique a été vaincue par
lui et chassée de l'Inde. Elle s'est réfugiée dans l'Indo-Chine,
en Chine et à Ceylan. Mais je sortirais de mon cadre en
vous entretenant de ces guerres; je ne voulais qu'esquisser
les croyances et les mœurs religieuses des Indo-Chinois,
pour vous faire bien comprendre avec quelle désinvolture
ces malheureux se laissent couper la tête.

Donc il suffit; passons à la justice.

On a maille à partir avec elle, là-bas comme en France,
pour une infinité de causes.

Deux indigènes se disputent la légitime possession d'un
morceau de rizière. Notez que, juridiquement parlant, le
mot *possession* est tout à fait impropre; tout le sol du Cambodge appartient au roi. On devrait donc plutôt dire le droit
d'exploitation, de culture.

Le premier indigène va trouver le mandarin qui doit juger l'affaire et lui fait un cadeau.

« Bien, dit l'autre, je vais réfléchir. »

Le second indigène arrive à son tour avec des présents.

« Ah! très bien, fait le juge, je vais voir. Cela ne presse pas. »

Cependant les gens du mandarin préviennent le premier indigène que son rival a fait un cadeau plus riche que le sien. Bien vite il en apporte un autre. Ce qu'apprenant, le deuxième plaideur en fait autant, et ainsi de suite, jusqu'à ce que l'un et l'autre n'aient plus rien à donner.

Quand ils en sont réduits là, vous ne devineriez jamais ce qu'ils font! Ils engagent leurs enfants et leur femme; ils vont jusqu'à se vendre eux-mêmes! Je ne charge pas, soyez-en sûrs. Cela se passe ainsi à l'heure actuelle. Le mandarin, qui a tiré savamment les choses en longueur, voit donc s'augmenter le nombre de ses esclaves, et comme un esclave ne peut rien posséder, il s'adjuge la rizière en litige. Mais il faut être de bon compte. Au Cambodge, comme dans le Siam, l'esclavage n'est point un sort à dédaigner. Je dirai même que, si j'étais Cambodgien ou Siamois, j'aimerais mieux, à défaut du bâton de mandarin, être esclave qu'homme libre. Esclave, j'aurais peut-être plus d'ecchymoses sur l'échine, mais au moins je serais sûr de manger matin et soir. Homme libre, je ne serais jamais à l'abri des razzias.

Imaginez maintenant qu'un Cambodgien s'avise de passer sans autorisation d'une province dans une autre. Je dis *sans autorisation,* car il en faut une. Le paysan est attaché au sol. Quand le roi donne une province, il donne en même temps les habitants qui la cultivent. S'ils s'en vont, cela ne fait pas le compte du gouverneur. L'un d'eux, celui de Krakor, — l'ancien ministre des travaux publics, — se plaignait à moi

que ses corvéables émigrassent chez le voisin ; il paraît que
le pacha de Posat les attirait. Mais il n'en est pas toujours
de même ; le gouverneur fait arrêter le transfuge.

« D'où viens-tu ? tes papiers ne sont pas en règle. Il faut
écrire au misroc de ton village. »

On fourre le pauvre diable en prison.

Prisonniers cambodgiens.

Quinze jours, un mois après, le certificat est envoyé.

« C'est bien, dit le gouverneur. Mais tu me dois dix
piastres pour ton mois de prison. Peux-tu me les payer tout
de suite ? Non ? Tu es mon esclave. »

Je passe au cas le plus ordinaire, qui embrasse tous les
délits possibles et imaginables. Si la faute est dûment con-
statée et qu'il n'y ait pas à discuter, on commence par admi-
nistrer la *petite cadouille* au coupable (les grands criminels
seuls la reçoivent sur le dos) ; puis on lui met les fers aux

pieds pour un ou plusieurs mois, et on le fait travailler à
casser des pierres ou à couper du bois; c'est encore un
esclave.

Après les délits bien constatés, viennent ceux qui ne le
sont qu'à moitié ou pas du tout. On ne prend pas toujours
les voleurs la main dans le sac; là-bas comme ici, vous
pouvez être accusé, dénoncé. C'est le cas que je vis à Posat.
Une vieille femme annamite accusait un de ses anciens domestiques de s'être introduit chez elle une certaine nuit pour
la voler, et, surpris par elle, d'avoir voulu la tuer à coups
de couteau. Elle avait en effet une entaille au bras gauche,
que j'ai vue et pansée.

L'accusé comparut devant le tribunal, qui s'était assis en
pleine rue sur une plate-forme de bambous, les jambes
pendantes, fumant et riant. Il y avait là trois grands mandarins, et, Dieu lui pardonne! mon ami le *Santi-Pédeï* en
était. Derrière eux, les secrétaires de ces messieurs, les
greffiers, dirait-on en France, petits mandarineaux qui
collaboraient pour écrire laborieusement sur une ardoise
les questions posées par le premier juge et les réponses
du Cambodgien. Tous ces gamins n'auraient pas été plus
bruyants s'il se fût agi d'une partie de plaisir.

Pendant ce temps-là, l'accusé était dans une position véri-
tablement pitoyable. On l'avait installé au milieu du chemin,
assis sur une bille de bois, bras et jambes ficelés et tendus
en avant par des cordes, le corps tiré en sens inverse, le
cou serré entre deux bambous, immobile et prêt à recevoir
la grande cadouille. Le bourreau était là, lui aussi; il avait
apporté son faisceau de verges, parmi lesquelles il en choisit
trois qu'il posa aux pieds du patient.

C'est alors que l'interrogatoire commença. Il dura une
heure. L'inculpé invoqua un alibi; il prétendait prouver par

témoins qu'il avait passé la nuit du crime dans un autre village. On détacha ses liens et le tribunal l'envoya ferrer.

« Eh bien! dis-je à Hunter, que va-t-il advenir?

— On ne sait pas. La vieille femme n'est pas bien sûre de l'avoir reconnu, mais elle a beaucoup de *barres*[1]...

— Mais enfin, si les témoins affirment...

— Cela ne fait rien; le jugement n'est pas encore rendu. Savez-vous que si l'innocence du Cambodgien n'est reconnue que dans un mois, la vieille payera trois ligatures pour chaque jour de fers et deux piastres par coup de rotin? Vous me comprenez? Et on ne lui rendra pas ses barres! »

J'arrive aux crimes qui sont punis du dernier supplice, l'incendie notamment, l'assassinat et la piraterie.

Chez tous les peuples civilisés on se débarrasse des incendiaires et on fait bien. Mais, si je n'ai pas l'intention de m'apitoyer sur leur sort, je dois vous dire qu'au Cambodge on ne met pas le feu pour voler, en général (qu'y aurait-il à prendre, bon Dieu!), mais bien pour écouler sa marchandise. Je m'explique. Tous les ans, vers le mois de novembre, d'énormes trains de bambous, qui se sont formés dans le Grand-Lac, descendent le fleuve et arrivent à Pnom-Penh. Les bambous sont les matériaux de première nécessité pour construire une maison; mais vous comprenez bien que s'il n'éclatait pas quelques petits incendies, — comme par hasard, — les marchands de bois ne feraient pas leurs affaires. Comme ce sont des malins, ils lancent en l'air pendant la nuit des flèches enduites de résine enflammée, ou bien ils lâchent des oiseaux pétroleurs qui vont se poser sur le toit des paillottes, et, en quelques minutes, des trentaines de

---

[1] La barre d'argent vaut de soixante-quinze à quatre-vingts francs, suivant le cours de la piastre.

cases flambent de tous les côtés. Quand les bambous arrivent à Pnom-Penh, les habitants savent bien ce qui les attend, et ils font le guet; mais à quoi bon? La paille séchée par le soleil prend feu comme de l'amadou. Et tout le monde connaît bien les coupables, qui restent impunis : ils sont riches.

L'assassinat est un crime assez rare au Cambodge. Pourquoi les prolétaires iraient-ils se tuer entre eux? Ils ne possèdent rien ou presque rien. Il n'y a pas de quoi être jaloux les uns des autres au point de s'ôter la vie. S'il y a des assassins, c'est que leur bras est armé par un homme assez puissant pour se mettre au-dessus des lois.

La piraterie, au contraire, est une des plaies de l'Indo-Chine. Elle se pratique dans le Grand-Fleuve et ses nombreux affluents, mais particulièrement dans le Grand-Lac. Les pirates les plus dangereux sont les Annamites et les Chinois. Ce sont des gens très audacieux, parfaitement armés, qui s'approchent doucement, pendant les nuits obscures, du bateau où vous dormez d'un paisible sommeil et vous poignardent.

On n'a pas oublié à Saigon un drame de piraterie qui date de quelques années déjà; c'était sous le commandement de l'amiral Duperré. Une chaloupe à vapeur, louée par un négociant saigonais, transportait vingt mille dollars à Pnom-Penh. Quelques pirates chinois apprennent la chose et trouvent moyen de s'engager dans l'équipage. On part, et on arrive de nuit par le travers de Mytho. C'est alors que les pirates commencent leur œuvre d'égorgement et jettent tout le monde à l'eau. Le ciel permit que, parmi les victimes, il s'en trouvât deux qui ne furent que blessées et qui purent gagner la rive du fleuve à la nage. L'inspecteur des affaires indigènes, immédiatement prévenu, télégraphia dans tous les postes de l'intérieur. Mais les Chinois avaient tout prévu. Leur massacre consommé, au lieu de continuer leur route vers Pnom-Penh, ils virèrent de bord et descendirent le Mékong pour se rapprocher de la mer et attendre l'occasion de gagner la Chine.

Chemin faisant, ils rencontrent une grande jonque annamite, l'accostent, tuent l'équipage, s'y installent avec les dollars et coulent la chaloupe à vapeur. Vous comprenez si les recherches furent dépistées. Descendus à Soc-Trang, non loin de l'embouchure, ils se livrèrent, pour leur malheur, à des dépenses exagérées qui attirèrent l'attention. On les arrêta. Inutile d'ajouter qu'ils eurent la tête tranchée, malgré les menaces de soulèvement des cent mille Chinois de Cholen. C'est même sur le pont de Cholen que l'exécution eut lieu : on avait amené du canon.

A l'époque de l'occupation de la Cochinchine, la piraterie, qui s'est aujourd'hui réfugiée dans le Grand-Lac (les barques des indigènes ne s'y aventurent que par convois), était en grand honneur parmi les Annamites. Cet état de choses donna lieu, de la part des Français, à plus d'une méprise regrettable. Il était admis que tout bateau porteur d'armes serait confisqué et son équipage pendu sans jugement. Mais ces bateaux pouvaient appartenir à trois catégories : les uns étaient des rebelles, les autres des pirates, et les derniers enfin, qui n'étaient ni rebelles ni pirates, prenaient simplement leurs précautions contre la piraterie. Comme on n'avait pas le temps de faire la distinction, on pendait tout[1].

---

[1] Je prie messieurs les Anglais qui pourront lire ces lignes de ne point se formaliser de ces exécutions sommaires, et je leur rappelle comment furent fondées les premières colonies australiennes.

« Le rebut de la société anglaise venait chercher en Australie du sol à cultiver,

Les bateaux de guerre revenaient de leurs tournées dans l'intérieur avec des grappes de cadavres qui se balançaient au bout de leurs vergues. La guerre ne se fait point en pays barbare comme en pays civilisé, et l'intimidation est nécessaire pour venir à bout des Asiatiques. Ceci me remet en mémoire une aventure qui vous donnera une idée du stoïcisme des Indo-Chinois devant la mort.

Un vaisseau de guerre avait capturé une grande jonque chargée d'armes. L'équipage annamite fut fait prisonnier et amené à bord du bâtiment français.

« Pendez-moi tous ces gens-là, » dit le commandant, qui descendit chez lui pour ne pas voir l'exécution.

La pendaison commença. Nos matelots *hissaient à courir* les condamnés au bout des vergues. Cependant un maître vint frapper à la porte du capitaine :

« Commandant, il y en a un qui ne veut pas se laisser faire.

— Qu'on les pende tous, ai-je dit, c'est la consigne et laissez-moi tranquille. »

Une minute après, le même maître vint encore frapper.

« C'est fini? dit le capitaine.

— Mais non, commandant. Il reste un gamin qui se tord

des herbages pour ses troupeaux. Dès qu'il eut dépassé la zone exclusivement littorale, il se trouva en présence d'une population que la nature des productions du sol condamnait à vivre exclusivement de chasse et qu'il fallait déposséder. On sait comment se fit cette conquête : les Australiens furent détruits par le fer et le feu; on chassa au sauvage comme chez nous à la bête féroce, et les jurys locaux trouvèrent tout simple que la torture précédât la mort quand il s'agissait de ces prétendus anthropophages. L'amiral Dupetit-Thouars a été témoin de ce dernier fait pendant son séjour à Sydney. » (*Voyage autour du monde sur la frégate* la Vénus.)

de rire en montrant le dernier pendu, celui qui se démenait tout à l'heure en parlant grec.

— Ah! mille tonnerres! s'exclama l'autre, je parie que c'est Pétrus. Vous m'avez pendu mon interprète!

— Mais, commandant, je suis venu vous demander...! vous m'avez ordonné de pendre tout ce qu'il y avait sur le pont. »

Le commandant sortit sans répondre; c'était bien le malheureux Pétrus. On le dépendit à temps.

« *Ego sum Petrus latiniensis interpretus,* » continua-t-il à dire dans son latin annamite, quand il eut repris ses sens.

Et l'enfant, dont le tour était venu, riait de plus en plus fort. Il eut sa grâce [1].

Je ne voudrais pas insister sur ce sujet navrant des supplices orientaux; qu'on me permette pourtant de céder la parole à Hunter, qui fut le témoin d'une exécution publique, à Pnom-Penh, en 1874 :

« Ce jour-là, 10 septembre, toute la ville était en émoi, et Dieu sait s'il faut de graves événements pour émouvoir les Asiatiques.

« Quelques semaines auparavant, une esclave du palais avait introduit un Siamois dans les appartements particuliers de Sa Majesté. Surpris par Norodom lui-même, cet insolent Siamois avait osé lever son poignard sur le souverain.

---

[1] Quand nous avons pris pied en Cochinchine, nous ne connaissions pas un mot de la langue. Nous avons donc été très heureux de trouver des interprètes auprès des missionnaires, mais il était naturel que ces gens-là fussent regardés comme des traîtres par leurs compatriotes.

Aucune grâce n'était possible. Séance tenante, le supplice du *roï* commença.

« Les deux coupables furent garrottés dans une cour intérieure du palais, en présence des esclaves et des ministres; deux bourreaux s'avancèrent, impassibles; à un signe imperceptible de l'exécuteur des hautes œuvres, le sixième mandarin du royaume, leurs bras se levèrent, l'air siffla, deux cris de douleur retentirent. Le second coup succéda trois secondes après; au cinquième, la malheureuse femme s'évanouit. Les bourreaux continuèrent leur œuvre. Ainsi le veut la loi. Au dixième coup de rotin, le Siamois perdit connaissance à son tour. Encore une minute et le trentième coup fut donné; pas un de plus, pas un de moins. Le dos des victimes n'était qu'une plaie. Chaque coup de roï avait emporté le morceau. On les détacha et on les porta en prison.

« Après des souffrances atroces, les blessures étaient en voie de se cicatriser. On ramena les patients au même endroit, on les amarra aux mêmes piquets, et le rotin siffla de nouveau. C'est la loi. Après le trentième coup, on emporta deux masses inertes.

« La cicatrisation fut plus longue et plus douloureuse cette fois; quand les croûtes se furent formées, le troisième martyre s'accomplit. La loi demande quatre-vingt-dix coups.

« Pendant ce temps-là une enquête s'était faite. Elle avait démontré l'existence de plusieurs complices. La plus âgée n'avait pas vingt ans; la plus jeune, une petite Malaise du nom de Méli, accomplissait sa treizième année. Complices et coupables étaient condamnées par la loi au dernier supplice.

« L'heure de l'expiation suprême avait sonné. C'est ce

jour-là que la capitale était secouée comme par un coup
de foudre. Cambodgiens, Chinois, Annamites, tout le monde
était sur pied. Le village malais avait passé le Grand-Fleuve
pour assister jusqu'au dernier moment la pauvre petite Méli.
Ces malheureux Malais avaient fait l'impossible pour sauver
la tête de l'enfant. Toutes les familles s'étaient cotisées; elles
avaient offert jusqu'à leur dernier sapèque, mille barres
d'argent, quatre-vingt mille francs. Des pétitions avaient été
signées par les Européens, et j'aime à croire que le Protectorat français n'était pas resté indifférent. Tous les efforts
furent vains; la loi était inexorable.

« Le soleil allait descendre au-dessous de l'horizon, quand
les six condamnés sortirent de l'enceinte du palais, chargés
de chaînes. Les beaux yeux noirs des jeunes filles erraient
sur la foule émue, qui regardait silencieusement défiler le
lugubre cortège. Des soldats *tagals*[1] formaient l'escorte.

« On arriva au lieu de l'exécution. Six poteaux avaient
été plantés à trois mètres l'un de l'autre. Les condamnés
furent attachés, les bras étendus en croix et repliés sous des
bambous horizontaux. Pas un mot, pas une plainte ne sortit
de leur bouche. La compagnie de tagals se déploya sur deux
rangs devant les poteaux, et l'officier commanda le feu. Les
balles de ces sauvages respectèrent la petite Méli. Sa voisine
eut le bras cassé; elle tourna la tête sans affectation et regarda tranquillement son sang couler.

« Les soldats rechargèrent leurs armes (des fusils à pierre)
et tirèrent de nouveau. Bientôt ce fut un feu à volonté. Combien de temps cette boucherie sans nom dura-t-elle? Je n'ose
le dire! Enfin l'agonie cessa, les têtes furent tranchées et
plantées sur de longues lances pour que le peuple les vît

[1] Malais.

bien. Un silence de mort régnait; les poitrines ne battaient plus. Mais des nuées de corbeaux voletaient en croassant au-dessus de ce champ de désolation[1]. »

[1] Le commandant Delaporte raconte, dans son *Voyage au Cambodge,* que les victimes de Norodom furent enterrées vivantes jusqu'en 1865. A cette époque, le roi vint un jour faire une visite au représentant du protectorat français, M. le lieutenant de vaisseau Moura, et, au cours de la conversation, il s'enquit du cérémonial qui accompagnait en France les exécutions militaires. Deux heures après, cinq esclaves étaient fusillés devant le palais.

CHAPITRE XIV

6-12 décembre. — La langue cambodgienne. — Battues à dos d'éléphant. — Les éléphants sauvages chassés et capturés par les éléphants domestiques.

Mes études de théologie boudhique et de droit cambodgien furent interrompues au bout de trois jours par des chasses à l'éléphant que le gouverneur ordonna en mon honneur, et je n'eus pas le temps d'acquérir dans le commerce des bonzes une connaissance parfaite de l'idiome du pays. On dit qu'un bagage de quatre cents mots convenablement choisis suffit à parler toutes les langues, du moins pour les usages ordinaires de la vie ; mais si vous tenez à devenir un *Khmériste* distingué, il faudra vous enfermer dans une pagode, — non pas pendant trois jours, mais pendant trois mois, — vivre avec les marabouts indigènes, ne parler qu'avec eux, accoutumer votre oreille aux nouveautés de la prononciation orientale, et vous sortirez de prison parlant mieux que les Cambodgiens illettrés. C'est le cas de plusieurs Français qui aujourd'hui se dévouent avec un zèle infatigable à reconstituer l'histoire du peuple khmer par la méthode épigraphique.

Si, au contraire, vous bornez votre ambition à savoir ce qu'il faut dire pour demander son chemin ou réquisitionner des poulets, vous ne pouvez pas tomber dans un meilleur pays que le Cambodge, et vous y ferez en quinze jours autant de progrès littéraires qu'en six mois s'il s'agissait de l'harmonieuse langue allemande. L'idiome cambodgien ne possède ni genres, ni déclinaisons, ni conjugaisons; les compliments les plus entortillés se font, comme dans le *parler petit-nègre*, au masculin, au singulier et à l'infinitif. La numération elle-même a été notablement simplifiée.

Facile à apprendre, la langue khmer n'est désagréable ni à entendre ni à prononcer. On lui reproche sa pauvreté, on la traite de haut en la comparant au sanscrit, qui compte, je crois, sept modes de déclinaisons, possédant chacun deux datifs et autant de vocatifs ou d'ablatifs; mais où trouver la perfection dans ce monde? Les finesses des langues savantes, si elles font le désespoir de l'élève, sont à coup sûr admirables et réjouissent les érudits; les idiomes simples, et néanmoins assez précis pour exprimer clairement les idées courantes, ont l'avantage de faciliter les voyages et les transactions commerciales. Si la littérature a tort avec ces idiomes primitifs, — ou peut-être dégénérés, — en revanche les gens plus positifs que les littérateurs et les poètes ne se plaignent pas d'arriver en quelques mois à parler convenablement la langue des pays qu'ils vont étudier ou exploiter.

Je vous tromperais cependant si je ne vous prévenais pas qu'au Cambodge les différences de rangs et de castes sont tellement marquées, qu'il n'est pas permis de tenir à tout le monde le même langage. La langue n'est pas une; il y a plusieurs langues dans la langue. On emploie des locutions spéciales pour parler au roi ou du roi, pour parler aux mandarins ou des mandarins, pour parler aux bonzes ou des bonzes. Il existe même un vocabulaire particulier pour s'adresser à l'éléphant. Toutes ces variations compliquent singulièrement l'idiome vulgaire, le seul du reste qu'il soit indispensable de connaître à peu près. La pipe d'un simple

mortel se nomme *khsière;* si vous parlez de la pipe de Norodom, gardez-vous d'employer ce vilain mot; dites *pra tom-*
rong thoummonet. Rien n'est plus facile. *Pra* ou *préa* signifie
sacré ou divin, et se place en avant de tous les mots du
vocabulaire royal; un mal de tête de roi est un divin mal de
tête, *pra séra cruc.* Les premières femmes du roi s'appellent
pra méa néang; celles des mandarins, *tiom téo;* les femmes
du commun, *papone.* Si le prolétaire mange son riz, cela se
dit *si baï* (*baï, riz*); ne parlez pas ainsi à un puissant personnage, ce serait la preuve d'une mauvaise éducation; il faut
dire *pisa baï.* Enfin, s'il s'agit de Sa Majesté, vous emploierez
le mot relevé de *soï.*

Mais je m'arrête. Sachez seulement, pour en finir avec ces
rudiments de grammaire, que l'écriture cambodgienne est
beaucoup moins simple que le parler. Les lettres se ressemblent presque toutes et ne peuvent guère se distinguer
que par les accents à grande queue qu'on leur met, soit en
haut, soit en bas. C'est tout ce qu'il y a de plus anti-sténo-
graphique, à part cependant les caractères idéographiques
des langues annamite et chinoise.

Vous avez hâte sans doute que je sorte de la bonzerie de
Posat, et que je me mette en route avec les cinq petits éléphants que le gouverneur nous donnait pour chasser. Rien
n'est plus agréable que ce genre de divertissement cynégétique, et autant je vous conseille de laisser en paix les éléphants sauvages, autant je vous recommande les excursions à
dos d'éléphant domestique.

Vous partez le matin à sept heures, montés chacun sur
votre pachyderme, qui s'en va en se dandinant avec son
cornac sur la tête et fait beaucoup de chemin sans en avoir
l'air. Vous arrivez vers onze heures sur le terrain de ma-

nœuvre; vous êtes à vingt-cinq ou trente kilomètres du point
de départ, et le roulis de votre monture, s'il ne vous a pas
donné le mal de mer, vous a creusé l'estomac. Vous vous
asseyez sur l'herbe, à l'ombre de quelque figuier, et dévorez
à belles dents un poulet froid. C'est tout simplement exquis.
Dans le même temps vos Cambodgiens engloutissent leur
poisson salé sous des monceaux de riz, les éléphants tondent
les arbres avec leur trompe et broient les petites branches de
feuillage sous leurs gigantesques molaires. On a pris soin que
ces bêtes ne puissent pas s'éloigner, comme on le leur permet
quand on n'a pas besoin d'elles, jusqu'à trois et quatre kilomètres. Leurs jambes de devant sont emprisonnées dans une
entrave en forme de huit (8); les cornacs la leur ont présentée et ils ont eux-mêmes passé leurs pieds dans les anneaux, sans élever d'objection.

A midi, en selle; on remet les bâts, on enlève les entraves;
vous escaladez votre éléphant, qui vous vient en aide en levant
une de ses jambes de devant pour vous faire marchepied,
et la campagne commence. Les éléphants s'arrêtent auprès
d'arbres convenablement choisis; vous avisez une bonne
branche, la bête approche encore, et d'une enjambée vous
voilà au milieu du feuillage, à douze pieds du sol, avec fusil,
couteau et revolver. Si votre pipe vous échappe, ou votre
mouchoir, dans ce changement de domicile, inutile de descendre; l'éléphant, sur un mot du cornac, les ramasse proprement et vous les restitue. Puis il s'en va, monté par des
indigènes. Le troupeau décrit deux arcs de cercle s'appuyant
sur les arbres les plus éloignés, et il fait la battue concentri-
quement sur la ligne des arbres. Il faut voir cet animal
si puissant et si docile marcher péniblement à travers des
jungles plus hautes que lui, et enfoncer de deux coudées
dans les vases qu'elles recouvrent. C'est le moment du dan-

ger, car le buffle sauvage, plus agile que l'élan, peut blesser l'éléphant à mort, ou bien le tigre enlever un rabatteur. Pour vous, perché sur votre arbre, vous ne risquez absolument rien. C'est l'essentiel. Tout le menu gibier qui dormait dans le cercle fatal vient passer sous votre feu. C'est à vous d'ouvrir l'œil. La battue finie, chaque éléphant reprend son chasseur. On va plus loin; nouvelle battue, nouveau désappointement ou nouveau triomphe, et ainsi jusqu'à ce que le soleil commande de cesser le combat. Ce moment-là vient toujours trop tôt. On campe où l'on se trouve, pour recommencer de plus belle le lendemain.

Tel fut notre plan de campagne en quittant Posat avec nos cinq petits mastodontes, presque des enfants, puisque l'aîné n'avait pas plus d'une vingtaine d'années. A ce propos, je dois vous prévenir d'une habitude bizarre des Cambodgiens; quand vous leur demandez l'âge d'un éléphant, ils vous répondent: C'est un éléphant de six cornacs, ou de huit cornacs, ce qui veut dire: il a vécu trois ou quatre fois la vie d'un homme. Le cornac, en effet, reste attaché à la même bête jusqu'à ce qu'il meure ou qu'il devienne impotent; esclave d'un mandarin, il est en outre esclave d'un animal. Celui-ci le connaît fort bien, et en retour de ses bons procédés, de ses petits cadeaux de sucre ou de feuilles vertes, il lui voue une grande affection; l'intelligence de l'éléphant, appréciable par les nombreuses circonvolutions de son cerveau, laisse bien loin derrière elle celle du chien. Si les mauvais traitements l'irritent à la longue, au point qu'il use parfois de sa force colossale pour tuer un gardien brutal, il prend très bien la plaisanterie, sait la discerner de la méchanceté et s'en venge spirituellement.

Voici, par exemple, une épreuve que vous pourrez faire en

déjeunant au bord d'une mare. Commencez par séduire l'éléphant qui vous a porté, en lui offrant du riz, du sucre, des
bananes et les débris de la noix de coco dont vous avez
savouré le lait. Une fois dans ses bonnes grâces, présentez
devant sa trompe, en la dissimulant sous une feuille, la
pointe d'une aiguille, et mettez-vous à rire. La bête se
pique, comprend la malice et s'en va. Cinq minutes après
vous n'y pensez plus. Cependant l'éléphant s'est dirigé vers
la mare, a remué la vase, a chargé sa trompe d'eau noire ;
il revient à vous, en clignant ses petits yeux malins, et il vous
lance une trombe de boue liquide en pleine figure. Vous êtes
puni, mais comment ne pas rire encore ?

   L'itinéraire que nous suivions à travers la jungle s'éloignait
de plus en plus du Grand-Lac et devait nous conduire dans
le sud de la province, au milieu de forêts qui ne sont pas
moins vierges que celles du pays des Kouys. Il nous fallut
deux jours pour traverser la plaine de Posat et atteindre la
lisière des bois, en exécutant des battues aussi nombreuses
qu'inutiles, car nous ne tuâmes rien, ce qui s'appelle rien.
Tout le gibier, sauf une biche, avait suivi les eaux du lac dans
leur mouvement de retraite, et naturellement le tigre suit le
gibier. Quant à cette biche, elle eut la bonne fortune de ne
pas se présenter devant le rifle d'Hunter, et, bien que l'histoire
ne soit pas à mon avantage, en chroniqueur véridique je dois
vous la raconter.

   Une battue venait de commencer, et j'étais perché sur un
arbre avec mon bon ami le *Santi-Pédeï*, venu pour assister
mon inexpérience et ma mauvaise vue, car il arrive le plus
souvent qu'on aperçoit, non pas le chevreuil ou le cerf, mais
un simple mouvement des hautes herbes, et qu'on doit tirer
au jugé. Je tenais donc ma carabine sur les genoux, armée,
prête à faire feu, et nous ne disions rien, pas même à voix

basse. Après un quart d'heure de vaine attente, je perdis patience, désarmai et accrochai mon fusil à une branche ; puis
je me mis à rouler une cigarette cambodgienne dans une

Palanquin du roi.

feuille de bananier. C'est à ce moment précis, — ces choses
se voient à la chasse, — que le Santi-Pédeï, me touchant le
bras et retenant son souffle, me montra du doigt une jolie
biche qui s'était arrêtée sous notre arbre et regardait tout

effarée du côté des rabatteurs. Parbleu! je la vis bien, et je la vois encore détaler au bruit que je fis en décrochant mon fusil. On en rira longtemps à Posat.

Nous arrivâmes le soir du second jour à la limite des grandes forêts qui s'étendent depuis la chaîne de Posat jusqu'à celle de Cardamom. Le gouverneur y avait envoyé huit de ses plus grands éléphants; à notre arrivée, il n'en restait plus que quatre au quartier général; les autres étaient déjà partis en chasse, mais à quelle chasse, grand Dieu! Je vous permets d'être incrédule, car je le fus moi-même autant qu'on peut l'être, et quand Hunter m'apprit qu'ils étaient lancés à la poursuite des éléphants sauvages, je crus d'abord qu'il se moquait de moi.

« Quoi! disais-je, ces animaux sont allés seuls à la poursuite de leurs semblables, et, après les avoir bien rossés, ils les ramèneront au campement! Par exemple!

— C'est exact, observait le brave Santi-Pédeï, incapable de berner qui que ce soit; la poursuite dure souvent plusieurs jours et va jusqu'à cent cinquante et deux cents kilomètres. Mitop, toi bien voir demain. »

Le lendemain on s'enfonça sous bois à la rencontre d'un troupeau d'éléphants sauvages, découvert déjà et surveillé de loin par une vingtaine de chasseurs éprouvés. Je passerai sous silence les péripéties de cette marche et les détails d'une existence que vous connaissez déjà. Quand les éléphants ne sont ni blessés ni attaqués en face, ils ont l'habitude de fuir, surtout s'ils forment un troupeau. Il fut assez facile de suivre leur retraite, tout en la dirigeant de manière à gagner les endroits les moins fourrés de la forêt. Cette poursuite se fit lentement, savamment; les éléphants domestiques, supérieurs en nombre, — nous possédions deux brigades, de quatre bêtes chacune, — exécutèrent des mouvements tournants sur des espaces de plusieurs kilomètres ; l'ennemi, à leur approche, changeait de direction ; puis on s'arrêtait quelques instants pour combiner d'autres manœuvres enveloppantes dignes de M. de Moltke.

Les Cambodgiens finirent par atteindre une clairière où la famille sauvage avait fait halte. Le lieu ayant été jugé favorable, un groupe de deux éléphants domestiques fut désigné pour l'attaque ; les cornacs descendirent et leur montrèrent du doigt le plus grand de leurs adversaires qui paissait à un demi-mille de distance ; enfin, joignant la voix au geste, ils les lâchèrent.

Les deux lutteurs s'avancèrent aussitôt de toute leur vitesse sur la victime désignée, la joignirent et se mirent en devoir de l'assommer à coups de trompe. L'autre était de taille à leur répondre, mais que faire contre deux ? Après une tentative infructueuse de résistance, il prit la fuite, suivi par ses ennemis acharnés qui, l'un à droite, l'autre à gauche, continuaient à le cingler. Ils étaient tout à leur affaire, et ne s'inquiétaient pas du reste du troupeau qui avait détalé dans une autre direction. Bientôt, fuyards et vainqueurs eurent disparu dans les profondeurs de la brousse.

Deux jours après, revenus au centre de ralliement avec six éléphants sur huit, les Cambodgiens attendaient tranquillement l'issue de cette chasse, qui me semblait extraordinaire et leur paraissait toute naturelle. Ce fut le matin du troisième jour (la poursuite durait depuis plus de soixante heures) qu'Hunter me dit triomphant :

« Venez voir ; nos chasseurs sont de retour avec leur prisonnier. »

C'était vrai. Ce prisonnier d'un nouveau genre marchait au milieu d'eux comme un voleur entre deux gendarmes, et s'il voulait aller trop vite ou trop lentement, il recevait deux coups de trompe qui le rappelaient à la triste réalité.

« Eh bien ! maintenant, me dit Hunter, on va le laisser un mois encore avec ses gardes-chiourmes ; puis il sera domestiqué. »

Depuis cette aventure, je n'ai jamais manqué, en montant sur un éléphant, de demander s'il était né en liberté ou dans la servitude. Je ne sais quel instinct me portait à craindre ceux qui, pendant un demi-siècle, avaient foulé librement les brousses de la forêt vierge et décapité les imprudents chasseurs cambodgiens.

Les battues étaient loin de finir, mais j'en avais assez vu. Hunter m'expliqua, pendant le retour à Posat, que ces chasses sont une jolie source de revenus pour les grands gouverneurs qui possèdent des éléphants. Un éléphant mâle avec défenses vaut dix à douze mille francs. Ce n'est pas précisément une bête de somme (les lourds fardeaux le font dépérir), mais c'est un trotteur infatigable avec lequel on peut s'aventurer partout[1]. Ces mêmes gouverneurs, — de sang royal ou non, — ne se contentent pas d'en user pour leur plaisir ou de les prêter à leurs amis ; ils les louent aux négociants chinois, quand l'occasion s'en trouve, pour deux dollars par jour. Les plus riches d'entre eux en ont jusqu'à quarante ; le roi du Cambodge en possède de trois à quatre cents. C'est aussi le nombre de ses femmes : seulement les femmes coûtent moins cher, à lui surtout.

---

[1] L'éléphant ne glisse jamais ; il passerait, je crois, dans des sentiers de chèvre. Avoir le pied sûr comme un éléphant est passé en proverbe dans l'Inde comme dans l'Indo-Chine.

CHAPITRE XIV

13-18 décembre. — Départ pour les hautes chaînes. — Première nuit dans les montagnes. — Le marabout. — Un village de parias. — Rencontre d'un cobra et d'un tigre. — Campement en forêt; récits de chasse; l'auroch et le buffle sauvage.

A notre retour, les vivres n'étaient pas arrivés.

Mon parti fut pris tout de suite, et, ne me sentant pas disposé à continuer dans la bonzerie mes études de théologie, de droit et de grammaire, je décidai qu'on se mettrait en route le lendemain même pour la montagne du Vent. Le gouverneur promit de nous envoyer trois grands éléphants, avec lesquels nous pourrions remonter le cours des rivières; Nam, atteint d'une fièvre chronique, le boy chinois, pris de dysenterie, demandèrent à rester, et je partis avec Hunter et Sao, le plus jeune Annamite. Cette fois, hormis les fioles de laudanum, d'ammoniaque et de quinine, nous n'emportions aucune bouteille, aucune boîte ayant vu le jour en Europe; des œufs, du poisson salé, du riz, — et nous en sommes revenus. Qui fut bien malheureux, par exemple, dans cette expédition de dix jours? Ce fut le petit Sao, condamné à faire à lui seul tout le service : allumer le feu, apprêter le dîner, mettre la natte (j'allais dire la nappe), préparer les charrettes pour la nuit, et tout cela en présence de dix grands Cambodgiens qui le regardaient s'escrimer.

« Captaine, disait le pauvre diable, toi leur dire couper bois, apporter eau. Moi n'a pas pouvoir tout faire, Cambodgiens beaucoup c...! »

Oh! ce peuple, combien grande est sa chute! Des grands-pères qui ont bâti Angcor aux petits-fils qui vivent misérables dans des paillottes, quel abîme creusé par le mandarin! Est-il logique que, dans ces contrées où tout est riche, magnifique, ensoleillé, où les arbres sont si grands, les plantes si belles, les rivières si majestueuses, la race humaine, loin de s'épanouir au soleil comme tout ce qui l'entoure, croupisse dans l'inaction, l'avilissement, la barbarie? Cela est, cela sera tant qu'une main énergique n'aura pas décapité la puissance des mandarins. A quoi bon travailler pour cette caste de pillards? Il existait naguère, sur les rivages du golfe de Siam, de magnifiques poivrières dont le nom n'est pas oublié sur la place de Marseille. Je parierais qu'on y vend encore du poivre de *Kampot*. Mais ce prétendu poivre cambodgien vient de Sumatra, de Manille ou d'ailleurs. Il n'y a plus à Kampot que des forêts naissantes et des maisons vides. Le prolétaire ne cultive que le riz nécessaire à sa famille; c'est une main d'œuvre de deux mois au plus; le reste de l'année il chique philosophiquement son bétel, et quand la récolte est mauvaise, quand les importations manquent, il meurt de faim. Le même affligeant spectacle se rencontre dans tout le Cambodge[1].

---

[1] Le Cambodge et une partie de la Cochinchine sont propres à la culture du poivre, qui fait la fortune des îles de la Sonde. Le bénéfice net rapporté par un hectare de cette culture est évalué à treize cents francs, année moyenne. Pourquoi donc y a-t-il si peu de poivrières en Cochinchine? Parce que le bénéfice ci-dessus ne se réalise que pour des plantations d'une certaine étendue et que l'argent fait défaut. Avec les frais énormes qu'occasionnerait un personnel de surveillance européen, et en tenant compte de ce fait que les poivrières ne sont en rapport qu'au bout de quatre ans, on calcule que pour avoir un intérêt de dix pour cent des capitaux engagés il faudrait planter cent dix hectares et faire une avance d'environ un million.

Cette conclusion, qui s'applique à presque toutes les cultures exotiques, — en

Quand on voyage à éléphant, il est permis d'aller droit devant soi, sans s'inquiéter des villages et des chemins. L'éléphant passe partout, et, pendant la saison sèche, les petits affluents du lac n'ont pas assez d'eau pour l'arrêter. Avec des charrettes, au contraire, il est nécessaire de suivre les mauvais frayés qui vont de village à village.

Le premier hameau qu'on rencontre en remontant l'arroyo de Posat porte un nom harmonieux, *Prognil,* mais a laissé dans mon esprit un détestable souvenir. Nous mîmes sept heures pour y arriver avec nos voitures à buffles, sept mortelles heures, qui ne représentaient pas vingt kilomètres de chemin parcouru. Pourquoi ces buffles sont-ils si pesants, et combien les petits chevaux de Cochinchine feraient mieux notre affaire! Et puis, autre sujet de mauvaise humeur, Prognil est voisin de la grande chaîne. Quand on est loin des montagnes, on les voit; quand on est à leur pied, on ne voit plus rien. Il y a trop d'arbres, et quels arbres! Il nous faudrait un ballon, une montgolfière assez légère pour être transportée dans les chars du pays, c'est-à-dire telle que l'enveloppe avec ses cordages ne pesât pas plus de deux cents kilogrammes. Le bois de la forêt la chaufferait gratis. Un pareil engin faciliterait singulièrement les reconnaissances et les levés rapides, dans cette région par trop boisée; du moins, c'est ce que je me dis en pestant contre l'implacable feuillage qui nous cache l'horizon, et si l'idée n'est pas pratique, vous me la pardonnerez.

Le lendemain matin, nous arrivâmes dans un grand village nommé *Lyet,* où les éléphants du gouverneur devaient nous

particulier le café qui, lui aussi, n'est en plein rendement qu'au bout de quatre ans, — démontre la nécessité de mettre en œuvre de puissants moyens financiers, si l'on veut tirer partie des colonies.

rejoindre. Mais il faut savoir que le village existe, qu'il est
considérable, qu'il n'en finit pas ; on passerait à côté sans
le voir, tellement les huttes éparses sont bien masquées par
les cocotiers, les bananiers et les bambous. Je croyais avoir
quitté Lyet depuis une heure, et nous y étions encore. Enfin
nos voitures s'arrêtèrent sur la grande place publique plantée
de banians séculaires et ceinturée par six paillottes : la case
du misroc, la pagode, trois échoppes chinoises et la *sala* des
voyageurs. Un bonze avait déjà pris place dans la maison de
refuge et dévorait avidement le déjeuner que des femmes
pieuses lui présentaient.

Cette bourgade démesurément longue est située dans une
plaine argileuse, insubmersible par les crues du Grand-Lac,
boisée et baignée par plusieurs rivières qui réunissent leurs
eaux dans la ville même. Mon dessein était de les remonter
aussi loin que possible ; elles descendent d'un massif montagneux inaccessible par toute autre voie. Les fleuves navigables sont des routes qui marchent ; le lit desséché d'un
torrent semble un chemin créé par la nature à travers les
impénétrables fourrés de la forêt vierge.

En l'absence des éléphants, je choisis pour commencer
la principale de ces rivières, le *Sting-Araï*. Elle avait encore
assez de profondeur pour porter des pirogues ; nous pûmes
y naviguer jusqu'au soir sur une onde limpide et fraîche qui
laissait voir les blancs cailloux du fond ; des bois silencieux
bordaient les rives ; au-dessus de la brousse épaisse, éternellement sombre, les banians et les chênes dressaient leurs
cimes dorées par les rayons du soleil. Les aigrettes, les pélicans, les cigognes, les marabouts ne fuyaient pas à notre
approche. Pourquoi auraient-ils fui ? Jamais Européen n'est
venu dans ces lieux, et le Cambodgien de Lyet garde sa
poudre pour le sanglier qui dévaste ses rizières.

Après six heures d'une navigation de plus en plus pénible, nos pirogues finirent par s'échouer, et nous abordâmes, avec de l'eau jusqu'à la cheville, à un petit banc de sable quartzeux qui paraissait propice pour passer la nuit. Les Cambodgiens s'en allèrent couper du bois; bientôt les feux flambèrent, le riz fut servi dans de vastes bols où chacun puisait avec ses doigts, et tous en rond, assis sur de moelleux matelas de feuilles mortes, nous savourâmes ce primitif festin qu'arrosa l'eau claire du ruisseau. La lune éclairait notre île de ses lueurs blafardes; tout autour, les arbres noirs prenaient des formes fantastiques. Et ces fantômes semblèrent bientôt se faire entendre; l'écho des montagnes répéta le sifflement des reptiles, le miaulement des chats-tigres, l'aboiement lugubre des chiens sauvages. Pourquoi faut-il que les rares témoins des magnificences équatoriales n'aient ni plume ni pinceau pour les rendre? Je ne puis exprimer ce que j'ai vu, et j'accuse nos grands peintres et nos grands écrivains.

Après une nuit paisible, mais froide, nous tînmes conseil. Il s'agissait maintenant de voyager à pied, dans l'eau, et mes Cambodgiens faisaient triste figure.

« Sommes-nous loin des sources? leur demandai-je.

— Encore quinze jours, » disaient-ils.

Quinze jours! Ce chiffre me parut fabuleux, mais la frayeur cambodgienne s'exagère toutes les difficultés. Le Sting-Araï, qui coule du sud au nord, descend d'un pic isolé situé à 40 milles de Posat et connu dans le Cambodge sous le nom de *Montagne de Marbre*. Un des grands mandarins du royaume est spécialement chargé de l'exploitation de cette montagne et surveille l'extraction des pierres, ou, pour mieux dire, des blocs qui ont parfois la transparence de l'émeraude et du rubis.

14

Malgré l'attraction de ces richesses, je dus reconnaître l'impossibilité de s'aventurer si loin sans éléphants, et je composai avec les Cambodgiens. Il fut décidé qu'on remonterait le ruisseau pendant deux heures seulement, qu'on reviendrait déjeuner dans l'île et qu'après midi le retour s'effectuerait en pirogues. Cette reconnaissance, qui nous déchira les pieds, ne fut pas tout à fait perdue : bientôt les sables quartzeux du lit firent place à une gangue pulvérulente couleur gris de fer qui renferme des poussières d'or. Ainsi, pour arracher à ces montagnes inabordables leur secret, il n'est pas nécessaire de les escalader; elles sont trahies par les cours d'eau qui charrient les débris de leurs roches.

Pendant que je pataugeais dans cette alluvion plus ou moins précieuse, Hunter tiraillait à droite et à gauche; il rapporta trois grosses bécassines, qui furent les bienvenues, et un énorme marabout auquel son impitoyable rifle n'avait pas fait grâce. Tuer un marabout est un crime. Armé de son bec puissant, dont la longueur dépasse une coudée, cet oiseau gigantesque (son envergure est de deux à trois mètres) fait une guerre terrible aux serpents, aux scolopendres et à tous les reptiles dangereux. Pourquoi le détruire? C'est l'ami de l'homme, et les indigènes eux-mêmes ne mangent pas sa chair nauséabonde. Et puis c'est si drôle de le voir perché sur une patte, le cou enfoncé dans ses plumes, le bec ramené sur son ventre! Vous n'apercevez plus qu'un crâne chauve qui reluit au soleil, et de loin vous prendriez ce grand oiseau voûté pour une vieille femme en prières. Il reste ainsi des heures entières, plongé dans de profondes méditations. Pythagore eût pu croire que dans ce corps bizarre habite l'âme d'un philosophe désabusé.

Nous fîmes halte, le soir, dans un petit village nommé *Bac-Répou,* qui est situé au confluent des arroyos de *Sting-prei-Klong* et de Posat, sur les dernières pentes de la montagne du Vent. Là m'attendait un courrier à cheval chargé de nous porter une triste nouvelle.

« Les grands éléphants promis par le pacha de Posat n'ont pas voulu quitter leurs pâturages, l'un d'eux a tué son cornac; le gouverneur ne peut nous envoyer que les petits mastodontes de la semaine précédente, et ces *enfants* ne conviennent guère pour un voyage dans les hautes chaînes. »

Ne soyez jamais dupe de la fourberie orientale; dans toute cette histoire il n'y a pas un mot de vrai. Les mandarins se sont dit simplement : « Pourquoi ce Français (que la peste étouffe!) tient-il à visiter ces montagnes, que nous ne connaissons pas nous-mêmes? Son entêtement est singulier. Au fait, il y a peut-être des mines à Pnom-Ktiôl. Empêchons-le d'y aller sans en avoir l'air. » Telle fut ma réponse à Son Excellence; Hunter l'écrivit en siamois; Norodom et ses cousins savent bien lire la langue de leurs anciens maîtres.

Ce n'était pas assez de dire son fait à ce moricaud vaniteux; il fallait aussi lui prouver qu'on se passerait de ses éléphants. Dès le lendemain matin nos charrettes furent attelées, et, sans prendre garde aux figures consternées de nos Cambodgiens, nous suivîmes un mauvais sentier qui longeait à travers bois l'arroyo de Sting-prei-Klong. Le soir, on parvint à un hameau de trois paillottes, le plus avancé dans la montagne et tellement enserré par la forêt qu'à peine ses douze habitants ont assez d'espace pour cultiver le riz nécessaire à leur nourriture. Je demande ce qu'ils font dans ce désert fiévreux, alors que tant de milliers d'hectares fertiles sont en friche dans la plaine de Posat.

« Ce sont des proscrits, me dit Hunter. Voyez les marques

d'infamie que les hommes portent sur le front. Quand Norodom ne fait pas couper la tête à ceux de ses sujets qui ont
offensé sa majesté souveraine, il ordonne qu'ils soient ainsi
marqués au fer rouge. Cette punition est plus terrible que
la mort. Le Cambodgien flétri par ce signe doit quitter le
royaume ou fuir dans la solitude; il est défendu à tout le
monde, sous peine du même châtiment, de le recevoir, de
lui parler, de lui donner à manger, de faire avec lui aucun
commerce. Plus d'une fois le gouverneur de la Cochinchine
a demandé la grâce de concubines qui étaient parvenues à
lui écrire; le roi l'a toujours accordée avec empressement;
mais, avant leur mise en liberté, le forgeron du palais avait
fait son œuvre. »

Nous passâmes la nuit auprès de ces pauvres gens. Nous
ne sommes plus dans la plaine; le thermomètre descend à
6 degrés centigrades; il fait froid la nuit, et ce froid succède
presque sans transition à l'écrasante chaleur du jour. Il serait
difficile de trouver climat plus insalubre. Les Cambodgiens
entretiennent de grands feux et se chauffent à l'entour. Les
misérables pièces d'étoffe dont ils recouvrent leurs épaules
nues ne les empêchent pas de grelotter. Les races de couleur
jaune ou noire ne supportent pas les basses températures.
S'il nous est pénible de vivre en Indo-Chine, il serait plus
difficile encore aux Indo-Chinois de s'acclimater en France.
Nous succombons à Saigon à des maladies d'intestins; l'Annamite mourrait de la poitrine à Paris.

Je dus, le lendemain matin, faire acte d'énergie. Le sentier
s'arrête au village des parias; les charrettes ne peuvent pas
aller plus loin; il faut s'enfoncer à pied à travers la brousse.
Le petit mandarin de Posat, qui commandait l'escorte, re-
fusa de continuer.

« La fièvre ! criait-il, j'ai peur de la fièvre !

— C'est bien, lui dis-je froidement, tu resteras ici, mais tu vas recevoir la cadouille. »

Je fis signe à Sao, qui prit un faisceau de verges. Bâtonner un mandarin, quelle jouissance ! Mais celui-ci, ayant vu que je ne plaisantais pas, fit sa soumission à deux genoux, et l'affaire s'arrangea par un simple coup de pied.

Nous entrâmes sous bois, marchant silencieusement, en file indienne ; les Cambodgiens portaient nos hamacs et nos couvertures ; à chaque pas il fallait s'arrêter pour s'ouvrir un chemin dans les broussailles qui nous déchiraient les jambes et la figure, et nous avions à traverser des mares noires et fétides où nous enfoncions dans la vase jusqu'aux genoux. Le souvenir du cobra des montagnes de Fer me revenait à l'esprit : allais-je encore être témoin d'un pareil drame ? Peu s'en fallut. Nous allions nous engager dans une de ces fondrières remplies d'eau saumâtre ; j'avais déjà relevé au-dessus du genou la ceinture cambodgienne, le *sampot,* qui, avec un immense chapeau de paille (*salaco*), composait tout mon accoutrement. Tout à coup les parias se reculèrent et sortirent de l'eau : juste en face, étendu sur l'autre bord, ils venaient d'apercevoir un serpent blanc qui digérait. C'était un cobra !

Sa panse était gonflée comme un de ces petits ballons en caoutchouc qui font la joie des Parisiens en herbe. Mais j'eus à peine le temps de le dévisager ; une balle siffla par-dessus mon épaule, et le reptile, grièvement blessé, rendit aussitôt une grenouille monstre, la grenouille des tropiques, et disparut dans l'eau trouble en frétillant. Malheureusement pour lui ses contorsions de douleur le ramenèrent à la surface ; une seconde balle d'Hunter le coupa en deux. Les morceaux furent repêchés, et la curieuse tête de l'animal alla rejoindre deux vipères vertes dans un bocal d'alcool qui me suivait partout. Je collectionnais ainsi des vésicules chargées d'un poison peu répandu dans le commerce.

La nuit vint nous surprendre en cet endroit, qui était assez convenable pour le campement; nous nous y établîmes. Puis nous étions bien sûrs d'avoir un cobra de moins dans notre voisinage. Il en restait un, pourtant, qui toute la nuit fit un vacarme épouvantable dans la mare; il cherchait sa femelle qui était dans mon bocal. Où l'amour ne va-t-il pas se nicher! Entourés de feux comme nous l'étions (la forêt avait été mise en coupe réglée), nous n'avions rien à craindre ni de lui, ni des tigres; j'ajoute que, dans la saison sèche, le serpent est l'exception. Il a de la place pour prendre ses ébats. Pendant l'inondation, au contraire, les maisons perchées sur leurs piquets sont extrêmement dangereuses. Il faut faire une visite minutieuse le soir avant de s'endormir et le matin avant de mettre son paletot; souvent il vous arrivera, en secouant vos habits au bout d'un bâton, de voir un *serpent fil* très venimeux sortir d'une de vos poches. Enfermé dans votre moustiquaire, vous êtes à l'abri de leur visite, et, à la longue, vous n'y penserez pas plus qu'au typhus et au choléra[1].

L'ascension continua le lendemain dans des conditions un peu meilleures que la veille; les mares avaient disparu et

---

[1] Le choléra existe, en Indo-Chine, à l'état endémique; mais, chose remarquable, il sévit surtout sur la population indigène, même pendant les épidémies. On sait que le contraire a lieu pour la fièvre jaune; le noir y est bien moins exposé que le blanc. Je parle du noir acclimaté aux Antilles; le nègre arrivant d'Afrique ne possède pas cette immunité. « Nott va jusqu'à déclarer qu'un quart de sang nègre — d'Amérique — est à ses yeux un préservatif aussi certain contre cette épidémie que la vaccine l'est contre la variole. » (De Quatrefages). L'Indo-Chine n'est pas redoutable aux Européens par ses épidémies; on s'y consume lentement, à petit feu; les *coups de fouet* sont assez rares.

étaient remplacées par des ravins ou déchirures profondes, qui semblaient aller jusqu'au faîte de la montagne. Les guides cherchaient l'une de ces failles, moins abrupte et plus large, qui devait nous permettre de vaincre sans difficulté le plus haut sommet du Cambodge. Nous en approchions, quand Hunter me dit à voix basse :

« Il faut ouvrir l'œil ici. Voyez-vous ce chemin couvert dans le taillis, à votre gauche ? Regardez cette urine toute fraîche : le tigre n'est pas loin. »

Nous prîmes la tête de la colonne, et nous continuâmes à marcher avec précaution et sans bruit. Dans ces bois, habités par le bœuf sauvage qui attaque l'homme, il faut être silencieux. Selon l'habitude prise dès le premier jour, nous allions pieds nus et en file indienne. Le soulier fait craquer les feuilles sèches. Arrivé à vingt mètres du ravin, Hunter, qui s'arrêtait à chaque pas, cherchant à voir au travers des brousses, me fit un signe d'arrêt, sans quitter du regard les fourrés impénétrables pour mes mauvais yeux.

« Bon ! me dis-je, dans quel guêpier sommes-nous encore tombés ? »

Hunter regardait toujours à droite et à gauche. Enfin il tourna la tête et me fit signe d'avancer tout doucement.

« Voyez-vous, là-bas ? Regardez par cette éclaircie, à gauche. Voyez-vous bien ? sur le bord opposé ? Il est endormi dans l'herbe. Visez à l'épaule. »

Je tirai. Un rugissement terrible répondit. Avais-je manqué ? La fumée nous empêchait de voir le résultat du coup de feu. Les rugissements continuaient de plus belle, et nos Cambodgiens s'étaient mis à grimper aux arbres avec l'agilité des singes.

Après cinq mortelles secondes, la fumée s'étant dissipée, nous vîmes le tigre à quinze pas de nous. Il avait franchi le

ravin, profond d'une dizaine de mètres, et courait à l'ennemi
en bondissant sur son train de derrière.

« Hourrah! » vociféra Hunter en épaulant.

Il tira sans viser, pour ainsi dire. Ses balles sont habituées
à se loger dans le corps des fauves. Le tigre roula sur le dos
et cessa de rugir. J'envoyai le coup de grâce dans le cou :
rien ne bougea.

« *Traou! Traou!* Touché! » criai-je aux Cambodgiens, qui
dégringolèrent de leurs perchoirs.

Nous nous approchâmes. Le tigre mesurait 2 mètres 60 de
l'extrémité de la tête à la naissance de la queue.

« Belle bête! fit Hunter enthousiasmé. Et voyez quelle
force musculaire ont ces animaux-là : son épaule brisée ne
l'empêchait pas de bondir. Maintenant, ce n'est pas tout de
tuer un tigre, il faut le dépouiller, préparer la peau, la tête,
les griffes. Nous ne laisserons pas ces trophées aux vautours.
Or comment transporter sans charrette une pareille masse?
Si nous campions sur le champ de bataille?

— Évidemment. Nous avons un tigre de moins à nos
trousses ; hier, c'était un cobra. Agréable pays, tout de
même! et je comprends que notre mandarineau ne voulût
pas y mettre les pieds.

— Ah! mais, continua Hunter, ces bons Cambodgiens,
avez-vous vu comme ils ont eu peur? Et comme ça grimpe
aux arbres! Il n'y avait pas le moindre danger. La bête faisait
la sieste. Je vous conterai ce soir une aventure de tigre où il
était permis d'avoir peur. Maintenant, débroussaillons. »

Deux heures après, nous étions chaudement installés dans
une sorte de chambre taillée dans la brousse, et couchés
sur nos nattes, à la lueur des torches, à côté d'un brasier
qui tempérait l'humidité pénétrante. Nous avions mangé
notre riz et bu l'eau claire du ravin. Quatre grands feux

étaient allumés autour du camp et jetaient d'étranges lueurs
dans les cimes des grands arbres sombres. Chaque feu était
gardé par une sentinelle. Les Cambodgiens avaient transporté dans cette enceinte, à l'aide de forts bambous, le
cadavre du tigre, et s'étaient mis en devoir de le dépouiller.

« Eh bien ! dis-je à Hunter, qui fumait sa pipe en les
regardant faire du coin de l'œil, vous m'avez promis une
chasse à faire peur aux plus intrépides ; vous avez la parole.

— Ce ne sera pas long, répondit-il ; vous savez bien que
je n'arrange pas les histoires comme le capitaine Mayne
Read. Donc j'étais allé, il y a trois ans, dans une forêt située
non loin du Grand-Fleuve, — la forêt de *Bos-Mias,* — pour
faire une coupe de bois de rose. On me dit, dans le village
où j'avais élu domicile, que de nombreux sangliers rava-
geaient les rizières du voisinage. Le lendemain matin, ne
songeant plus à mes bois, je me mets à leur poursuite avec
une troupe de rabatteurs. La battue s'opérait de la même
manière qu'une chasse à dos d'éléphant, à cette différence
près que les rabatteurs allaient à pied et que moi je n'étais
pas perché. Je marchais donc à la rencontre de mes hommes,
quand tout à coup je vois la jungle s'agiter à quinze pas
devant moi.

« Tiens, pensai-je, il y a un sanglier là dedans. Courons
vite. »

« Je m'avance, j'entre dans un marais qui me séparait des
hautes herbes, et, quand je n'en suis plus qu'à 3 mètres, je
me trouve nez à nez avec un énorme tigre. Mais je vous promets qu'il ne dormait pas, celui-là ! Debout, la tête basse,
la gueule ouverte, crachant comme un chat en colère, il me
regarda de ses gros yeux injectés de sang. Je me crus perdu.

« Je restai immobile comme une statue, pétrifié, soutenant
son regard, sans faire un mouvement. Tirer, c'était de la

folie : il m'eût broyé dix fois si j'avais seulement fait mine
de presser la gâchette. Et puis, tirer dans la tête, à quoi
bon? Je ne l'aurais pas tué sur le coup. Mais je ne raisonnai
pas, croyez-le bien; mon cerveau était paralysé.

« Combien de minutes ou de secondes ce tête-à-tête dura-
t-il? Je ne pourrais le dire. Tout ce que je sais, c'est qu'à un
moment donné le tigre, entendant les rabatteurs qui se
rapprochaient toujours sans se douter de ma position critique, tourna la tête pour voir ce qui se passait sur ses der-
rières, et me présenta le cou. Il me considérait, je pense,
comme une proie sûre, et ne se défiait plus de moi. Mal lui
en prit. Sans perdre un quart de seconde, je le couchai
en joue, et lui brisai les vertèbres cervicales. Il tomba fou-
droyé. Mais je n'ai jamais eu d'émotion pareille. Certainement, sans les rabatteurs j'étais mangé, et de ce service
éminent je ne leur sais aucun gré, car, s'ils avaient soupçonné
la présence d'un tigre, ils m'eussent abandonné sans ver-
gogne. Et quel tigre! C'est le plus grand que j'aie vu : il
mesurait 3 mètres 20. J'ai conservé la tête, je vous la ferai
voir; mais je ne veux la donner à personne.

— Je le comprends, lui dis-je; mais ce que je ne comprends pas, c'est que vous preniez si peu de précautions. Il
vous arrivera malheur.

— C'est possible; mais je n'ai peur que des serpents, et
encore des petits serpents. C'est ce qu'il y a de plus dangereux au Cambodge. Je crains aussi le bœuf sauvage et le
buffle solitaire. J'en ai tué une soixantaine depuis neuf ans.
Le bœuf sauvage est heureusement assez rare. Il vit seul; il
est terrible. C'est peut-être le *bos primigenius* des géologues.
Il possède une bosse à peu près semblable à celle du bison
d'Amérique. Les plus gros mesurent 3 mètres à 3 mètres 50
de la tête à la naissance de la queue : un véritable éléphant.

Il est haut sur ses jambes en proportion de sa longueur. Ses cornes, en forme de lyre, sont petites, de 60 à 80 centimètres, ou plutôt elles paraissent petites à côté du large front sur lequel elles sont plantées.

« Le buffle sauvage est moins grand, mais il a des cornes formidables. Chacune d'elles, courbée en forme de croissant, a un développement de 1 mètre à 1 mètre 30. A leur base, elles ont presque la grosseur du genou. Les plus féroces d'entre eux sont les vieux solitaires. Du plus loin qu'ils vous voient, ils vous chargent comme un ouragan. Ils tiennent la tête basse, lancent alternativement leurs cornes à droite et à gauche, et fauchent, sur une largeur de 2 à 3 mètres, tout ce qui se trouve sur leur passage. Le tigre royal n'ose pas toujours se mesurer avec de pareils adversaires.

« Plus généralement, on rencontre le buffle sauvage en troupeaux, dont le nombre varie de quinze jusqu'à deux cents têtes. Chaque troupeau a deux ou trois gardiens, qui sont de vieux mâles. Si les gardiens éventent un danger quelconque, ils donnent l'alarme, et la bande entière se sauve. On ne peut guère les tirer qu'à 200 mètres au plus près. Je me sers de mon calibre 12 à percussion centrale, qui a un but-en-blanc de 250 mètres. Je vise à l'épaule un des buffles qui se présentent en long ; ma balle traverse généralement et brise la seconde épaule : l'animal ne peut plus bouger. Le tigre, au contraire, bondit très bien sur ses jambes de derrière avec les deux épaules cassées[1]. Aussi est-il préférable de lui briser les vertèbres du cou. Pendant que le buffle blessé agonise, le reste du troupeau prend la fuite. Chacun pour soi dans

---

[1] La chasse à l'éléphant ou au rhinocéros exige un très fort calibre et en outre des balles coniques à pointe d'acier. La balle en plomb du chassepot s'aplatit sur les os de ces grands animaux comme contre un mur. Hunter n'est pas partisan des balles explosibles, qui manquent leur effet quand elles ne pénètrent pas et qui n'ont point le pouvoir brisant des balles massives à pointe d'acier.

ce monde-là, comme dans bien d'autres mondes. Mais j'espère vous en faire voir dans la plaine de Battambang, où ils se tiennent par centaines, près des forêts noyées du Grand-Lac.

— J'espère, pour ma part, lui répondis-je, n'en rencontrer aucun. Décidément, vous êtes un chasseur incorrigible. »

Les Cambodgiens finissaient leur besogne ; Hunter avait fumé sa seconde pipe, et moi ma dixième cigarette ; les hamacs furent suspendus, et je ne tardai pas à rêver de tous les animaux féroces que le Créateur a jetés sur la terre.

CHAPITRE XVI

Le lendemain matin, quand j'ouvris les yeux, le vaillant petit Sao était déjà debout; il avait allumé le feu et faisait cuire le riz.

« As-tu bien dormi? lui dis-je.

— Pas beaucoup bien. Y en a pas bon pays par ici.

— Tu es malade? Il faut prendre de la quinine. Je vais t'en donner.

— Moi pas malade, répondit le mata en secouant la tête dédaigneusement. Mais Macaques beaucoup malades.

— Qui ça, Macaques? Nos petites guenons?

— Non, captaine, Cambodgiens.

— Ah! tu les appelle Macaques?

— Oui. Beaucoup noirs. »

Cette réflexion, faite par un Annamite à la face osseuse et cuivrée comme un vieux chaudron, était assez plaisante, et je sortis en riant de mon hamac. Trois Cambodgiens, effectivement, avaient une forte fièvre, et, ce qui me consola, ce fut que le mandarineau en était.

« Ils resteront ici, dis-je à Hunter, avec trois hommes pour les garder. Préparez-leur de la quinine; ils la prendront après l'accès. Nous autres, mangeons notre riz, et en route. »

Nous étions arrivés au pied des escarpements de la montagne; une distance verticale de 3 à 400 mètres au plus nous séparait de son sommet; en moins d'une heure, disaient les parias, l'ascension serait terminée.

Nous descendîmes dans le ravin, précédés par les guides. Sao et quatre Cambodgiens formaient l'arrière-garde. Nous marchions tantôt sur des dépôts de sable en grains de 3 à 5 millimètres, tantôt sur des blocs de quartz blanc, dont les arêtes vives nous coupaient les pieds. De chaque côté du ravin, la forêt de plus en plus épaisse. De distance en distance, des passages de tigres.

« Scélérat de gouverneur! disait Hunter en pensant aux éléphants qui nous faisaient défaut, tu me la payeras! Mais il est trop tard pour reculer. Enfin, concluait-il pour se consoler, si nous trouvons des pépites grosses comme sa vilaine tête, ce ne sera pas pour lui. »

Après une heure d'une montée pénible, nous touchions au but; la forêt s'éclaircissait, les arbres devenaient rabougris, faute d'une couche assez profonde de terre végétale; mais nos Cambodgiens, que ne soutenait pas l'aiguillon moral, n'en pouvaient plus; il fallut faire halte pour reprendre de la quinine et boire un peu d'eau-de-vie de riz.

« Ces gens-là n'ont pas de résistance, dis-je à Hunter. Laissons-les tous ici sous la garde de Sao, et continuons à grimper avec les parias; nous touchons au grand sommet. »

Nous reprîmes l'ascension, et bientôt nous étions sur l'étroit plateau qui se développe entre les crêtes. Là s'élèvent, au milieu d'une jungle rabougrie, quelques chênes blancs, dont la ramure couronne la cime de la montagne.

« Ne restons pas au pied, dit Hunter; tâchons d'atteindre les premières branches. S'il n'y a pas d'aurochs dans cette solitude, que n'a jamais troublée le fusil des chasseurs cambodgiens, il n'y en a nulle part. »

Les parias eurent bientôt fait de grimper à l'arbre culminant, et ils nous jetèrent une corde qui nous permit de nous hisser. Parvenus à vingt pieds du sol, nous fûmes récompensés de nos fatigues par la vue d'un spectacle incomparable.

Tout le Cambodge est à nos pieds. Devant nous, la cuvette allongée du Grand-Lac, avec sa large ceinture de palétuviers noyés, resplendit au soleil et va se perdre au nord-ouest, dans les vapeurs de l'horizon; au delà de ce lac, la vaste plaine où florissait la capitale des vieux rois khmers, forme une bande jaunâtre entre la nappe d'eau argentée et les collines sombres qui la ceinturent au nord; dans cette plaine apparaissent quelques taches vertes : ce sont les jeunes bois qui entourent les ruines de la grande ville et de la grande pagode boudhique; mais nous ne pouvons distinguer, à 60 milles de distance, ces restes imposants du passé; la grande tour elle-même, haute de 70 mètres, est invisible.

Puis, tournant les regards vers l'Orient, nous apercevons la rivière de Compong-Thom, semblable à un fil d'argent; les montagnes de Fer, perdues dans les bois; les collines de Moulou-Preï, dont le profil bleuâtre termine l'horizon, et le pays des Kouys, et cette mer de forêts où nous avons failli périr il y a un mois. Plus à l'est, le Grand-Fleuve creuse son large sillon à travers des alluvions couvertes de cultures, entre deux lignes vertes qui marquent la limite des brousses; il coule majestueusement vers le sud; son confluent avec le Tonlé-Sap, véritable bras de mer, brille comme un diamant sur l'herbe. Là est Pnom-Penh; mais nous ne distinguons pas

les paillottes, pas même le palais de Norodom. Que s'y
passe-t-il à cette heure? Quel complot a été découvert? Quelle
tête va rouler?

Au delà, vers le sud et le sud-est, le Mékong disparaît
dans une plaine indéfinie, où le vert domine encore ; cette
plaine sans fin, c'est la Cochinchine. Enfin, continuant le
tour de l'horizon, les massifs montagneux de l'ancienne île
de Kouklok arrêtent nos regards vers le sud-ouest; mais nous
les dominons, et les chaînes de l'Éléphant, de Cardamom,
de Compong-Som et de Chentaboum ne nous empêchent pas
de contempler par échappées une ligne bleue très nette :
cette ligne, qui forme un contraste frappant avec les contours
vaporeux des terres, c'est l'Océan, c'est le golfe de Siam, la
route de France.

Je ne pouvais détacher les yeux de ce spectacle, en dépit
des fourmis rouges qui nous dévoraient, quand de grands
cris se firent entendre, et nous vîmes les parias, descendus
pour ramasser du bois sec et préparer le déjeuner, accourir
à toutes jambes du côté de notre arbre. Les malheureux
étaient poursuivis par un auroch !

Seraient-ils arrivés assez à temps au pied du chêne? Auraient-ils pu se hisser assez haut pour échapper à cet ennemi
formidable? Je ne sais. L'apparition soudaine de ce taureau
galopant à fond de train me tira comme en sursaut de mes
rêveries sentimentales, et, l'avouerai-je? le réveil fut si
brusque, que je faillis perdre l'équilibre et faire une chute
mortelle. Enfin, je rattrapai ma branche et pus saisir ma
carabine. Déjà Hunter venait de tirer, et ses deux balles
avaient arrêté la course de l'animal furieux. Je redoublai, et
nous descendîmes. Tout cela s'était passé en bien moins de
temps qu'il n'en faut pour le dire. Au pied du chêne, nous

15

Voyage à dos d'éléphants.

trouvâmes les deux parias tremblants de peur, haletants, plus morts que vifs.

Je ne crois pas qu'au sommet de la montagne du Vent il y ait plus de dangers à courir que sur ses versants ou dans les plaines couvertes de forêts vierges ; cependant je déclare qu'à la vue de ce grand bœuf étendu sans vie et de ces indigènes paralysés par l'effroi, nous eûmes presque un remords d'être venus si loin et si haut. La veille, la dépouille d'un tigre ne nous avait pas produit plus d'effet que celle d'un lapin : ce taureau mort nous fit peur. L'imagination, chez l'homme, tue souvent la raison. L'infini nous entourait ; du haut de ce piton nous embrassions tout le ciel ; la terre habitée était bien loin, à peine visible à nos pieds ; nous étions perdus dans les nuages, séparés de nos semblables par des barrières dont notre œil mesurait l'étendue, livrés à nos seules forces dans un désert rempli de dangers : le vertige de l'isolement nous saisit et fut si fort, que nous ne pûmes pas déjeuner.

Après avoir vidé nos gourdes d'alcool de riz, dépouillé rapidement l'auroch et arraché ses cornes tant bien que mal avec nos couteaux de chasse, — une hache eût mieux valu, — nous fîmes nos adieux au plus haut pic du Cambodge, et la descente commença. Le plateau faiblement boisé, presque dénudé, qui forme la crête de la montagne, fut franchi à grands pas ; nous avions le fusil au poing, chargé et armé. Enfin nous retrouvâmes notre ravin ; en nous y engageant, il nous sembla échapper à un grand péril. Un quart d'heure plus tard, Sao et ses Cambodgiens malades nous apparurent ; ils n'avaient pas bougé de place. Cette vue acheva de dissiper notre vertige, et en même temps nous rendit l'appétit, car les nerfs seuls nous soutenaient : il était près de midi, et nous n'avions rien mangé depuis le matin.

« Sao! Sao!

— Captaine! »

Sao dormait.

« Debout! Fais griller ces biftecks, dépêche-toi! Nous retournons à Posat. »

Griller une tranche de venaison est une opération qui n'exige ni gril, ni beurre, ni graisse, ni rien du tout. On la présente à la flamme d'un feu sans fumée, on la sale, — si l'on a du sel, — et on y mord à belles dents. Ce régal paraît exquis. Il est bien plus facile d'assauvager un Européen que de civiliser un sauvage.

Les Cambodgiens se réveillèrent à leur tour.

« *Cou-preï!* Du bœuf sauvage! » se disaient-ils avec terreur.

Ils ne se firent pas prier pour déguerpir, et, la peur leur donnant des jambes, nous arrivâmes de très bonne heure au campement de la veille.

Les trois malades allaient un peu plus mal, et leurs gardiens ne se portaient guère mieux. J'administrai du laudanum au petit mandarin, qui se tenait le ventre en gémissant. Je laissai là deux autres Cambodgiens peu valides, avec de la quinine et du riz, et nous continuâmes la descente avec les débris de l'escorte et les deux parias. On campa le soir devant la mare du cobra; elle retentissait encore des appels du malheureux serpent privé de sa moitié; le lendemain, vers midi, nous atteignîmes enfin sans mauvaise rencontre le village des proscrits.

Après avoir mis en sûreté nos personnes, l'humanité nous faisait un devoir de prendre les mesures nécessaires au sauvetage des huit Cambodgiens restés en pleine forêt; les parias se chargèrent d'aller à leur secours le lendemain, de les ramener chez eux et de les soigner. Je laissai à ces pauvres gens, que leur malheur rendait si sympathiques, un rouleau de vingt-cinq dollars, — une fortune, — de la quinine, de l'ipéca, du camphre cristallisé, une petite fiole de laudanum, un litre entier d'ammoniaque dans un beau flacon blanc bouché à l'émeri : ce bouchon de verre les stupéfia. Enfin, après une nuit humide et fiévreuse, je les quittai, non sans émotion, emmenant deux de leurs enfants pour conduire nos charrettes. Les buffles ont l'intelligence d'aller deux fois plus vite au retour qu'à l'aller, surtout quand il s'agit d'une excursion dans les montagnes, et le soir nous arrivâmes à Lyet. Là, j'achetai deux coqs et des poules couveuses, des canes et des canards, deux cochons mâle et femelle, du riz, des cocos, des bananes. Cet approvisionnement était destiné aux parias, qui ne pouvaient se procurer ni basse-cour, ni arbres fruitiers ; il fut chargé dans un de nos chars et prit la route de la forêt sous la conduite des jeunes proscrits.

Le lendemain soir, notre caravane, réduite de moitié, arriva à Posat ; nous en étions partis depuis douze jours.

Je bâtis beaucoup de châteaux en Espagne pendant cette dernière étape. Je me figurais que nos vivres étaient enfin arrivés, que nous allions être dans l'abondance de toutes choses, et qu'il nous serait possible de continuer le tour du lac. J'eus un désappointement cruel. Rien n'était venu.

Il n'y avait plus dès lors qu'un parti à prendre : retourner à Pnom-Penh, mettre fin au voyage [1]. La santé de mes Annamites ne permettait pas de poursuivre l'expédition dans des conditions aussi mauvaises. Le gouverneur fut avisé de notre départ, et, dans sa joie d'être débarrassé de nous, il envoya sur-le-champ des ordres à Compong-Prac pour qu'on tînt prêt un bateau à rames ; puis, pour hâter notre retour, il mit

[1] Le télégraphe de Pnom-Penh à Posat, Battambang et Bangkok ne fut posé que l'année suivante.

à notre service ses petits éléphants. Si la charrette où l'on peut s'étendre est plus confortable qu'un bât étroit, dur et sans fixité, l'éléphant, du moins, a sur le buffle l'avantage de la vitesse.

Nous arrivâmes à Trapéan-Kantout à cinq heures du soir. Les eaux des trois ou quatre rivières que traversait notre route avaient tellement baissé depuis trois semaines, qu'on n'eut pas besoin de décharger les voitures. Pour aller plus vite, on ne détela même pas. Les Cambodgiens arrosèrent leurs bœufs, les éléphants s'aspergèrent eux-mêmes avec leurs trompes, sous le ventre, sur les flancs, partout, excepté sur leur dos, que nous habitions : cette bête intelligente sait que nous n'aimons pas les jets d'eau.

Je ne vous peindrai point la stupéfaction des gens de Trapéan-Kantout quand ils nous virent arriver.

« Où va le mitop?

— Il retourne à Pnom-Penh.

— Mais les caisses qui viennent d'arriver pour lui à Compong-Prac, par un bateau du roi, avec un mandarin? Il y en a vingt-six, et qui sont si grandes, si lourdes, qu'un homme ne peut les soulever. »

Je ne vous peindrai pas non plus ma joie en apprenant cette nouvelle. Quand on a fait trois mille lieues pour exécuter un projet et qu'on voit ce projet échouer pour une cause secondaire, il y a de quoi maudire la fortune. De retour à Pnom-Penh, il n'en fut plus question, bien entendu.

« Vos vivres seront ici, me dit le vieux gouverneur, avant le coucher du soleil. Ils viennent. Je vous les envoyais à Posat. »

L'ancien ministre des travaux publics nous fit servir, en attendant, un plantureux dîner, où figurait la fameuse sauce que vous connaissez déjà. J'appris le nom de l'herbe qui lui donne un parfum exquis; elle pousse abondamment dans les rizières de certains districts. J'en fis même une ample collection que je destinais à Véfour; mais, hélas! elle fut volée trois jours après.

Les vivres arrivèrent à dix heures du soir. Il y avait beau temps que le soleil était couché. Les caisses étaient accompagnées d'un volumineux courrier; recevoir comme dernières nouvelles de France des lettres et des journaux ayant trois mois de date!... Le jour me surprit dans ma lecture.

Après un déjeuner sommaire, nos chars de vivres, suivis des éléphants, reprirent lentement la route de Posat. Nous la suivions pour la troisième fois. Un courrier à cheval nous précédait, porteur d'une missive dans laquelle je priais le cousin du roi à dîner. Hunter méditait toujours sa petite vengeance.

Qui fut surpris de nous revoir, ce fut Son Excellence, et qui en fut le plus fâché, ce fut ce bon Santi-Pédeï, sur qui retombait tout le tracas causé par la présence de la caravane. Pour la moindre affaire, le gouverneur appelait : Santi-Pédeï! Santi-Pédeï! et le pauvre homme ahuri se mettait en campagne. Sa figure consternée me faisait rire, et, me voyant rire, il riait aussi. Le brave garçon! ce n'est pas de sa faute s'il ne m'a pas suivi en Europe.

Le gouverneur vint à l'heure dite, sept heures. On commença par l'absinthe.

« *Klang! Klang-na!* » répétait-il. C'est fort, diablement fort! Mais il but tout de même la *purée* qu'Hunter lui avait faite pour sa punition.

Le repas fut honnête; Nam s'était piqué d'amour-propre. J'avais promis un dîner à la française ; il fallait tenir parole. Le pain seul manquait. Mais ce qui compliqua fort le service

fut la nécessité de couper les plats en deux : le *tiovay-sroc*
était venu seul, et madame la *tiovay-sroc* voulait sa part.
L'usage ne permet pas aux femmes des grands seigneurs de
se montrer à des Européens. Des boîtes de confitures et de
palmers dont je fis hommage à cette noble dame furent très
bien accueillies. Elle but toute seule sa bouteille de vin, sa
bouteille de bière, son café, son cognac et un grand verre de
peppermint aux accents d'une musique qui ne fut jamais aussi
diabolique que ce jour-là. A neuf heures, son mari se retira,
prétextant un violent sommeil. Je le crus. Hunter était vengé.
L'auguste couple dormit tout juste quatorze heures. Nous
dûmes attendre au surlendemain pour avoir des voitures, et
je ne m'en plaignis pas; un repos de quelques heures n'était
pas inutile avant de nous lancer dans de nouveaux hasards.

Enfin le grand jour du départ se leva; les charrettes vinrent
se ranger en cercle autour de notre paillotte; nous prîmes un
maigre déjeuner qui sera le dernier des derniers à Posat, et
le gouverneur, réveillé à moitié, vint nous redire adieu.
Adieux aussi à la chartreuse et à la bière, après lesquels il a
dû, comme la veille, ne pas mal dormir. Je serrai la main au
bon Santi-Pédeï en l'assurant que je ne reviendrais plus, et
vers une heure de l'après-midi nous roulions avec une sage
lenteur dans les ornières bourbeuses qui s'appellent la route
de Battambang.

CHAPITRE XVII

Pendant que nos buffles à la pesante allure cheminent paisiblement vers la frontière siamoise, nous n'avons rien de
mieux à faire que de réfléchir au résultat minéralogique des
dernières explorations. Ce que nous avons vu, ce que ra-
content les indigènes, ce que trouvent les mineurs birmans
qui parcourent chaque année la région, et cela de mémoire
d'homme, tout concourt à prouver que l'or et différentes
pierres précieuses, — parmi lesquelles le diamant et le saphir
bleu, — existent dans le massif montagneux du Cambodge
méridional. Faut-il s'en étonner? La configuration du pays,
l'orientation des chaînes de montagnes faisaient-elles prévoir
que des minéraux précieux se trouveraient sur ces rivages
du golfe de Siam, comme ils se trouvent en Californie, au
Pérou, sur la Côte d'Or, dans la Nouvelle-Galles du Sud?

Si l'on tire des travaux les plus récents de plusieurs géologues connus, notamment de MM. Daubrée et de Lapparent,
leurs conclusions naturelles, une telle prévision n'a rien d'impossible; du moins ces inductions rentrent dans la catégorie
des songes qu'il est permis de faire dans un carrosse·cam-

bodgien. Voici donc ces inductions ou ces songes, comme on voudra les nommer.

Il paraît hors de doute, après les recherches des savants géologues dont'il vient d'être question, que l'écorce terrestre a été soumise à de puissants efforts mécaniques qui, — fait remarquable, — se sont exercés horizontalement, produisant tantôt des arrachements, tantôt des refoulements; tantôt étirant les strates rocheuses, tantôt les contournant, les repliant sur elles-mêmes. En un mot, ces efforts mécaniques horizontaux, quelle qu'en soit l'origine, sont de deux genres distincts : les uns sont des pressions, des efforts de refoulement; les autres sont des tractions, des efforts d'arrachement et de dislocation.

Dans l'intérieur du sol, ces efforts ont eu pour effet de diviser les roches en couches sensiblement parallèles, séparées par des surfaces de joints; c'est suivant ces surfaces que les glissements relatifs des couches se sont effectués. Ces efforts mécaniques ont en même temps produit les failles, accidents analogues aux joints; ces derniers ne sont, en effet, que de petites failles ou *faillules,* comme les appelle M. Daubrée.

A l'extérieur, les mêmes efforts mécaniques ont eu un résultat au moins aussi important. En bosselant la surface terrestre, en y produisant des dépressions, des rides et des rejets, ils ont modelé le relief externe du globe, soulevé les grandes chaînes de montagnes et creusé les grandes vallées, les grands bassins fluviaux et maritimes. Les agents atmosphériques sont ensuite venus modifier plus ou moins, mais en général d'une manière à peine sensible, le relief externe apparent.

Ainsi les efforts mécaniques que l'écorce terrestre a subis ont modelé son relief extérieur; en même temps, elles ont déterminé des crevasses dans l'épaisseur de cette écorce, et

il est hors de doute que ces crevasses se sont étendues jusqu'au noyau interne liquide, car elles sont injectées de filons
métalliques, et les matières en fusion dans l'intérieur du globe
ont pu, par ces conduits naturels, se faire jour jusqu'à la surface de l'écorce.

Ces épanchements métalliques sont, du reste, — et cela se
conçoit, — fréquemment accompagnés de phénomènes congénères, éruptions de sources thermales, solfatares, voire
même éruptions volcaniques, dernier terme de la série de ces
phénomènes dus à la désagrégation de l'écorce terrestre sous
des efforts mécaniques horizontaux.

Ici une remarque est indispensable. Une traction exercée
sur l'écorce terrestre peut désagréger et disloquer cette
écorce, elle peut y produire des fissures et les maintenir ouvertes, c'est-à-dire en état de livrer passage aux métaux, aux
gaz et aux laves du noyau central.

Au contraire, une poussée horizontale, un effort de com-
pression ou de refoulement, comprime le sol terrestre, ren-
force sa résistance et empêche les couches liquides sous-
jacentes de se faire jour jusqu'à la surface libre, en dépit de
la pression des couches solides qui reposent sur elles.

Ainsi la fréquence ou l'absence des filons métalliques ou
de tous autres phénomènes éruptifs peut tenir au double jeu
des efforts horizontaux dont l'écorce terrestre paraît avoir été
le siège, tantôt pression, tantôt traction.

Quelles sont donc les régions du globe où l'effort a agi
comme traction? C'est ce qu'une étude même sommaire
d'une mappemonde ou des cartes d'ensemble permet de
reconnaître aisément. Il est facile, en effet, de se rendre
compte de ce que toute zone déprimée en forme de bassin ou
de cuvette naturelle est forcément dans son ensemble le siège

d'une traction; de même toute zone montagneuse compacte est dans son ensemble le siège d'une pression; c'est, en effet, cette pression même qui a produit l'entassement des couches rocheuses dont le massif est résulté.

Mais il importe de distinguer dans tout massif montagneux, dans toute chaîne montagneuse, deux versants, et c'est ce que les cartes montrent bientôt.

L'un des versants (celui tourné vers le nord) est, en effet, toujours soumis à une pression; l'autre versant (celui tourné vers le sud) paraît tendre à se désagréger sous l'effort d'une traction.

Enfin toute région de nature volcanique, du moins toute région qui présente des volcans en activité, est soumise à un effort de traction; car des efforts de refoulement auraient pour premier résultat d'obturer les évents volcaniques.

Jetons maintenant un coup d'œil sur la carte de l'Inde : nous reconnaîtrons qu'au nord de la grande barrière rocheuse de l'Himalaya, les phénomènes éruptifs, ainsi que les gisements métallifères doivent être fort rares. De ce côté de la chaîne, en effet, c'est un effort de refoulement qui s'est exercé. Au sud de cette barrière, les péninsules de l'Hindoustan et de l'Indo-Chine constituent des zones soumises à une traction mécanique considérable. L'Indo-Chine en particulier, par sa forme allongée, par la structure rayonnante de ses chaînes et de ses cours d'eau, indique la dilatation à laquelle son sol est soumis. Ses fleuves, le Soncoï, le Mékong, le Ménam, le Salouen, l'Iraouaddy, forment un système hydrographique rayonnant, et les chaînes qui les séparent paraissent être des contreforts détachés de l'Himalaya oriental par un mouvement progressif de rotation ou d'arrachement, dont le plateau du Yunan serait le centre.

Aucune région, si ce n'est peut-être le bassin californien, ne présente avec la même netteté les caractères d'une zone disloquée et dilatée par un effort de traction progressif. De là vient peut-être l'abondance des gisements métallifères dans toute cette région, abondance qui continue à se manifester dans les chaînes du Dékan, et dégénère en manifestation volcanique intense dans l'archipel de la Sonde [1].

Quoi qu'il en soit, si le Cambodge possède des gisements aurifères suffisamment riches pour être exploités, si l'on démontre bientôt que ces gisements existent non seulement au Cambodge, mais encore au Tonkin, il est fort probable qu'un grand courant d'émigration se portera de leur côté et que les imaginations s'échaufferont en France et dans toute l'Europe comme elles se sont échauffées à l'époque de la découverte des placers californiens et australiens. On se dira que les gisements de Californie, découverts en 1848, ont fourni à eux seuls, pendant les huit premières années, une quantité d'or représentant une valeur de 2 milliards et demi de francs; que les terrains aurifères des monts Ourals avaient donné aux Russes, dès 1856, — et comme compensation à la guerre de Crimée, — un capital d'un milliard 800 millions; qu'enfin les placers australiens, découverts en 1851, avaient fourni, cinq ans après, une masse d'or de 2 milliards et demi de francs, laquelle masse fut figurée à l'Exposition universelle de Londres (1862) par un obélisque de 21 mètres de hauteur et de 3 mètres de côté à la base. L'attrait du précieux métal est tellement irrésistible que je ne songe guère à retenir les gens fascinés par l'appât des pépites; les réflexions que je vais leur soumettre ne les arrêteront pas, mais elles pour-

[1] Boulangier, capitaine d'état-major, *Études sur le relief du sol.* (Paris, Dunod.)

ront du moins servir à leurs recherches et leur épargner plus
d'un déboire.

Voici d'abord quelques renseignements généraux que j'em-
prunte à l'*Histoire des minéraux usuels* de M. Jean Reynaud[1] :

« L'or ne se trouve guère dans la nature qu'à l'état métallique ; il y existe cependant, dans quelques minéraux fort
rares, à l'état de combinaison avec un corps simple nommé
le tellure. L'or métallique a son gisement primitif dans les
filons qui traversent les terrains anciens, comme le granit,
le schiste argileux, etc. Il est répandu dans ces filons en
petits grains, en paillettes et en ramifications, logés au milieu des matières dont ces filons sont remplis. Tantôt il est
avec du quartz ou du calcaire ; tantôt il est mélangé avec
d'autres minerais, notamment avec du minerai de cuivre ou
d'argent, et, dans beaucoup d'endroits aussi, en particules
presque infiniment petites, dans du fer sulfuré.

« On le retire de ces minerais, soit en le traitant par le
mercure, soit en le fondant avec du plomb (par le procédé dit
de *la coupellation*)[2]. Quant à la séparation de l'or et de l'argent, elle se fait par le moyen de l'acide nitrique, qui dissout
l'argent et ne dissout pas l'or.

« Dans ses divers gisements, l'or est toujours dans un
grand état de dissémination ; pour en donner l'idée, il suffit
de dire que l'on exploite avec avantage des filons de sulfure

---

[1] Hachette, éditeur.

[2] On opère dans un *fourneau à réverbère*; le vent d'un soufflet est dirigé sur la
surface du plomb ; l'oxyde de plomb, qui est très fusible et plus léger que le métal,
s'écoule par une petite rigole à mesure qu'il se produit, et, après une douzaine
d'heures environ, tout le plomb étant converti en oxyde et sorti du fourneau, on
voit apparaître, comme sous un voile qui se déchire, la surface brillante d'un gâteau
d'argent (allié à l'or). Ce signal, que l'on nomme l'*éclair*, marque la fin de l'opération.

de fer, qui n'en contiennent qu'un deux cent millième, c'est-à-dire qu'il faut sortir de la mine deux cent mille kilogrammes de minerai pour en extraire un seul kilogramme d'or. Cela peut faire comprendre comment il se fait que l'or soit un métal si cher (il vaut 3 400 francs environ le kilogramme), et comment une mine d'or est la plupart du temps, malgré le préjugé vulgaire, une fort maigre propriété.

« C'est dans les terrains d'alluvion provenant de la désagrégation des roches où était son gisement primitif, que se trouve la plus grande partie de l'or que l'on ramasse annuellement pour le jeter dans le commerce. Il est en grains et en paillettes disséminés dans une argile rougeâtre plus ou moins sableuse. En lavant cette terre, suivant des procédés analogues à ceux qui servent au lavage des terres qui renferment les pierres précieuses, on opère la séparation de l'or [1]. On est, en général, obligé de faire subir à la terre aurifère un premier lavage sur place, à l'aide d'un ruisseau que l'on fait tomber en cascade à sa surface ; puis, lorsqu'on a ainsi obtenu un résidu suffisamment riche, on le lave à la main dans des espèces de gamelles, au fond desquelles les paillettes se déposent. Il y a un grand nombre de fleuves et de ruisseaux qui exécutent eux-mêmes ce premier lavage sur la terre de la

---

[1] La terre de laquelle on extrait les diamants porte au Bresil le nom de *carcalho*. On extrait le carcalho du fond même des rivières où il a déjà subi un premier lavage qui l'a rendu plus riche ; on le transporte de là dans de vastes ateliers destinés aux lavages particuliers ; il y est remué, avec des espèces de râteaux, sur de grandes tables inclinées, à la partie supérieure desquelles arrive un courant d'eau continuel ; après un quart d'heure environ, toutes les parties terreuses sont enlevées, et il ne reste plus que le gros gravier, dont on fait le triage à la main afin d'en séparer les diamants. Ce sont des nègres qui sont chargés de ce travail ; ils sont intéressés à son succès par des primes qu'on leur accorde en raison des diamants qu'ils découvrent ; celui qui en trouve un de 17 carats est mis en liberté. Les diamants bruts valant 48 francs le carat, terme moyen, et leur valeur étant proportionnelle au carré du poids, il s'ensuit que les esclaves payent leur rançon à raison de $17 \times 17 \times 48 = 13 872$ francs.

vallée où ils coulent, et qui accusent en divers endroits de
leur cours une terre assez riche pour que des ouvriers
puissent gagner leur vie en s'occupant du lavage. Cette industrie, qui est fort simple, convient parfaitement à des
peuples peu civilisés, et qui n'en ont pas d'autre; aussi l'or,
malgré sa haute valeur, est un des métaux que possèdent
les tribus les plus sauvages[1]; et l'on sait, par de nombreux
témoignages historiques, qu'il était déjà très répandu parmi
les hommes dès la plus haute antiquité. Il est même possible
que dans les premiers temps il y ait eu à la surface de certains pays, et notamment en Espagne, d'où les Phéniciens
tiraient tant d'or, une plus grande quantité d'or qu'il n'y en
a aujourd'hui, et que, comme il a été partout ramassé avec
grand soin, il y soit naturellement devenu beaucoup plus
rare. Ainsi, lors de la découverte du Pérou, on trouvait fréquemment à la surface du sol des morceaux d'or de la grosseur d'une amande et au delà; actuellement de pareilles ren-
contres ne s'y font presque plus.

« L'or est donc un des métaux les plus répandus, puisqu'il
n'y a guère de terres, ou de sables de rivières, qui n'en contiennent au moins un peu: on pourrait presque dire qu'il y
en a partout; on en a trouvé jusque dans les cendres des végétaux. Mais en même temps il est un des plus rares, à cause
de l'état extrême de division dans lequel il se trouve. Il est si
peu concentré dans ses gisements que jamais il ne s'y trouve
en masse, et que l'on peut presque dire qu'une mine d'or est
quelque chose de chimérique. »

[1] Dans son voyage au Tonkin et au Yunan, M. Dupuis raconte que les peuplades
Muongs, dont le pays comprend toute la vallée de la Rivière-Noire, affluent du
fleuve Rouge, possèdent un grand nombre de mines d'or qui leur permettent de
commercer avec les Chinois du Yunan. « Les Muongs ont de l'argent, beaucoup
d'argent. On m'a assuré que les femmes, en venant au marché, jouent jusqu'à perdre
des milliers de francs, et retournent le soir tranquillement dans leur village sans
plus de souci que l'espoir de rattraper leur argent à la première occasion. »

Après ces renseignements généraux, je vais énoncer un principe applicable aux recherches aurifères dans toute l'Indo-Chine, puis je fournirai quelques explications particulières relativement à la bonne direction de ces recherches.

Le principe est celui-ci : il ne faut pas songer, pour le moment, à tirer parti des filons d'or qui *peuvent* exister dans les montagnes de formation primitive ; ces placers, *quelle que soit leur richesse,* sont absolument inexploitables, à cause des bois qui les entourent. Tout ce que j'ai dit précédemment sur l'insalubrité des forêts vierges n'est point exagéré, et, pour citer un fait très concluant, j'ajouterai qu'il existe dans la province de Battambang une mine de saphirs très puissante, découverte il y a une vingtaine d'années. Un riche Birman vint l'exploiter avec quinze mille de ses compatriotes ; peu d'années après, il n'en restait pas quinze cents. Neuf sur dix ont succombé sur place à la fièvre pernicieuse, et les Cambodgiens ne se soucient pas de les remplacer. Je souhaite que la leçon profite aux Européens, jusqu'au jour, sans doute très éloigné, où les conquêtes de la civilisation sur le domaine des brousses auront rendu cette contrée plus salubre. Comment s'y prendra-t-on pour gagner du terrain ? La question d'assainissement est assez complexe parce qu'elle dépend avant tout de nécessités financières. Le long des rivières, on pourra peut-être faire des coupes de bois, défricher et ensuite mettre en culture ; loin des rivières, il faudra sans doute employer le feu comme moyen de destruction et de purification.

Étant admis que les investigations doivent se limiter, quant à présent, aux plaines déboisées, je demande la permission de distinguer les différentes espèces de sable que rencontrera le pionnier ; ce qui suit est un peu aride, mais bien moins cependant que le métier de chercheur d'or.

16

Si l'on place des fragments anguleux de roche dans un cylindre rempli d'eau, et si l'on fait tourner le cylindre autour d'un axe horizontal avec une vitesse d'un mètre par seconde, les fragments se transforment bientôt en galets, en sable et en limon. Prenez les roches les plus dures et les plus répandues dans les terrains détritiques, par exemple, le granit commun et le quartz. Des morceaux à arêtes vives, détachés au marteau et ayant la grosseur du poing, s'arrondissent complètement dans le cylindre, après un parcours de vingt-cinq kilomètres, et se transforment en galets identiquement pareils aux galets naturels. En continuant le mouvement de rotation, les fragments anguleux de la grosseur d'une noisette se réduiront en sable, et ce sable appartiendra, suivant le degré de détrituration, à l'une des catégories suivantes : sable grossier, sable poli, sable demi-fin, sable fin. Enfin, au dernier degré de l'échelle se trouve placé le limon.

Les choses se passent ainsi dans la nature, et si primitivement des parcelles d'or étaient encastrées dans la roche, ces parcelles subissent les effets de la désagrégation aqueuse, traversant les différentes périodes ci-dessus décrites, et finissent par atteindre une extrême ténuité.

C'est au limon, aux sables fins et demi-fins, que le chercheur d'or aura le plus souvent affaire, parce qu'on le trouve très généralement dans les plaines; les matériaux de plus grosse dimension s'arrêtent près des sources des rivières, dans les montagnes inaccessibles.

Le limon charrié par les eaux qui descendent de terrains anciens, les seuls où il y ait chance de rencontrer des placers, est tellement impalpable qu'il reste plusieurs jours en suspension dans l'eau avant de se déposer. Il est très plastique; par la dessiccation, il se prend en masses assez solides pour résister au marteau. Il est parsemé de petites lamelles

de mica, et c'est une preuve qu'il provient de la destruction
du granit. Cette boue plastique se distingue de l'argile en
ce qu'elle reste fusible au chalumeau; l'argile infusible provient d'une décomposition profonde des silicates.

Le sable fin résulte, soit d'une simple désagrégation d'un
granit dont le feldspath est en décomposition, soit d'une véritable pulvérisation qui donne naissance en même temps à une
forte proportion de limon et à un peu de sable. Les fragments
les plus gros de ce sable n'ont pas un diamètre supérieur à un
quart de millimètre, et ils ne sont arrondis qu'accidentelle-
ment. On reconnaît à la loupe qu'ils sont entièrement com-
posés de quartz en fragments anguleux, entremêlés de paillettes de mica que le chercheur d'or un peu novice devra se
garder de confondre avec des paillettes métalliques. Le feldspath a disparu à peu près entièrement, quoiqu'il domine de
beaucoup dans la roche granitique. Il est entièrement passé
dans le limon, grâce à la facilité de ses clivages.

Le sable demi-fin ou gravier résulte de la désagrégation
sur place des roches granitiques; c'est le *transport* qui le fait
passer à l'état précédent. Dans ce phénomène de décomposition sur place, le quartz s'isole en petits fragments anguleux, de formes irrégulières, sans indices de faces cristallines, et il est entremêlé, non seulement de mica, mais de
fragments de feldspath. La présence de ce dernier minéral
permet de distinguer facilement le sable demi-fin du sable
fin, et aussi du sable grossier qui provient, non plus d'une
action aqueuse, mais de l'écrasement des roches. Dans le
sable demi-fin, le quartz n'est pas en général transparent,
quand on l'examine en gros grains; il paraît faiblement trans-
lucide et, pour ainsi dire, fumé. Il en est de même le plus
souvent des pierres précieuses qu'il renferme; sur vingt fragments de saphir ou de rubis, il n'y en a pas trois qui aient

quelque valeur commerciale. Ce défaut de transparence est
produit par de petites fissures qui traversent les pierres; ré-
duisez-les en fragments plus petits, elles deviendront parfaitement limpides. Le mal est qu'on ne puisse pas dire d'un
diamant brisé comme d'un lingot coupé en quatre : les morceaux en sont bons.

Après avoir appris à distinguer les limons et les sables où
il y a chance de trouver de l'or, il reste à savoir discerner
du premier coup les points où le précieux métal s'est néces-
sairement concentré. Je ne puis, à ce sujet, mieux faire que
de présenter aux futurs orpailleurs du Cambodge et du Tonkin le résumé des règles suivies par les orpailleurs du Rhin,
car le Rhin aussi est aurifère ; son plus grand tort est de ne
pas arroser le fond de l'Asie.

Voici ces règles, d'après M. Daubrée :

1° Les bancs riches sont ceux formés à quelque distance à
l'aval d'une rive, ou d'une île de gravier, corrodée par le
courant; ces bancs résultent par conséquent du transport du
gravier, tantôt sur quelques mètres seulement, tantôt sur un
kilomètre, ou même davantage. C'est à l'amont des bancs
formés à peu de distance de la corrosion que se trouvent
accumulées les paillettes, presque toujours au milieu du gros
gravier; cette tenue exceptionnelle s'étend jusqu'au fond du
creux rempli pár le banc. Il sera inutile de descendre et de
chercher au-dessous. — Les bancs formés loin du point cor-
rodé sont en général peu riches.

2° Chaque année, pendant la saison des pluies (juin-
novembre), les rivières débordent et forment des ensable-
ments au delà de leurs rivages, ou des îles sablonneuses au
milieu de leur lit. Ces atterrissements, ainsi formés par des
courants latéraux, renferment des parties riches au milieu du
gros gravier.

3° Il convient que l'orpailleur étudie soigneusement la configuration du lit de la rivière pendant la saison sèche, de
manière qu'après la saison des pluies il reconnaisse tous les
transports de gravier qui ont eu lieu. Il faut qu'il commence
l'exploitation aussitôt que les eaux le permettent, parce que
les bancs aurifères s'appauvrissent par l'effet du courant, qui
déchausse les cailloux et emporte les paillettes d'or au loin.
— Les bancs seront d'autant plus riches que l'eau se sera
retirée plus lentement.

4° L'essai des sables est une opération préliminaire indispensable, si l'on veut être sûr de faire un travail rémuné-
rateur.

Dans le sable fin, l'or existe en particules invisibles, et il
faut recourir à un lavage; on traitera le résidu par l'eau
régale et par le mercure. Ce cas s'est présenté pour une
exploitation aurifère installée en 1881, à proximité de Pnom-
Penh; j'ignore si elle a réussi.

Pour le gravier renfermant des paillettes, on se conten-
tera de la pelle d'essai qui donne une idée très approximative de la richesse, en prenant la moyenne de quatre ou cinq
expériences. On pèse la pelletée de gravier, puis les paillettes
qui restent sur la pelle. Avec un peu d'habitude, il suffit
d'examiner leur nombre et leur grosseur.

En lavant du gravier pris au hasard dans le lit du Rhin, et
considéré par les orpailleurs comme stérile, M. Daubrée a
trouvé une teneur de huit billionnièmes d'or en poids. Il
a calculé, d'après cela, que le lit du Rhin entre Istein et
Manheim, sur une superficie de 93 600 hectares et sur une
profondeur de cinq mètres de sable, renferme au minimum 52 000 kilogrammes d'or, et ce poids d'or représente
une valeur de 166 millions de francs. Malheureusement
les frais d'extraction s'élèveraient à une somme beaucoup

plus forte. Je souhaite qu'il n'en soit pas de même en Indo-Chine.

Le sable exploité habituellement dans le Rhin a une richesse moyenne de 15 à 10 cent-millionnièmes ; la richesse maxima est de 6 dix-millionnièmes. Cette richesse maxima correspond par mètre cube de sable à un poids d'or de 1 gr. 0 11, valant environ 3 fr. 40, et le gain d'une journée de travail de neuf heures (pendant laquelle l'ouvrier aura lavé 3 mètres cubes de sable), doit être évalué à 11 fr. 10. Mais il s'agit des teneurs les plus fortes ; la richesse moyenne des sables du Rhin correspond à une teneur d'or de 0 gr. 234 par mètre cube de sable, et le prix moyen de la journée de l'orpailleur ne dépasse pas 2 fr. 45. Au Cambodge — comme au Tonkin — un coolie chinois ou annamite ne se payera guère plus d'un franc par jour ; c'est le tarif de Cochinchine. Si donc la teneur moyenne des alluvions aurifères était celle des sables du Rhin, il y aurait peut-être quelques bénéfices à réaliser, mais bien faibles ; pour que ces bénéfices compensent les désagréments et les risques d'un exil aussi lointain, il ne faut pas que la richesse des terrains exploitables descende au-dessous de 1 gramme par mètre cube. Ce chiffre est-il atteint sur des districts suffisamment étendus ? Il serait prématuré de se prononcer aujourd'hui sur cette question, bien que certains indices et de nombreux renseignements, — recueillis pour la plupart auprès des indigènes — donnent à croire que les gisements aurifères de l'Indo-Chine ne sont pas des mythes. Des recherches nouvelles, des expériences précises et nombreuses ne peuvent manquer de se faire dans un avenir prochain ; et les chercheurs d'or feront bien d'attendre le résultat de ces recherches avant de se mettre en route.

QUATRIEME PARTIE

VOYAGE A BATTAMBANG

CHAPITRE XVIII

26 décembre 1880 - 2 janvier 1881. — Rencontre de Birmans. — Passage de la
frontière siamoise. — Querelle avec un Chinois. — Les provinces de Battambang
et d'Angcor, conquises par les Siamois, sont cambodgiennes. — Chasse au cerf.
— Les moustiques. — Chasse au buffle sauvage : duel de deux solitaires.

27 décembre.

La distance est longue de Posat à Battambang : près de
soixante milles à vol d'oiseau ; et la lenteur de nos attelages
ne contribue pas peu à allonger la route ; nous suivons deux
ornières dans lesquelles les roues des voitures tournent
comme elles peuvent ; l'inondation s'est retirée depuis quinze
jours seulement, et les terres n'ont pas eu le temps de durcir
au soleil.

28 décembre.

Vingt-quatre heures après avoir quitté Posat, nous arrivions
au dernier village cambodgien, *Soaï-Ankéo*, situé au bord
d'une rivière qui marque la frontière siamoise. Une troupe
de Birmans nous y avait précédés et occupait la *sala* des
voyageurs. On la fit déloger, non sans peine. Ces Birmans

sont des hommes de grande taille, au visage farouche. Ils portent les cheveux longs, incultes, et laissent pousser sur leur figure patibulaire tout ce qu'ils ont de poils; du haut en bas, repoussants de saleté. Quelle différence de type et d'aspect avec le Cambodgien, qui se tient propre et n'inspire pas le dégoût, malgré toute sa misère! Pour un rien, me dit Hunter, ces gens-là vous couperaient la tête. Peste! ils n'y vont pas de main morte, ces Birmans féroces. En effet, ils ont des sabres, et non seulement des sabres, mais encore des fusils portant la marque des meilleures fabriques anglaises. Cela nous inspire des soupçons. Avons-nous pour voisins des voleurs? Mais non. Ce sont des chercheurs d'or et de pierres précieuses. Ils attendent, pour continuer leur route vers Battambang et Bangkok, deux des leurs qui sont encore en exploration dans les montagnes de Posat. Leur récolte, disent-ils, n'a pas été mauvaise, en diamants surtout; mais ils refusent de nous la montrer. Par réciprocité, l'idée leur est venue sans doute que nous ne sommes pas la crème des honnêtes gens.

Ce que j'admire le plus dans leur équipage, ce sont les tentes sous lesquelles ils se disposent à dormir. Imaginez tout simplement un sac en toile long de deux mètres et fendu dans le sens de la longueur. Vous plantez en terre un piquet de soixante centimètres, muni d'un petit anneau à son sommet. A cet anneau l'homme attache, à l'aide d'une courroie, l'une des extrémités du sac, dans lequel il s'introduit et s'enferme. La toile tendue par le piquet ne touche pas son visage; un petit trou est ménagé pour le renouvellement de l'air, et la respiration ne se trouve pas incommodée. Je ne sais si cet engin serait susceptible d'application en France, du moins pendant l'été; dans la zone intertropicale il suffit à garantir du froid, et j'ajoute que les indigènes grelottent, quand nous trouvons, nous autres Européens, qu'il fait encore passablement chaud.

Pendant cet examen, Hunter se querellait violemment avec le misroc et les charretiers de l'escorte. L'usage ne permet point, disaient ceux-ci, aux charrettes cambodgiennes de franchir la rivière et de pénétrer sur le territoire siamois. Je trouvai cet usage détestable et décidai que les chars de Posat passeraient avec nous la frontière et ne reviendraient que le lendemain. L'exhibition des lettres de Norodom et d'un petit faisceau de verges coupa court à toute objection.

Le soir, arrivée au premier village siamois qui porte le nom de *Chréo*. Toujours les mêmes jungles marécageuses; mais, en revanche, pas de charrettes à Chréo; les gens de Posat durent nous conduire le lendemain matin au village suivant nommé *Oveng*. Pour cinquante noms que j'ai oubliés, je me souviendrai toujours de celui-là; il me rappelle une aventure typique dont un Chinois fut le héros. Ce Chinois n'avait pas d'autre titre que celui de gendre du misroc, et pendant que son respectable beau-père se mettait en quatre pour installer le campement, il lui prit fantaisie de nous demander de quel droit nous prenions les chars du village.

« Vous êtes ici dans le Siam, criait-il; je ne connais pas les ordres de Norodom. »

Au fond ce Céleste peu accommodant n'avait pas tort, mais il gâta sa thèse par des impertinences :

« Je ne suis pas misroc, mais je suis aussi puissant que le misroc, et, si je veux, j'arrêterai vos voitures. »

Hunter lui répondit par un coup de poing britannique. Le Chinois, grand et fort comme les colosses de Pékin, voulut riposter : Nam se jeta sur lui, retint son bras, et, se dressant sur ses petites jambes, lui allongea du revers de la main de légers soufflets. C'est la suprême insulte. Le fils du Ciel avait *perdu la face* et poussait des cris épouvantables en gesticulant dans le vide.

« Où est mon fusil? hurlait-il. Apportez-moi mon fusil!

— Ton fusil! fit Hunter. Attends un peu... »

Un deuxième coup de poing fit jaillir le sang des naseaux de l'animal et le mit en complète déroute. Nam continua la poursuite, armé d'un parasol. Trente solides Cambodgiens du village avaient assisté à la scène, impassibles; ils détestent les Chinois. Comme oraison funèbre du nez de son gendre, le beau-père misroc dit simplement :

« C'est bien fait. Je suis le maître ici. Mais ne dites rien au gouverneur. »

Et il nous fit la grâce de déjeuner... avec nos Annamites.

Cette chinoiserie ne s'est point renouvelée pendant tout mon séjour dans le royaume de Siam. Nous avons quitté le Cambodge; nous sommes entrés dans la principauté de Battambang; nous irons dans celle d'Angcor, et dans ces deux provinces, comme dans une grande partie de celle de Chentaboum, nous ne rencontrerons que des Cambodgiens, nous n'entendrons que l'idiome khmer, les lettres de Norodom aplaniront toutes les difficultés, et il nous semblera que nous ne sommes point sortis de son royaume. Et en effet, si nous avons franchi une limite politique, nous parcourons une contrée exclusivement cambodgienne par les mœurs, par le langage, par les sympathies; cette contrée a pu être annexée par les Siamois, à la suite d'une guerre heureuse; mais l'assimilation ne s'est pas faite le moins du monde.

Le chef de la principauté de Battambang n'est pas un gouverneur ordinaire, comme ceux de Posat et de Compong-Soaï; il porte le titre siamois de *tiocoun,* c'est-à-dire duc; c'est un véritable vice-roi qui a des gouverneurs (tiovay-sroc) sous ses ordres. *Catatone*, — c'est le nom de ce grand personnage, — était vice-roi de Battambang avant l'annexion siamoise ; il tenait le pouvoir de son père, et la cour de Bangkok n'a pas osé le lui enlever. Il possède encore les principaux attributs de la royauté, hérédité dans sa famille, droit de frapper monnaie, droit de vie et de mort sur ses sujets. Il paye un tribut annuel à l'empereur de Siam (*pratiao*, roi des rois) et ne doit acheter d'armes à feu qu'à l'arsenal de Bangkok. Son vasselage, on peut le dire, est effectif et nominal tout ensemble, car on paraît, sur les rives du Ménam, craindre Catatone, qui est idolâtré de ses Cambodgiens, et en tous cas on le ménage. Le gouverneur de la province d'Angcor est également héréditaire ; il porte un titre équivalent à celui de comte, et il est cousin ou neveu du *tiocoun*. Ces deux provinces d'Angcor et de Battambang sont à tous les points de vue les plus beaux restes de la civilisation cambodgienne, et depuis que son drapeau flotte à Pnom-Penh, la France ne peut se désintéresser ni de leur présent, ni de leur avenir [1].

---

[1] L'annexion de Battambang et d'Angcor au royaume de Siam a été reconnue par la France en 1864. Je ne ferai aucun commentaire sur ce traité, qui peut servir de pendant à celui de 1874 conclu avec l'Annam ; mais il me sera permis de citer l'opinion de Francis Garnier :

« Nos diplomates sont, en général, aussi ignorants des intérêts de la France, dans ces régions lointaines, que leurs collègues sont habiles. Parcourant pendant leur carrière les cinq parties du monde, brusquement rappelés d'Amérique pour traiter une question en Asie, ils manquent presque partout de l'expérience des hommes et des choses, et compromettent par leur insuffisance les causes qu'ils sont chargés de soutenir. De mesquines rivalités divisent presque toujours les deux départements ministériels, marine et affaires étrangères, de qui relève notre action extérieure...

« Les affaires de la Cochinchine fournissent plusieurs exemples attristants de ce regrettable antagonisme, de ce défaut de direction politique et d'esprit de suite. Le ministère des affaires étrangères réclamait l'évacuation de la colonie, pendant que le ministère de la marine s'efforçait de la conserver. Celui-ci a vivement protesté contre les empiétements des Siamois sur le Cambodge, royaume aujourd'hui placé sous notre protectorat ; celui-là les a fait consacrer par un traité récemment conclu. » (Fr. Garnier, *De Paris au Thibet*, 1872.)

30 décembre.

En quittant le village d'Oveng, on entre dans une grande savane couverte d'herbes peu épaisses, plantée d'arbres rabougris et clairsemés. La route que nous suivions longeait d'assez près la laisse de l'inondation du Grand-Lac ; Hunter avait donc des chances de rencontrer du gibier.

« Les Cambodgiens, disait-il, ont déjà brûlé la jungle ; nous pourrons bien voir des cerfs. »

La perspective d'un excellent rostbeef ne me déplut pas du tout, mais déjà les fatigues du voyage avaient calmé ma fougue cynégétique, et peu de temps après le départ, je m'endormis sous le rouf de ma charrette, pendant qu'Hunter et Nam, perchés sur des chars découverts, inspectaient l'horizon.

Au bout de deux heures de marche, ma voiture s'arrêta brusquement et je me réveillai.

« Qu'y a-t-il ? dis-je à l'automédon.

— *Prô ! Romang ! Samsop ! Samsop-na !* Des cerfs ! des antilopes ! Il y en a trente, plus de trente ! »

Je sortis précipitamment de mon cercueil et je vis Hunter qui se glissait en courant dans les herbes, l'échine pliée en deux. Nam le suivait, armé d'une carabine, puis Sao, tenant les lévriers couplés. Bientôt ils eurent disparu derrière les arbres sur la droite du chemin. Toute la file des voitures s'était arrêtée.

« *Ina ! Ina ! Samsop ! Sèsop !* me criait mon Cambodgien. Là-bas ! là-bas ! ils sont trente, quarante ! »

Mais ces gens-là ont des yeux de lynx ; je ne vis rien du tout. Laissant là les voitures, je m'avançai de cinq cents mètres dans la direction du frayé, avec le chef de l'escorte, et je me cachai derrière un massif d'arbustes qui semblait un endroit favorable pour suivre la chasse.

Comme nous nous installions, deux détonations retentirent
à notre droite, très loin, et furent immédiatement redoublées.
Je continuais à ne rien voir.

« Eh bien! fis-je à mon homme, *traou-té?* touché? »

Lui non plus ne voyait rien; le troupeau fuyait bien loin de
nous.

Une demi-minute ne s'était pas écoulée, que le mandarineau se mit à crier de plus belle :

« Aia! aia! *Romang! Mienn-cla!* Les cerfs! il y a un
tigre! »

Cette fois, par exemple, je les vis au nombre de trois; mais
en fait de tigre, il n'y avait que les deux Australiens qui galo-
paient à leurs trousses avec des bonds désespérés. Cette
course magnifique se dirigeait droit sur nous, d'où il fallait
conclure que les fugitifs avaient fait un crochet brusque, soit
pour échapper à la poursuite des chiens, soit pour éviter le
tigre. Mon guide faisait gratuitement cette dernière hypothèse;
mais les Cambodgiens voient des tigres partout.

Je n'eus pas le temps d'admirer assez ce concours de
vitesse qui n'aurait pas tourné à l'avantage des cerfs et se
serait fatalement terminé par une bataille rangée à coups de
dents et à coups de cornes. Quand l'escadron passa devant
mon arbre, à une trentaine de mètres, je lâchai mes deux
coups de feu, puis je courus en rechargeant. Un beau mâle
était resté sur l'herbe; quant aux autres fuyards, — deux
femelles, — ils avaient disparu avec les lévriers. J'eus beau
siffler; ces nobles bêtes, acharnées contre leurs ennemis,
n'entendaient plus leur maître.

Je revins donc sous mon latanier, où deux Cambodgiens
transportèrent, non sans efforts, le corps de la victime. Quel
dommage, vraiment, de tuer d'aussi beaux animaux! Notre
excuse était la nécessité de ménager nos vivres d'Europe et

d'éviter désormais les tortures de la faim, cause première de l'anthropophagie. Certainement il valait mieux manger un cuissot de chevreuil qu'un jambon de Cambodgien ; le cerf est herbivore ; le Cambodgien mange du poisson et des œufs pourris.

Les opérations de boucherie durèrent près d'une heure. Hunter revint peu après avec une biche que portaient les deux Annamites. Nam était parfaitement sûr d'avoir blessé sa bête, mais elle courait encore. Enfin, les lévriers arrivèrent à leur tour, la gueule ensanglantée ; ils ne touchèrent point à la curée qu'on leur offrit. Les biches avaient été vaincues.

Nos voitures reprirent leur marche vers quatre heures et demie de l'après-midi. Bientôt la plaine devint tout à fait déboisée et le disque du soleil atteignit le profil dentelé des montagnes de Cardamom. L'astre du jour se coucha dans un lit de nuages bleus frangés de rose, et la température devint aussi douce qu'elle peut l'être à Nice dans les belles soirées d'hiver. Je descendis de voiture pour mieux respirer l'air tiède et contempler l'incendie allumé au couchant.

A sept heures, halte à *Mong-Raseï*, résidence d'un vieux tiovay-sroc qui se dit l'oncle de celui de Posat, et me reçut à bras ouverts, si bien qu'après une soirée passée à l'abreuver avec de la fine champagne à cinq francs les douze bouteilles, — cela vaut encore mieux que l'alcool de riz, — je dus l'inviter à déjeuner le lendemain matin. Mais passons vite. Vous connaissez maintenant les menus détails de nos journées.

31 décembre.

Ayant quitté notre hôte vénérable, nous poursuivons le voyage en obliquant vers le nord dans la direction du Grand-Lac. Bientôt nous atteignons la partie submersible de cette

plaine immense, unie comme un miroir, produit d'un colmatage séculaire qui remonte à la destruction du golfe d'Angcor.
L'inondation y fait pousser des jungles hautes de quatre à
cinq mètres, auxquelles les Cambodgiens mettent le feu pendant la saison sèche, soit pour arrêter leur envahissement,
soit pour se guider dans les nuits sans lune, soit pour chasser,
car ces forêts de grandes herbes servent d'asile à des légions
de cerfs, d'élans et de buffles sauvages. Elles sont aussi le
repaire de l'insecte le plus audacieux, le plus belliqueux, le
plus redoutable de la création, le moustique. Une nuit passée
dans la jungle, quand la terre et les roseaux sont encore humides, est un tel supplice que les indigènes pleurent de rage.
Aucun moyen ne permet de se mettre à l'abri; la moustiquaire
la plus épaisse n'arrête qu'une partie des bataillons ailés qui
en font le siège.

Le jour, ce qu'il y a de mieux à faire contre les moustiques, c'est de se couvrir le moins possible. Ayant le buste
et les jambes nus, vous les voyez se poser et vous les écrasez
avant la piqûre, qui exige de la part du moucheron une pré-
paration de deux ou trois secondes. Avec un peu d'habitude,
vous ne regardez même plus où poser la main, et tout en
conversant vous vous appliquez aux bons endroits de petits
soufflets. Un boy sera chargé du service de votre dos.

Dans les centres civilisés de Cochinchine, cet appareil
négligé n'est pas de mise, du moins à table; un *panca*,
vaste éventail suspendu au plafond et manœuvré à l'aide de
poulies et de cordes, agite l'air au-dessus des têtes, pendant
que des domestiques, armés d'éventails à longs manches,
donnent la chasse aux mouches dans les jambes des con-
vives. Mais il existe certains postes entourés de marais où
ces précautions ne sont pas suffisantes : je vous citerai Chaudoc, à la frontière du Cambodge, où nos officiers doivent en

s'asseyant passer leurs jambes dans un sac qu'ils se nouent
soigneusement autour de la ceinture.

Les piqûres des moustiques ne sont pas seulement désa-
gréables, elles sont dangereuses et peuvent engendrer des
plaies inguérissables, connues sous le nom de *plaies de Cochinchine*. Si vous avez le malheur d'écorcher à plusieurs
reprises, pendant la nuit, la croûte qui se forme à la suite
d'une piqûre, si le séjour dans la colonie vous a réduit à un
certain degré d'anémie, la guérison de la blessure exige
votre retour en France ; et chose plus remarquable, la plaie
étant guérie sous l'influence de l'air natal, si vous retournez
là-bas, elle se rouvre !

1er janvier 1881.

Après une nuit désastreuse, nous avions juré de faire
payer aux buffles sauvages les injures des moustiques ; ordre
fut donc donné à l'escorte de poursuivre la route vers le
Nord.

« Voyez-vous les lisières des forêts noyées, à trois milles
d'ici ? me disait Hunter. C'est là le royaume des buffles. Ils
se retirent devant l'inondation et la suivent quand elle
baisse. Il leur faut de la vase pour prendre leurs ébats. Nous
atteindrons vers midi un petit mamelon rocailleux que je
connais bien et qui forme une île à l'époque des hautes eaux.
De là nous pourrons facilement inspecter l'horizon. Les voitures s'arrêteront au pied de ce mamelon, du côté du midi.
Je ne crois pas qu'elles courent le moindre danger. »

Hantez un joueur, vous finirez par jouer. Hantez un chasseur, vous deviendrez chasseur à votre tour, c'est-à-dire
aveuglé par la passion la plus impérieuse de toutes les passions. Je ne réfléchis donc pas aux suites d'une charge possible d'un vieux solitaire, à nos attelages mis en fuite aux

Chasse au buffle.

quatre coins de l'horizon, aux charrettes renversées, aux provisions perdues, au voyage compromis... Non, une simple phrase d'Hunter triompha de mes scrupules :

« Mon gros fusil s'ennuie, et s'il pouvait parler... »

Nous partîmes donc, et à l'heure dite nous arrivions à l'observatoire désigné, non sans nous être trompés trois ou quatre fois de chemin. On installa le campement sur le versant méridional, à l'opposé des bois inondés, et du haut du monticule, masqués par quelques broussailles, nous nous mîmes à fouiller la plaine avec nos lunettes marines. Rien. Il est vrai que la jungle, sans être très fournie, pouvait cacher bien des choses. Nous redescendîmes pour déjeuner, laissant une sentinelle en observation sur le faîte, élevé de dix mètres à peine au-dessus de la savane. Puis Hunter se mit à exposer le plan de campagne qu'il fallait suivre pour surprendre un troupeau, et qui lui avait toujours réussi. Les explications n'étaient pas finies, que la sentinelle revint précipitamment à nous :

« *Louc mitop! louc Hunter! mienn Krébeï preï pie thom-thom! thom-thom!* » Monsieur le mitop! Monsieur Hunter! il y a deux buffles sauvages, énormes, énormes!

Nous sautâmes sur nos fusils et refîmes en trois enjambées l'ascension du mamelon. Là, un spectacle émouvant s'offrit à nous. Deux buffles se battaient en duel, à moins de trois cents mètres du buisson qui nous abritait. La jungle était littéralement fauchée sur l'espace d'un hectare. Les deux colosses se précipitaient l'un sur l'autre, cherchant à se percer de leurs cornes. Leurs larges fronts se choquaient et le bruit en venait à nos oreilles. Après chaque passe, ils se retiraient à reculons jusqu'à trente mètres de distance et reprenaient leur souffle. Puis ils se chargeaient de nouveau, la tête basse, en manœuvrant pour se tourner.

Ce tournoi, digne de l'ancienne Rome, dura près de vingt minutes. La victoire se décida enfin pour le plus puissant des champions, qui réussit, étant tête contre tête, à se jeter brusquement à droite en rompant d'un pas, et, ramenant à gauche ses cornes dégagées, à plonger celle de droite dans le flanc de son adversaire. Les spadassins ne font pas mieux; mais voici en quoi l'homme est supérieur au buffle sauvage : le malheureux blessé n'eut pas plus tôt roulé par terre, que son vainqueur, au lieu de le saluer et de s'informer de son état, fondit sur lui et se mit à le percer avec un acharnement incroyable, jusqu'à ce qu'il fût achevé. Et quand il le vit mort, il se coucha. Nous étions tous assez émus, — vous le croirez sans peine, — et pendant tout ce combat nous n'avions pas ouvert la bouche. Je dis alors à Hunter : ´

« Il va s'en aller maintenant et nous allons dépecer le vaincu. Quant à risquer une chasse dans ces parages, sans éléphant...

— S'en aller! dites-vous, interrompit le jeune chasseur. Ne croyez pas cela; il sera encore ici ce soir, et peut-être passera-t-il la nuit à déchirer les restes de son ennemi. Mais j'y mettrai bon ordre. Attendons encore un peu. Vous allez voir. »

En effet, peu de minutes après, le buffle se releva pour s'escrimer avec furie sur le cadavre déjà éventré. Les entrailles ruisselaient.

« Décidément, fit Hunter, c'était une vieille querelle. Ne bougez pas d'ici; il faut que j'opère seul, et surtout, quoi qu'il arrive, ne tirez pas. »

Il descendit le mamelon du côté opposé au théâtre du combat, s'en éloigna d'environ cent mètres, décrivit un arc de même rayon, et quand il fut parvenu sur la tangente que le buffle aurait pu mener à cette circonférence, il marcha droit sur lui. Vous comprendrez tout à l'heure le but de cette manœuvre. Il en était encore à deux cents mètres au moins, quand le solitaire l'entendit ou l'éventa. Il se mit debout, reniflant avec ses immenses naseaux, frappant du pied, secouant la tête, et il se lança à fond de train. Hunter l'attendit de pied ferme et mit en joue. En moins de trente secondes le buffle fut à vingt pas de lui. Je vis alors un gros nuage de fumée, suivi d'une violente détonation. Puis plus rien. Tout disparut dans le nuage, homme et buffle. Je crus l'interprète perdu.

Quand la fumée se dissipa, nous aperçûmes le buffle étendu sans mouvement. Quant à Hunter, point d'Hunter. Qu'était-il devenu? Nous accourûmes à toutes jambes. La bête était parfaitement morte; une balle conique de 350 grammes lui avait fracassé le front, et la mort avait dû être foudroyante. Mais alors pourquoi Hunter n'était-il pas là? Comment son fusil monstre se trouvait-il sur le champ de bataille? Les Cambodgiens se mirent à l'appeler et je tirai six coups de revolver. Hunter finit par apparaître, mais au bout d'un quart d'heure, tout essoufflé. Ce qu'il avait fait, vous ne le devineriez pas : après avoir lâché son coup de feu, pour ainsi dire, à bout portant, il avait bondi de côté, et, jetant son arme, s'était enfui de toute sa vitesse dans la direction même d'où le buffle était venu. C'était le meilleur moyen de dépister l'animal aveuglé par la fumée, dans le cas où la blessure n'eût pas été mortelle. Le solitaire furieux aurait probablement continué sa charge droit devant lui; peut-être aurait-il fait un écart, mais il y avait toutes chances pour qu'il ne battît pas en retraite directement. C'était pour ce motif et pour notre sauvegarde qu'Hunter avait décrit un demi-cercle autour du camp avant de marcher à sa rencontre. Le buffle qu'il venait d'abattre était de taille extraordinaire,

au dire de tous les Cambodgiens qui ont vu ses dépouilles.
On n'a jamais tué le pareil, ni au Cambodge, ni à Siam, ni
nulle part probablement. Du reste, j'ai rapporté ses cornes,
dont Norodom offrait 100 barres d'argent (8 000 francs); les
connaisseurs pourront juger. Il a été impossible de conserver la tête à cause de sa grandeur; les vers s'y sont mis.
C'est une véritable perte. Faute de mieux, j'ai fait sculpter
par un Chinois, dans une bille de bois de teck, un fac-similé
scrupuleusement conforme à l'original, dont voici les dimen-
sions principales :

Hauteur de la tête : $0^m,80$;

Largeur du front : $0^m,52$;

Développement des cornes : $1^m,58$ et $1^m,54$;

Écartement des pointes : $1^m,80$;

Tour des cornes à leur naissance : $0^m,54$.

La longueur de l'animal approchait de trois mètres. Le
second buffle était notablement plus petit.

2 janvier.

« Assez comme cela de la chasse au buffle sauvage, dis-je
le lendemain à Hunter. Reprenons la direction de Battambang. »

Un gros soupir fut la seule réponse du jeune chasseur. On
obliqua vers le sud-ouest, en s'éloignant des forêts noyées.
Cette journée fut particulièrement pénible par la faute des
moustiques; en outre, on avança lentement dans une tourbe
mouvante, où nos charrettes faillirent rester plus d'une fois.
Nous n'arrivâmes que très tard, après plusieurs alertes, au
prochain village, *Compong-Pra* (embarcadère sacré).

Enfin, le surlendemain, nous déjeunions dans un dernier
hameau, *Soaï,* où se trouve une pagode vénérée et riche en
objets d'art, que mes deux Annamites auraient dévalisée vo-

lontiers, si je les avais laissés faire. Je n'ignore point que la plupart des Européens ne partagent pas mes idées à ce sujet et se moquent absolument des lamentations des bonzes; mais il me sera bien permis de blâmer ces enlèvements de magots en bronze plus ou moins ciselé, qu'ils se permettent sans scrupule dans les temples boudhiques. Ces procédés, comme d'autres plus barbares, qui consistent, par exemple, à briser la tête de statues antiques, trop lourdes pour être volées en cachette, donnent aux indigènes une triste idée de la moralité européenne. Que diriez-vous, fervents catholiques, ou fanatiques anglicans, s'ils venaient en faire autant dans vos églises?

Ce même jour, vers quatre heures de l'après-midi, nous arrivions en vue de la grande ville de Battambang.

CHAPITRE XIX

3 janvier.

Vue de deux à trois kilomètres, une grande ville cambodgienne ne ressemble en rien à une grande ville française. Au lieu d'une agglomération de maisons parsemées de jardins, de boulevards, vous apercevez dans une plaine cultivée en rizières une large ligne d'arbres touffus, mais de maisons, point. Ce serpent de verdure se développe en nombreux replis, sur une longueur de plusieurs kilomètres, et par endroits vous voyez briller au soleil les eaux de la rivière qui lui donne la vie. Aucune villa, aucun hameau ne vous annonce l'approche d'une capitale ; les cultures, merveilleusement entretenues, s'étendent jusqu'aux forêts, sur une surface de 400 à 500 kilomètres carrés; l'indigène ne demeure pas auprès de son champ, il préfère habiter la ville, et supporter la fatigue de longs parcours, à l'époque des travaux agricoles. Quand un pays n'est pas sûr, les habitants n'osent pas s'isoler.

Tel est l'aspect que vous présentera Battambang, si vous y

arrivez par terre[1]. Nos charrettes s'arrêtèrent dans un pré, à
200 mètres du fleuve qu'il fallait traverser, pour gagner la
sala des voyageurs de distinction.

J'allais mettre pied à terre, quand Hunter vint me prévenir
qu'il était nécessaire de m'habiller. Le premier ministre de
Catatone m'attendait au bout du pré avec une foule de
princes, dont les plus jeunes avaient six à sept ans. Des
chaises longues, des canapés avaient été apportés sur l'herbe;
une table était couverte de rafraîchissements et de cigares
exquis.

« Ah bah! me dis-je en apercevant ces apprêts, comment
diable ces seigneurs ont-ils connu mon arrivée? »

Je fis donc un bout de toilette, et m'avançai vers mes nobles
hôtes. Le premier ministre, qui porte le nom d'*iocobat*, me
présenta sa suite, et m'apprit que je ne pourrais pas être
reçu le lendemain par le *tiocoun;* Son Altesse, dont la piété
est très grande, terminait en grande pompe l'ensevelissement
de son père, de sa mère et de sa femme légitime, morts les
uns et les autres depuis trente à quarante ans. La pagode
ducale ne se trouvait pas loin de nous, et l'on me montra le
tombeau de marbre blanc dans lequel venaient d'être enfer-
mées pour jamais les cendres des défunts, conservées pendant
si longtemps dans des cassettes d'or. Une petite place avait
été réservée pour le duc régnant. L'iocobat me mena ensuite
dans la demeure qui m'était destinée; on passa la rivière,
dont les eaux étaient très basses, sur un pont volant composé
de quelques pilotis et de planches mal assujetties. Hunter

---

[1] *Battambang* est un double mot siamois qui signifie *bâton perdu.* D'après la
légende, un roi de Siam, en visite dans cette ville, y fut dépouillé par un voleur de
sa canne d'ivoire à pomme d'or.

Le nom cambodgien de Battambang est *Sanké.*

profita de l'occasion pour se laisser choir tout habillé dans
la rivière, à la grande joie de petits Cambodgiens qui se
baignaient à quelques pas; plus prudent, je me fis passer en
barque. Nous fûmes bientôt installés dans une sala somptueuse, bâtie non pas en bois, mais en pierres, et décorée
d'un large balcon d'où l'on jouit d'une vue ravissante sur les
cocotiers, les palmiers, les figuiers qui forment les quais.
Enfin le premier ministre nous offrit de la part de son chef
des provisions de toutes sortes, et il se retira discrètement.

Vers neuf heures, j'allais me coucher voluptueusement sur
un des deux lits européens qui meublaient notre appartement, quand on m'annonça la visite d'un général siamois.
Qu'y avait-il? Mon voyage portait-il ombrage à la cour de
Bangkok? Je fus tout de suite détrompé. Ce jeune général de
quarante ans, envoyé jadis à Battambang pour surveiller
Catatone, est devenu son gendre, et il venait m'annoncer
que le vieux tiocoun, épuisé moralement et physiquement
par les dernières cérémonies religieuses, désirait remettre au
surlendemain ma réception solennelle. Je causai longtemps
avec cet intelligent Siamois, qui n'était plus un espion, et,
quand il fut parti, je demandai à Hunter s'il avait fidèlement
rempli les instructions du roi de Siam en s'alliant au prince
dont il avait mission d'observer les agissements.

« Non, répondit l'interprète ; mais ses instructions premières ont été modifiées. Il a demandé la permission de se
marier, et il l'a obtenue. Catatone ne conspire pas, il accepte
le fait accompli, il remplit son devoir de vassal vis-à-vis du
pra-tiao, et, dans la vie privée, sa bonté et sa justice touchent
tous les Siamois qui l'approchent.

« Vous ne connaissez pas encore, continua-t-il, le drame
sanglant auquel il faut attribuer en partie la manière d'être

de ce prince, si différent de Norodom. La loi des peuples
barbares est quelquefois plus impartiale que celle des Européens ; elle n'épargne pas toujours les familles royales. Vous
savez déjà que Norodom portera toute sa vie sur l'échine les
marques de trente coups de rotin que son auguste père lui a
fait donner. Voici ce qui est arrivé à Catatone dans le palais
qu'il habite encore aujourd'hui.

« Il y a une quarantaine d'années, douze petits mandarineaux s'amusèrent un soir, après un dîner copieusement
arrosé d'eau-de-vie de riz, à faire peur aux enfants qui dor-
maient dans les jonques, sur les bords de cette belle rivière
où j'ai pris un bain malgré moi. Eux de se sauver en criant,
et les mauvais plaisants de rire. Malheureusement, l'un des
moutards tomba à l'eau, fut entraîné sous une barque et se
noya. Dénouement tragique, que nos lois auraient qualifié
d'homicide par imprudence, et puni de prison, de dommages-
intérêts, tout ce que vous voudrez, hors la peine capitale.
Or il advint ceci :

« Le vice-roi reçut le lendemain une plainte de la famille,
s'informa et condamna séance tenante la bande joyeuse tout
entière à avoir la tête tranchée. On lui apprit alors que son
fils aîné, l'héritier présomptif, en faisait partie ; il répondit,
sans se troubler, que l'ordre était général. Le jeune prince
possédait l'affection des grands mandarins, qui l'expédièrent
aussitôt à Angcolborée, ville située à 20 milles de Battambang, sur la route de Bangkok. Le soir, on exécuta les onze
autres coupables, et on vint annoncer au vice-roi que sa
volonté était faite.

« — Qu'on m'apporte les têtes, » dit-il.

« Les mandarins commencent à frémir. On lui présente
un sac tout sanglant ; il le vide à ses pieds, il cherche, il
compte.

« — Il manque la tête de mon fils : qu'est-ce que cela veut dire ? »

« Le premier ministre lui avoue la vérité en tremblant.

« — S'il n'est pas ici dans huit jours, tu mourras à sa place. »

« Huit jours après, le malheureux prince revenait. On l'amène à son père.

« — Tu sais ce qui t'attend? » lui dit celui-ci.

« Les mandarins se sauvent épouvantés. Le vice-roi court après eux, en saisit un à la gorge et lui met le sabre en main.

« — Allons ! Tout de suite, et devant moi ! Vous ne me tromperez plus. »

« Le frère cadet de la victime n'est autre que Catatone, et il dut assister à cette exécution, qui a laissé dans son esprit une trace ineffaçable. Il n'y a peut-être pas dans le monde entier de souverain qui ait horreur comme lui de verser le sang. Si ses ministres ne lui forçaient pas la main, la peine de mort serait supprimée de fait dans ses États. Son gouvernement paternel lui a valu l'amour de ses sujets ; il n'a pas besoin des baïonnettes siamoises pour conserver sa couronne ; il ne craint pas non plus qu'elles cherchent à le détrôner, et pourtant il n'a pas d'armée, il n'entretient aucune garde d'honneur autour de sa personne. Tous les bras sont conservés à l'agriculture, et, sous la protection de lois sages, sous l'œil d'un maître terrible pour les mandarins injustes, le peuple travaille et vit heureux. Quel contraste avec les anciennes provinces du Cambodge, soumises encore à l'autorité de Norodom ! Que le protectorat français disparaisse, que les canonnières françaises quittent leur mouillage des Quatre-Bras pour n'y plus revenir, et le peuple de Pnom-Penh étranglera son divin roi dans les vingt-quatre heures. Celui-ci le sait si bien, que la menace d'un pareil rappel, — même mo-

mentané, — surmonte immédiatement toutes ses répugnances
royales, quand le gouverneur de la Cochinchine présente à
sa signature une convention avantageuse au commerce général
et à son propre royaume. »

4 janvier.

J'ai rendu visite à quelques-uns des principaux dignitaires
de Battambang. Leurs maisons, très confortables et presque
toutes en pierre, sont parfaitement aménagées pour combattre la grande chaleur ; je citerai en particulier celle du
prince héritier, *Apaï,* ou, plus respectueusement, *Pra-Apaï,*
le divin Apaï, dont l'architecture italienne ne manque pas
d'élégance. Je me demande seulement pourquoi ces habitations si commodes sont dépourvues d'escalier. Une simple
échelle de bois conduit au premier étage. Est-ce un oubli de
l'architecte? est-ce, au contraire, une mesure de précaution?
Quand le maître sort, me dit Hunter, il retire l'échelle, et ses
domestiques sont prisonniers. S'il en était ainsi, l'invention
serait admirable ; mais admirable aussi est l'habileté des
esclaves pour tromper la plus étroite surveillance et dérober
une minute de liberté.

Il faut avoir bon estomac pour faire quatre ou cinq visites
de suite à de nobles Cambodgiens ; dépasser ce chiffre serait
s'exposer à un véritable déboire. L'usage veut, en effet, qu'on
vous offre des rafraîchissements ; des petits boys se préci-
pitent, qui avec des liqueurs indigènes, qui avec du thé servi
dans des tasses microscopiques, mais renouvelables, qui avec
des cigares et des cigarettes. Vous ne pouvez pas refuser, ce
serait une grosse impolitesse. Heureusement encore, on ne
vous offre point la fameuse chique de bétel, dont vous
connaissez les effets. Mais, à côté des innocents produits
asiatiques, on vous sert souvent un tas de poisons importés

d'Europe à l'usage des Orientaux, et qu'un juste retour des choses humaines vous condamne à absorber sans grimaces. Après avoir vu Pra-Apaï, l'iocobat, mon général siamois et un frère de Catatone, qui me montra un saphir de 25,000 piastres, je sentis le besoin de me promener dans la ville.

De près comme de loin, elle ne ressemble pas aux cités européennes. D'abord, elle renferme seulement trois rues : la première, formée par la rivière, dont la largeur est de 20 à 30 mètres ; les deux autres, parallèles à celle-là, et situées de chaque côté. La grande artère terrestre est celle de la rive gauche ; elle atteint 16 kilomètres de longueur. Le palais ducal, entouré de petites fortifications en briques qui tombent en ruines, la termine vers le sud ; puis elle descend l'arroyo dans la direction du Grand-Lac, et sur 2 kilomètres présente une assez grande animation ; au delà, l'espacement des paillottes augmente de plus en plus, et, à vrai dire, on ne se croirait guère dans une ville. La rue de la rive droite, qui renferme la pagode ducale, en face du palais, est moins longue et moins peuplée ; mais une végétation luxuriante en rend l'aspect féerique. J'ai visité les plus beaux *rachs* de Cochinchine, et je ne crois pas qu'aucun d'eux soit mieux encadré de verdure. En outre, les moindres huttes ont ici un aspect de propreté qui réjouit, parce qu'il témoigne de l'aisance des habitants. Ils gagnent aisément leur vie par la culture, et vous ne rencontrez pas de mendiants sur votre chemin.

Quel est le vrai chiffre de cette population ? Je voudrais bien vous le dire, mais rien n'est plus difficile à résoudre que ces questions de dénombrement, qu'aucun recensement n'a jamais éclaircies. L'opinion des riches indigènes qui connaissent Pnom-Penh, l'opinion d'Hunter et la mienne, sont que les deux villes semblent avoir la même importance, à

peu de chose près. Mais alors quelle est la population de
Pnom-Penh? Des personnes également dignes de foi, et qui
résident au Cambodge depuis de longues années, donnent
des chiffres qui varient de 40 000 à 75 000 âmes. Quoi qu'il
en soit, il est certain que Battambang est une riche et grande
ville, et que son commerce de riz est considérable.

S'il est difficile d'évaluer la population des villes indo-
chinoises, il est plus malaisé encore de se faire une idée pré-
cise de celle des provinces. De combien de sujets Catatone
fait-il le bonheur? Vous pouvez croire que je n'ai rien négligé
pour pénétrer ce mystère. On suppose, — et j'admets volontiers ce qui est admis à Saigon, — que Norodom fait le
malheur d'un million de Cambodgiens; il était intéressant de
savoir combien de Khmers vivent heureux, malgré l'annexion
siamoise, dans la principauté de Battambang et dans celle
d'Angcor, où Catatone exerce sa bienfaisante influence. Malheureusement, il arrive que les mandarins interrogés restent
muets, ou bien vous donnent des renseignements dont la
fausseté est manifeste, soit par crainte de l'homme blanc,
soit par ignorance complète de la valeur des chiffres élevés.

J'ai questionné, par exemple, un brave seigneur nommé
Nioc, que je vous présenterai tout à l'heure, et qui m'a rendu
mille petits services.

« Combien y a-t-il, lui disais-je, de Cambodgiens dans la
province? Au moins un million?

— Certainement, » répondait-il.

Huit jours après, comme il n'y pensait plus :

« Catatone, lui dis-je, n'a pas plus de 500 000 sujets?

— Oui, répliqua-t-il, tout au plus 500 000. »

Aucun renseignement positif ne m'a tiré de mes perplexités,
et je ne puis qu'indiquer, comme chiffre probable de la population des deux provinces, celui de 400 000 habitants. Elles

représentent à peu près le quart de la superficie du Cambodge actuel, c'est-à-dire 25,000 kilomètres carrés (le vingtième de la France); mais les territoires cultivés y sont proportionnellement plus étendus et plus fertiles.

5 janvier.

J'avais été prévenu dans la matinée que la réception solennelle était fixée à quatre heures de l'après-midi, et, en effet, peu d'instants avant cette cérémonie, le monsieur Mollard de l'endroit vint me chercher, mais à pied, car une vingtaine de pas seulement séparent mon habitation de la porte du palais.

Après avoir franchi l'enceinte, puis traversé une vaste cour que j'ai déjà longée pour me rendre chez le divin Apaï, j'arrive au grand corps de logis, entièrement de bois et recouvert de toits à la chinoise, qui sert de demeure au tiocoun. Celui-ci, vêtu d'un habit noir et portant la plaque de l'ordre de l'Éléphant blanc, m'attend à la porte du grand salon, me serre la main et me conduit à une table chargée de vaisselle d'or, à laquelle nous prenons place. Une douzaine de grands dignitaires étaient assis sur deux files de chaises, correctement vêtus d'habits noirs ou d'uniformes chamarrés de décorations.

Quand je dis correctement vêtus, il faut que mes amis de Battambang me permettent une petite restriction qui ne vise nullement à la méchanceté. Ces messieurs n'ont pas de pantalons. Mais honni soit qui mal y pense ! leur toilette n'est pas négligée comme l'accoutrement kouys, et ils ne montrent pas un pouce de leur peau. Le *sampot*, coquettement retroussé entre les jambes et noué dans le dos, simule à merveille une culotte courte que terminent des bas de soie indigènes ; de larges escarpins à l'européenne forment la base de

18

l'édifice. Ce sampot est si commode, si frais, si vite déroulé,
qu'on doit reconnaître sa supériorité dans les pays chauds.
Rien ne me paraît plus naïf que de transporter à Saigon les
modes de Paris, sans souci des exigences du climat. C'est
pourtant ce que font les Françaises; leur passion pour la
toilette est une véritable rage. Aussi meurent-elles comme
des mouches. Les hommes, un peu plus pratiques, leur
donnent pourtant l'exemple du laisser-aller; le chapeau à
haute forme est inconnu en Cochinchine; les visites officielles
se font en habit noir, pantalon blanc et casque blanc. Les
gants même sont facultatifs; l'étiquette permet de se présenter partout les mains nues.

Je voyais Catatone pour la seconde fois depuis quatre
mois, et les cérémonies funèbres des jours précédents me
parurent l'avoir beaucoup fatigué. Catatone a dépassé soixante
ans; mais sa forte santé, sa sobriété lui assurent une longue
existence. Ce sont les plaisirs sensuels qui usent l'homme
dans ces pays de polygamie. L'affaiblissement précoce avec
toutes ses conséquences est le fléau des Cambodgiens inas-
souvis. Combien de mandarineaux qui me prenaient pour un
médecin, — tout Européen à leurs yeux sait la médecine, —
sont venus me conter piteusement leur cas ! Mais aussi la polygamie est un non-sens; je dis plus, un contresens.

Mon entretien avec le prince de Battambang eut pour objet
les voyages que je venais de faire et ceux que je désirais
mener à bonne fin dans le Siam. Son Altesse prit grand intérêt aux nouvelles que je lui donnai du Cambodge, aux renseignements que nous avions recueillis, aux découvertes pro-
bables dans ses États, au récit de nos mésaventures dans le
pays des Kouys. Elle promit de faciliter par tous les moyens
en son pouvoir mes nouveaux projets d'exploration, et donna

séance tenante à son premier ministre l'ordre de tenir à ma
disposition plusieurs grands éléphants. Il ne fut pas question,
bien entendu, de politique; ce n'était point mon affaire, et
du reste Catatone se montre très réservé sur ce chapitre avec
tous les étrangers, avec les *Parangçais* surtout[1], car l'influence anglaise domine à la cour de Bangkok, où l'on ne
voit qu'uniformes rouges et casques à pointe. Je demandai
seulement à Catatone s'il craignait que mon voyage lui causât
quelques désagréments :

« Non, répondit-il; mais je dois immédiatement en informer le *pra-tiao*. »

Ensuite il m'invita à dîner pour le soir et je me retirai.

Vers sept heures, le même monsieur Mollard vint me reprendre dans la sala et me conduisit au palais avec une escorte
de mandarins. Le grand salon de réception était inondé de
lumière; une colonnade le partage en deux pièces, dont
l'une sert de salle à manger. Leur décoration, je dois le
dire, est plus que modeste, et ce ne fut pas sans surprise
que je vis pendus aux murs, crépis simplement à la chaux,
les portraits enluminés de divers personnages d'Europe. Il y
avait là, entre autres, le roi de Prusse, la reine Victoria,
Bismarck, le prince de Galles et Napoléon III, encadrés dans
du bois verni et maquillés outrageusement. Napoléon surtout
possédait une paire de joues roses qu'il n'eut jamais, hélas !
de son vivant. Mais à côté de cette galerie médiocre se dres-
sait une table abondamment servie; c'était là l'essentiel.
Nous y prîmes place de la manière suivante : je m'assis au
milieu, en face du vice-roi, ayant Hunter à ma gauche; à

---

[1] Les Cambodgiens ne peuvent pas prononcer le mot *Français*. Leur bouche est
rebelle à l'accouplement de certaines consonnes. La France, chez eux, s'appelle
Parang.

droite de Catatone était son héritier, Pra-Apaï, auquel Hunter
faisait vis-à-vis ; à gauche de Catatone le général siamois, son
gendre, puis une série de mandarins qui finissait à ma droite,
de sorte que toute une moitié de la table était garnie de con-
vives ; l'autre moitié, au contraire, à la gauche d'Hunter, était
vide. Cet ordonnancement m'eût surpris, si j'eusse encore été
capable de m'étonner de quelque chose.

Je vous avoue seulement que ce ne fut pas sans une certaine émotion que je me vis en face d'un couvert presque
somptueux et que je reconnus les marques authentiques des
plus grands vins de Bordeaux et de Champagne. Faites
donc trois mille lieues à travers les mers, habituez-vous
ensuite à la vie sauvage dans les jungles et les bois, pour
vous trouver au bout du voyage au milieu de gens qui connaissent à merveille le Château-Laffitte et la Veuve Clicquot !
Non qu'ils en fassent leur ordinaire, — l'eau claire convient
mieux à leur sobriété, — mais ils trouvent un malin plaisir à
vous montrer leurs vieilles bouteilles, comme pour vous dire :
Voyez si nous sommes des barbares !

Une seule chose manquait à ce festin de Sardanapale ;
vous avez nommé le pain, et, par un sentiment de fausse
honte ou par respect de l'étiquette européenne, le maître
d'hôtel ne servit pas de riz. Or, le riz légèrement cuit dans
une faible quantité d'eau bouillante et conservant une partie
de sa dureté remplace le pain en Extrême-Orient. Je laissai
passer le premier service, — un filet de cerf, je crois, — sans
rien réclamer. Mais ma cruauté n'alla pas plus loin, et je
demandai à Catatone s'il ne serait pas possible de me donner
un peu de riz. Aussitôt douze grands bols tout préparés apparurent sur la table, et chaque convive s'empressa de vider le
sien. Pareil incident s'était déjà produit au premier repas que
j'avais pris chez le vice-roi.

Après un dessert succulent, — je note en particulier les
confiseries, — nous passâmes dans le salon pour prendre le
café, le thé, la chartreuse ; on ne se refuse rien à Battam-

Costume de danseuse.

bang, et les libations de cette nuit d'orgie me rendirent malade pendant deux jours. Du reste, c'est un fait général qu'en
dehors de France on sable le champagne d'une façon remarquable. Voyez les Grecs ! voyez les Russes ! Je puis dire aussi :
Voyez les Cambodgiens !

La musique cependant nous apportait ses adoucissements.
De la fenêtre où je prenais le thé j'avais vue sur le théâtre
ducal, qui produisait à la lueur des torches une illusion singulière. Les vieilles danses khmers furent exécutées sous mes
yeux, avec accompagnement d'un orchestre aux mélodies
plaintives qui ne ressemble en rien à celui de Posat. C'est à
Battambang que les traditions chorégraphiques d'Angcor-la-
Grande se sont conservées le plus fidèlement ; la troupe de
Catatone passe pour supérieure à celle de Norodom. Elle
copie scrupuleusement les poses représentées par les bas-
reliefs si bien conservés des anciens palais.

Comment donner en quelques mots une idée de ces danses ?
Ce qui caractérise les ballets français, c'est la rapidité, l'agilité, la grâce ; le trait saillant de la chorégraphie cambodgienne, c'est la lenteur. Une habile danseuse se plante sur le
bout du pied, dans la posture du Génie de la colonne de
Juillet, penche son torse en arrière ou de côté, étend ses
bras qui lui servent de balanciers ; vous diriez qu'elle va
choir, malgré les ailes d'ange qui lui permettront de s'en-
voler ; puis son corps revient en avant, sa tête va de droite à
gauche, ses bras et ses jambes s'arrondissent ou s'étendent,
et toutes ces successions de tours d'équilibre, exécutés avec
ensemble par tout le corps de ballet, sont séparées par plusieurs secondes d'intervalle. Certainement le spectacle est
original, nouveau, intéressant, et vaudrait d'attirer l'attention
de notre Académie de musique.

Mais je n'en jouis pas jusqu'à la fin ; Catatone dormait
dans son fauteuil, les jeux cessèrent et j'allai me coucher.

CHAPITRE XX

. 6 janvier.

Ce matin, j'ai reçu la visite d'un aimable mandarin que vous
connaissez déjà sous le nom de *Nioc ;* ne manquez pas de
prendre de ses nouvelles si vous allez à Battambang ; ses manières, sa figure distinguée et ouverte, vous le rendront tout
de suite sympathique. Il m'offrit une promenade en ville, et
j'acceptai.

Quand vous parcourez une ville cambodgienne ou annamite, une chose vous frappe à première vue : c'est qu'à peu
d'exceptions près toutes les maisons de commerce sont chinoises. J'en excepte Saigon, qui renferme bon nombre de
magasins européens ; mais encore, à Saigon même, pour une
boutique française vous en comptez facilement dix ou douze
qui appartiennent à des Célestes. C'est une grosse question
que celle de savoir quelle attitude il faut prendre en présence
de l'immigration chinoise constamment renouvelée ; elle pas-
sionne les habitants des colonies.

Les Chinois ont leurs partisans convaincus et leurs détrac-
teurs acharnés ; on exalte leurs mérites ou l'on prêche contre

eux la guerre sainte, suivant le point de vue auquel on se place. Mais il faut distinguer le Chinois commerçant, qui draine l'argent d'une colonie et retourne dans son pays après fortune faite, du Chinois agriculteur, qui s'attache au sol ; il faut distinguer aussi les colonies ou les villes dont le peuple autochtone a des aptitudes commerciales, et celles dont les habitants sont rares ou manifestent peu de goût pour le commerce.

Je comprends que l'on chasse les Chinois de Batavia ou de San-Francisco ; ni les Hollandais, ni les Américains, ni personne, ne peuvent lutter avec eux. Ils ont dans les mains un levier qui leur permet d'accaparer à la longue toute la fortune publique : l'économie. Ces gens-là n'ont pas de besoins ; ils se soucient peu du confort : du riz, du poisson salé, du thé, en tout cinq sous par jour : voilà leur nourriture. Avec cela ils possèdent des magasins parfaitement montés, où l'on trouve les meilleurs produits d'Europe, à meilleur marché souvent que dans la mère patrie, car la diminution des droits de douane et autres compense largement les frais de transport. A l'Européen comme au Yankee, un certain bien-être est indispensable. Dans les pays chauds surtout, le superflu devient chose nécessaire. Mais ce n'est point l'affaire de l'acheteur, qui met de côté tout chauvinisme, et ne va pas acheter chez le Français pour un franc cinquante le même morceau de savon que le Chinois lui donne à soixante-quinze centimes.

J'admets donc qu'en présence de cette impossibilité de soutenir la concurrence on mette les fils du Ciel à la porte, ou tout au moins, comme en Cochinchine, qu'on les frappe d'un impôt de capitation, d'une sorte de droit d'entrée fixé à un dollar ou trois dollars par tête. Mais si le peuple indigène n'est pas industriel, si même les habitants font défaut, s'il n'y a point par conséquent de concurrence possible, je ne vois pas la nécessité de donner la chasse aux Chinois; bien au contraire, il me semble qu'il faut les attirer.

Or c'est un peu le cas de la Cochinchine, et rien n'est plus exact pour l'Annam, le Laos et le Cambodge. Le Cambodgien, le Laotien, l'Annamite, n'ont pas l'instinct commercial; sauf quelques exceptions, — à Battambang, par exemple, — ils ne cherchent pas à s'enrichir, ils ne cultivent le riz que pour nourrir leur famille, et cela est si vrai que, dans les années mauvaises ou seulement médiocres, la récolte ne leur suffit pas. Cette situation a naturellement provoqué une immigration chinoise qui est déjà très importante, mais qui peut le devenir bien davantage, — surtout au point de vue agricole, — et cette immigration ne fait de tort qu'à un petit nombre de négociants européens. Aussi les autorités indigènes ne la contrarient nullement; Catatone lui-même se dit avec raison que, ne possédant pas une baguette magique pour transformer instantanément les aptitudes de ses sujets, il doit se servir de coolies chinois qui travaillent beaucoup pour gagner peu, plutôt que des indigènes qui ne se donnent pas toujours la peine de travailler peu pour gagner beaucoup. En somme, c'est la doctrine du libre-échange appliquée aux races.

Si le Chinois mérite d'être honoré comme travailleur infatigable, en revanche il a deux grands défauts, sans compter sa fourberie proverbiale : il est joueur et il fume l'opium. Mais je vous dirai tout de suite quelle excuse peut lui faire pardonner ces divertissements malsains : dans les longs et lointains exils qu'il s'impose pour gagner sa vie, le Chinois part seul, laisse dans son pays sa femme et ses enfants, et se condamne à un célibat contre nature. La colonie de Cholen ne compte pas cinq cents femmes pour cent mille hommes.

Cet isolement explique dans une certaine mesure le développement pris en Indo-Chine par les passions de l'opium et du jeu ; le malheur est que les indigènes, malgré la présence de leurs familles, n'ont pas su résister à ce contagieux exemple.

On joue à Battambang, à Pnom-Penh, dans toutes les villes importantes. Ce n'est ni à la roulette, ni au baccara, c'est à un jeu de dés qui s'appelle le *bacoin*. Les maisons de jeu ne sont ni des tripots clandestins, ni des cercles sévèrement fermés ; on ne se cache pas pour y entrer ; les jeux se tiennent en plein air et en plein jour, sans préjudice de la nuit, et tout le long des rues. Promenez-vous l'après-midi dans Pnom-Penh : vous verrez vingt établissements de ce genre, tout grands ouverts sur le boulevard, et là se pressent, autour d'une *corbeille* en porcelaine, des grappes de Chinois haletants. Le croupier, assis sur une table, tient dans sa main trois ou quatre dés qu'il jette dans la corbeille ; les parieurs les suivent de l'œil avidement et comptent les points avec une rapidité merveilleuse. La somme de ces points doit être divisée par quatre ; si le reste est impair, le banquier a perdu ; dans le cas contraire, ce sont les joueurs. Il faut entendre leurs cris quand les dés volent en l'air ! Ces hurlements s'adressent à Boudha ; on ne peut gagner sans invoquer Boudha. Norodom lui-même, quand il se promène à pied dans sa capitale, oublie souvent qu'il est le roi et s'approche d'un bacoin. Gare aux coups de canne, par exemple, si la fortune lui est contraire ! Sa Majesté entre en fureur, et, n'osant battre les Chinois, elle se rattrape sur le dos des malheureux Cambodgiens.

Les jeux sont affermés au Cambodge, dans le Siam, à Battambang, et dans toutes les parties de l'Indo-Chine qui ne sont pas encore directement soumises à l'autorité française. Il y a généralement trois fermiers par État : le fermier des jeux, le

fermier de l'opium, le fermier des alcools. Tous sont Chinois.
Pour le Cambodge, la ferme des jeux paye au Trésor royal une
redevance annuelle qui dépasse cent mille piastres; elle en
gagne trois fois autant. Cette ferme appartenait, à l'époque
de ce voyage, à un jeune et fringant Céleste dont j'eus l'honneur de recevoir la visite à Posat. Je vous promets qu'ils n'ont
pas froid aux yeux, les Chinois millionnaires, et qu'ils toisent
du haut de leurs millions les simples particuliers comme moi.
Il est vrai qu'on a la ressource de les traiter de voleurs, ce
dont ils ne s'offensent pas. Ils auraient tort : le bacoin est le
vol organisé, car j'ai omis de vous dire que, *si le point d'un
sort,* il y a *refait;* en d'autres termes, les ponteurs perdent la
moitié de leur mise. Faites à ce petit jeu l'application du
calcul des probabilités : vous verrez que le banquier a cinq
chances de gain alors que vous n'en avez que trois. Il faut
que le démon soit bien puissant.

Les jeux publics sont supprimés dans la Cochinchine française; espérons qu'ils ne tarderont pas à l'être dans le reste
de l'Indo-Chine.

La passion de l'opium est plus funeste que celle du jeu,
parce qu'elle ruine à la fois la bourse et la santé. Il existe à
Battambang une grande fabrique d'opium, et Nioc m'y conduisit après une inspection sommaire des tripots. Je fus reçu
avec une dignité toute chinoise par le propriétaire, qui est un
homme grand, gros et gras, comme le sont les Célestes quand
ils se mêlent de prendre de la graisse et du ventre. Ce Chinois
majestueux nous fit servir du champagne Moët et Chandon
parfaitement véritable. Heureusement il n'était pas frappé; je
serais mort de honte.

Si les fermiers d'opium vous reçoivent avec distinction, ils
ne vous apprennent pas grand'chose. L'opium consommé en

Indo-Chine vient de l'Inde ; mais la transformation du *chandoo,*
ou produit direct du pavot blanc, en pâte épaisse et *fumable,*
s'opère dans les lieux de consommation, au moyen de séries
de distillations et manipulations diverses dont les Chinois
conservent précieusement le secret. Mais cette question d'al-
chimie n'est pas des plus intéressantes ; vous aimerez mieux
savoir si le gouvernement français prend des mesures pour
empêcher l'intoxication en grand des peuples indo-chinois
qu'il s'est donné pour mission de civiliser. Non, aucune mesure n'a été prise pour atteindre ce but ; d'où nous devons
conclure qu'aucun remède ne pouvait être apporté au mal.
Pendant les vingt premières années de l'occupation de la
Cochinchine (1860-1880), la ferme de l'opium a appartenu à
des Chinois et la redevance qu'elle payait au Trésor a successivement passé de 500 000 francs à près de 6 millions.
En 1881, une dernière adjudication a eu lieu sur la mise à
prix de 9 millions ; les Chinois n'ont pas soumissionné, et une
régie, installée sur le modèle de la régie des tabacs, les a
remplacés. A la même époque, le gouvernement colonial a
passé un marché avec le roi Norodom, et la ferme d'opium du
Cambodge a été réunie à la régie de Cochinchine. Il n'est
donc pas question en ce moment d'interdire l'entrée du
chandoo indien dans nos possessions asiatiques, et nous devons admettre que cette interdiction, — qui priverait les
colonies de la moitié de leurs revenus, — a été reconnue impossible. J'ajouterai seulement que si les produits de l'opium
ont augmenté dans le rapport de 1 à 20 depuis notre occupation, on aurait tort d'en conclure que la consommation
s'est accrue dans la même proportion : ces résultats sont dus
en grande partie aux améliorations successivement introduites
dans le service des douanes et qui ont rendu la contrebande
très difficile.

En suivant le courant d'idées qui domine aujourd'hui, l'explorateur qui parcourt l'Indo-Chine doit se préoccuper de trouver des terrains propres à la culture du pavot blanc (*papaver somniferum*), et de permettre ainsi à la France d'approvisionner elle-même, sans l'aide coûteuse des Anglais, les fumeurs de ses colonies. Or ces terrains existent au Cambodge, et je ne puis mieux faire à ce sujet que de citer l'avis d'un homme fort compétent en la matière, le regretté M. Spooner : « Le pavot blanc dont on extrait l'opium, ne croît pas en Cochinchine. Mais je n'ai aucun doute que les bords du Mékong, surtout au Cambodge, offriraient de vastes espaces propres à cette culture. J'ai vu les terres consacrées à cette exploitation entre Bénarès, Patna et Gazipoure ; elles ne sont pas dans de meilleures conditions et la température ne diffère pas, surtout à l'époque de la production, de la température du Cambodge. »

Une plantation de 2 000 hectares de pavots assurerait la consommation de la Cochinchine. Il en faudrait à peu près autant pour celle du Cambodge et des provinces contiguës. La mise en valeur de ces plantations comporterait une dépense de cinq millions de francs. Il n'y aurait aucune distillerie à établir ; elles existent.

Je n'ignore pas qu'en recommandant la culture de l'opium au Cambodge, je m'attirerai les anathèmes des philanthropes qui prêchent la suppression de ce funeste narcotique. Certes, je blâme comme eux le procédé anglais, qui a consisté à imposer à coups de canon aux Chinois l'obligation de s'empoisonner à petites doses, pour permettre au budget des Indes d'augmenter ses revenus. Mais aujourd'hui le mal est fait, et il est inutile de chercher à guérir un fumeur d'opium de son invincible passion. Après avoir proscrit sous des peines terribles, même la mort, l'importation et l'usage de l'opium, le gouvernement de Pékin est obligé de tolérer les plantations de pavots dans les provinces méridionales de l'empire. Voilà donc les Chinois qui obtiennent une matière première, à la vérité moins estimée et moins chère que celle de marque anglaise, mais tout aussi dangereuse ; ils perfectionnent chaque jour leurs procédés, font la concurrence sur leur propre marché aux produits de l'Inde, et commencent à s'empoisonner eux-mêmes !

On ne doit pas, au demeurant, s'exagérer l'étendue du mal. Il ne faut pas croire que tous les Asiatiques de l'Extrême-Orient fument l'opium : les fumeurs sont l'exception. En Cochinchine, par exemple, la classe des fumeurs comprend 30 000 individus sur 1 800 000 habitants. La plupart sont des Chinois, ainsi que le démontrent les livrets d'abonnement donnant droit à une faible réduction de prix. Le reste, il faut bien l'avouer, dit M. Spooner, ce sont les indigènes d'une classe relativement supérieure; on compte même un certain nombre d'Européens, que le manque de distractions, les liaisons et l'exemple entraînent dans ce vice funeste. Parmi les Annamites les lettrés d'inspection, les chefs de milices, certains notables, forment le plus gros appoint.

La contagion n'a pas atteint les populations rurales. En effet, fumer une pipe d'opium n'est pas une chose aussi simple que de fumer une pipe de tabac. Le *chandoo* coûte fort cher; il est à l'état de pâte claire, se dessèche à l'air, n'est vendu que dans les centres habités. Fumer exige un lit, une lampe à l'abri des courants d'air, une dextérité de main considérable pour préparer la matière sans la carboniser et la faire adhérer au fourneau. Après dix ou vingt pipes, suivant l'état d'intoxication du fumeur, vient l'assoupissement. Une pipe se fume en dix secondes au plus, et d'une seule bouffée, par l'aspiration continue de la fumée de l'opium brûlé à la flamme fixe de la lampe. La pipe finie, un boy la prend des mains du fumeur inerte, en prépare une autre et la lui remet à la bouche. Le paysan n'a heureusement ni le temps ni les moyens de se livrer à pareil exercice. La grande consommation est celle des coolies et artisans chinois, qui vont à la fumerie d'opium comme l'ouvrier français va chez le marchand de vin. Entrez dans ces espèces de cafés qui ressemblent assez à une salle d'hôpital; vous n'apercevez que des consommateurs étendus sur des nattes, les uns fumant encore, les autres déjà endormis de ce sommeil factice

Fumeurs d'opium.

qui leur fait perdre toutes sensations physiques et tout sentiment de la vie réelle. Une fumée dont l'odeur pénétrante plaît à beaucoup d'Européens, vicie l'air de ces bouges qui ne désemplissent pas de toute la nuit.

Un riche fumeur consomme facilement par jour de deux à trois francs de ce narcotique, dont il ne peut plus se passer au bout d'un certain temps, sans être pris par une diarrhée violente; bientôt il doit forcer la dose pour obtenir l'assoupissement; c'est, suivant sa constitution, un condamné à mort dans un délai de deux à dix ans.

Je reçus un jour la visite d'un jeune seigneur adonné à l'usage de l'opium; rien jusqu'alors n'avait pu vaincre sa passion, ni les supplications de sa mère, ni les feintes menaces de Catatone; et il venait me demander un remède. Ce jour-là il avait son bon sens, n'ayant pas fumé depuis quarante-huit heures ; l'abus de l'opium entraîne quelquefois la perte de la raison. Je n'ai su que lui dire, naturellement, sinon de ne plus fumer.

Ce malheureux revint une seconde fois : sa passion avait triomphé de mes conseils, et, suivant son habitude, il avait arraché quelques piastres à sa mère, en la menaçant de mort, puis il s'était procuré le poison qu'il m'apportait dans une petite boîte soigneusement fermée. Ayant dévissé le couvercle d'écaille, il plongea son doigt dans la pâte molle et le porta à sa bouche.

« J'en suis venu, me dit-il, à manger l'opium; fumer ne me suffit plus. Mon père s'est tué ainsi en moins d'un an; je voudrais bien m'arrêter, mais c'est plus fort que moi. »

Après avoir avalé une partie de sa boîte, il me quitta en disant :

« Maintenant je vais me coucher. Le sommeil me prendra bientôt. J'en ai pour deux jours avant d'être complètement réveillé. »

La veille de mon départ, le même mandarineau vint me dire adieu et m'amena sa mère pendant mon déjeuner; je les fis asseoir et manger. La pauvre femme, dont la figure marquait la désolation, me demanda avec anxiété si enfin je ne connaîtrais pas un moyen de débarrasser son fils de sa terrible passion. Poussé dans mes derniers retranchements, j'ai donné alors une consultation, que la Faculté me pardonnera eu égard au cas désespéré qui se présentait : je conseillai au malade, quand il sentirait naître en lui le désir de l'opium, — désir tellement violent qu'il pourrait presque se comparer à la folie rabique, — de boire assez d'alcool pour tomber en état d'ivresse. Ce traitement césarien a-t-il été suivi? a-t-il donné de bons résultats? Sans doute je ne le saurai jamais.

Le pégoin.

CHAPITRE XXI

10 janvier.

Avant de quitter Battambang j'obtins la faveur de visiter la
pagode ducale. C'est une chapelle en pierre, fort petite et
ornée d'une façade assez semblable à celles des plus mo-
destes églises de village ; elle ouvre assez rarement sa porte de
bois dont la garde est confiée à des bonzes, et son intérieur,
rempli de Boudhas grands et petits, ou de cadeaux offerts à
Boudha, est un véritable musée. J'admirai tout particulièrement une paire de défenses d'éléphant dont la longueur
atteint 2 mètres 25. Leur grosseur ne dépasse pas 20 centimètres ; c'est un caractère distinctif de l'éléphant d'Asie de
posséder des défenses longues et minces. Celles de l'éléphant
d'Afrique sont, au contraire, plus courtes mais plus massives.
Les deux races se distinguent, du reste, par d'autres caractères : la tête est simplement bombée dans l'espèce africaine,
doublement dans celle de l'Inde ; les oreilles du proboscidien
d'Afrique sont plus longues et ses dents montrent des lo-
sanges d'émail, au lieu d'ellipses festonnées. J'ajoute que les

dents sont de deux sortes : les incisives, qui constituent les
défenses, et les molaires, appropriées à un régime essentiellement végétal. Ces dernières ont fort peu de valeur commerciale; le véritable ivoire émaillé, jaunissant à l'air et assez
tendre pour laisser des rognures sous le canif, ne se trouve
que dans les défenses. Celles dont Catatone a fait présent à
Boudha ont appartenu, me dit-on, à un éléphant blanc gigantesque; ce colosse n'était pas cependant le plus beau représentant de son espèce; le roi de Siam possède des dépouilles
plus grandes encore; elles atteignent trois mètres de longueur
et sont placées de chaque côté de son trône.

La pagode de Catatone est entourée d'un pré clos par un
mur, et dans ce pré, au bord d'une mare, j'aperçois de petits
crocodiles qui dorment au soleil. N'étant pas prévenu que
ces jeunes caïmans sont consacrés à la divinité, je m'en
approche et je jette des pierres dans leur gueule ouverte. Les
bonzes poussent alors des cris de désespoir pendant que les
divins monstres se réfugient dans l'eau, et je demande pardon
à Boudha et aux hommes de ce sacrilège involontaire. Puis je
m'informe du genre de vie des êtres sacrés que je viens d'offenser si malencontreusement : les prêtres les nourrissent
avec le plus grand soin et ne leur servent que des charognes
bien et dûment putréfiées.

En quittant la pagode, mon ami Nioc voulut absolument
me conduire à sa maison, et je n'eus pas tort de le suivre. Je
trouvai une demeure délicieuse, perdue au milieu de massifs
touffus, avec une jolie façade à l'européenne et un escalier
de pierre à double rampe qui conduit au rez-de-chaussée. En
pénétrant dans ce frais sanctuaire, plus grand encore fut
mon ravissement : l'intérieur de l'habitation est entièrement
construit en bois de rose. Les parquets, les plafonds, les

boiseries, les colonnes qui partagent en plusieurs petites
pièces l'appartement unique du rez-de-chaussée, les chaises,
les meubles, tout est fait de cette essence précieuse que le
pays produit en abondance. Je fus charmé de voir des échan-

Une pagode cambodgienne.

tillons aussi magnifiques des forêts que j'allais précisément
visiter, et je me figurai quel effet produiraient ces bois grossièrement polis et vernis s'ils eussent été travaillés en Europe.
Je me rappelai aussi le palais du vice-roi, où l'on ne voit
guère que des bois communs, et j'eus une nouvelle preuve

de l'intelligence supérieure de Catatone : dans beaucoup d'autres capitales asiatiques, un mandarin assez osé pour étaler un pareil luxe eût payé son audace de sa tête. J'eus l'indiscrétion de demander à Nioc ce que lui coûtait son charmant hôtel : « Soixante mille francs, me répondit-il ; mais dans ce chiffre il entre seulement pour trois mille piastres de bois de rose. » Ce bon marché m'étonna ; Hunter estimait aussi qu'à la cote de Londres des planches et des billes aussi magnifiques représentaient une valeur dix fois supérieure.

11 janvier.

Impatient de visiter les forêts qui donnent le bois rouge et de m'assurer qu'elles sont exploitables, je hâtai les préparatifs du départ. Le lendemain, quatre éléphants de grande taille furent amenés auprès de la pagode, et, suivis d'une demi-douzaine de Cambodgiens montés sur des chevaux, nous nous mîmes en route vers le sud, en remontant la rivière de Battambang.

Après un parcours d'environ dix milles, on s'arrêta pour déjeuner au village de *Banon,* où se trouve un des sanctuaires les plus vénérés et les plus riches de toute l'Indo-Chine. Des successions d'escaliers creusés dans le rocher, aux quatre points cardinaux, conduisent au sommet d'un mamelon où s'élèvent les ruines d'un temple orné de neuf tours ; la tour centrale repose, disent les indigènes, sur le *nombril du Cambodge.* Une grotte, dite de *l'eau sainte,* existe au pied de ce monument ; ses voûtes calcaires forment des stalactites ; on vient de loin consulter le dieu de ce sanctuaire pour savoir si la récolte sera bonne ; l'eau qui suinte des parois est recueillie dans des vases ; plus le remplissage est rapide, plus l'année sera pluvieuse. Dans ce temple souterrain qui existait

à l'époque d'Angcor, la tradition s'est perpétuée de tenir en-
fermés des trésors sacrés dont l'imagination des indigènes
triple facilement la valeur. Son entrée, me dit Sao, qui est
à l'affût de tous les vols à commettre, est très étroite ; l'intérieur en est obscur, et si nous y entrons en masse, rien ne
sera plus facile que de remplir nos poches de statuettes d'or
enrichies de diamants. Il ajoute en me montrant une médaille
que lui a donnée un missionnaire :

« Moi catholique ; Boudha n'a pas bon. »

A Banon, la rivière se partage en deux branches ; nous
suivîmes celle qui vient du côté de l'Orient. A peu de distance de ce confluent, les cultures cessent ; nous entrâmes
dans une plaine couverte de jungles, qui s'étend à perte de
vue jusqu'à la limite des grandes forêts. Aucun incident ne
troubla cette première journée, qui n'en fut pas moins pénible ; car les éléphants marchaient si vite que les chevaux,
embarrassés par les herbes, les suivaient avec peine, et rien
ne peut donner une idée de la manière dont un éléphant vous
secoue à cette grande allure. Le campement du soir se fit
dans la prairie, mais nous n'eûmes pas de moustiques. Cet
intéressant insecte ne s'éloigne guère des bords du lac ; il lui
faut de l'humidité, et je n'en ai pas vu un seul à Battambang,
dont le séjour, pour cette raison, n'est pas moins délicieux
que celui de Posat.

Le lendemain, on continua la route à travers la savane et
on s'arrêta de bonne heure dans un petit hameau nommé
Slou-Cram; Hunter avait tué chemin faisant, du haut de sa
monture, un petit chien sauvage, aux oreilles droites, au poil
fauve et rude, à la mâchoire en dents de scie, un loup en
miniature. Les plaines désertes du Cambodge sont remplies
de ces animaux carnassiers qui poussent le soir de longs hurlements plaintifs. Ainsi font, du reste, les chiens domestiques

qui appartiennent à la même race, ou du moins qui ont
exactement le même aspect et n'aboient pas comme les
nôtres[1]; à Pnom-Penh, par exemple, quand un chien se met
à hurler pendant la nuit, tous les autres chiens lui répondent, et vous êtes bientôt réveillé par un concert inimagi-
nable. Ces bêtes, dont les indigènes font ce qu'ils veulent,
sont féroces pour les Européens; la vue de l'homme blanc
provoque chez eux une colère indescriptible, comme chez le
buffle domestique. Tout le monde sait, en Cochinchine, quel
danger on court en s'approchant trop près d'un troupeau
de buffles au pâturage. Du plus loin qu'ils voient ou qu'ils
éventent un Européen, ils le chargent avec rage, et alors il
n'y a de salut que dans la fuite. Cette rancune inexplicable
contraste singulièrement avec la soumission de ces puissants
animaux et leur obéissance à leur conducteur indigène, qui
est souvent un tout petit enfant.

Nous couchâmes le soir du second jour au village de *Tiu-
til*, à 30 milles au sud de Battambang, et le lendemain nous
entrâmes sous bois. Il faut encore une bonne journée de
marche dans la direction du sud-est avant d'atteindre le
centre de production des bois de rose (en cambodgien *Kra-
nioung*). Nous sommes sur le versant nord des montagnes de
Cardamom, et la forêt s'épaissit de plus en plus. Mais que

---

[1] Les chiens ont la faculté de perdre et de recouvrer l'aboiement, c'est-à-dire la
voix particulière qu'on pourrait si bien croire leur être naturelle. (De Quatrefages.)
   En 1710, les Espagnols lâchèrent un certain nombre de chiens dans l'île déserte
de Juan Fernandez, pour détruire les chèvres sauvages qui servaient au ravitaillement des corsaires; ces chiens, en effet, les dévorèrent et se multiplièrent énormément. Or il fut constaté en 1743 qu'ils avaient perdu l'aboiement. Quelques-uns
d'entre eux, pris à bord d'un navire, restèrent muets jusqu'au moment où, réunis à
des chiens domestiques, ils cherchèrent à les imiter.
   Un couple de chiens de la rivière Mackenzie, amenés en Angleterre, n'eurent
jamais que le hurlement de leurs compatriotes; mais la femelle ayant mis bas en
Europe, son petit, entouré de chiens qui aboyaient, apprit fort bien à faire comme
eux.

nous importe la brousse? Nous sommes perchés sur des montures qui la dominent et paraissent s'en peu soucier. Les marécages, les cobras, les scorpions ne leur font pas peur. Elles écrasent tout sur leur passage. Je comprends alors toute la méchanceté du petit pacha de Posat, quand il nous a condamnés à faire à pied l'ascension de la montagne du Vent. Et puis comment vous exprimer toutes les précautions que prennent les éléphants à travers le dédale des arbres, pour éviter qu'ils ne nous arrive quelque avarie? Le cheval, en pareille circonstance, ne s'inquiétera que de lui, et si une branche vous barre la route à hauteur de votre tête, c'est à vous de faire attention. Un éléphant bien dressé n'agit pas ainsi; sachant qu'il porte sur son dos un bât dont la hauteur atteint 1 mètre 50, il calcule d'après cela les endroits où il doit passer, et s'il n'en trouve pas, il s'arrête. Pourquoi détruire cette bête si intelligente, au lieu d'entreprendre résolument sa domestication?

La forêt de bois de rose où nous sommes est une des plus riches du Cambodge. Elle mesure quinze à vingt kilomètres de chaque côté. Les arbres sont grands et droits; ils peuvent fournir des billes rectilignes de 40 à 50 centimètres d'équarrissage, et de 5 à 8 mètres de longueur. Quelques-uns d'entre eux ont des loupes, sortes d'excroissances arrondies qui donnent des plaquettes tellement bien veinées qu'elles se vendent un franc le kilogramme dans le pays.

Le Cambodge possède plusieurs autres forêts remplies de cette essence précieuse, qu'il ne faut pas confondre avec le bois de rose du Brésil : à grain fin et serré, complètement inaltérables et inattaquables par les tarets, les bois rouges d'Indo-Chine ont une densité supérieure à celle de l'eau. Les mêmes forêts contiennent une foule d'autres essences, dont

quelques-unes sont susceptibles d'exportation en Europe;
mais il s'en faut que toutes soient exploitables; celles-là seulement peuvent être l'objet d'une exploitation rémunératrice,
qui sont traversées par des cours d'eau navigables, ou tout
au moins flottables, jusqu'au port d'embarquement[1].

Nous restâmes trois jours entiers dans les forêts de Cardamom, qui sont inhabitées et malsaines, sans qu'aucun
incident agrémentât nos recherches forestières. Nos seuls
voisins furent quelques grands singes inoffensifs, semblant
appartenir à la famille des orangs-outangs[2], et nous ne
payâmes qu'un léger tribut à la fièvre pernicieuse. Je ne par-

---

[1] La flore est extrêmement variable d'une contrée à l'autre de la péninsule indo-
chinoise; c'est ainsi qu'au Cambodge on trouve beaucoup d'essences qui n'existent
pas en Cochinchine, et réciproquement plusieurs essences de Cochinchine manquent
au Cambodge. Dès 1875, une commission nommée pour étudier l'île de Phu-Quoc,
qui relève de la Cochinchine et n'est distante d'Hatien que de 30 milles en mer,
s'étonnait d'y trouver une centaine de variétés inconnues dans la colonie, et ces
variétés sont propres au Cambodge, avec lequel l'île en question était reliée autrefois par le prolongement de la chaîne de l'Éléphant; de même encore, l'essence si
merveilleusement conservée dans les ruines d'Angcor n'existe pas au Cambodge,
mais on la rencontre à 70 milles au nord de la chaîne de *Pnom-Koulen*, dans les
environs d'*Angcor-Riet* ou *Korat*, qui paraît avoir été la capitale des Khmers anté-
rieurement à la construction d'Angcor-Thom; enfin, et pour ne citer qu'une essence
bien connue, le teck, qui abonde dans le bassin du Ménam et alimente à Bangkok un
important commerce, n'existe pas au Cambodge. On peut même dire que dans chaque
forêt domine une essence particulière. J'ajouterai que toutes les essences précieuses
à grain serré poussent avec une extrême lenteur; une forêt privée de ses grands
arbres perdra toute sa valeur pendant plusieurs générations; ceci explique pourquoi
les bois exotiques, — ceux du Brésil notamment, — commencent à se faire rares et
atteignent des prix si élevés sur les marchés d'Europe.

[2] J'avoue n'avoir rien vu de comparable aux merveilles racontées par Buffon, sur
la foi de M. de la Brosse et autres voyageurs « des moins crédules et des plus véri-
diques »; les singes apprivoisés d'aujourd'hui possèdent peut-être une intelligence
moins vive que ceux du siècle dernier, ou bien nous sommes préparés dès l'enfance
à voir sans surprise leurs tours et leurs grimaces; ceux que j'ai rencontrés dans
l'état de nature ne sont jamais venus « s'asseoir autour de nos feux et se chauffer »;
ils ne nous ont jamais « attaqués à coups de pierre ni à coups de bâton »; ils prenaient la fuite ou se tenaient à distance respectueuse, et aucune de leurs gambades
plus ou moins drolâtiques ne semblait dépasser l'intelligence du chien.

lerai pas des fourmis blanches; il y en a dans tout le Cambodge, du moins dans les terrains sablonneux, où il leur est
plus facile de se construire des demeures qui atteignent quelquefois trois à quatre mètres de hauteur. La première fois
que vous verrez ces fourmilières gigantesques, vous ne pourrez croire qu'elles sont l'œuvre de ce petit animal industrieux; cela est vrai pourtant, et vous donnera à réfléchir sur
les prétentions de l'homme au monopole de la raison. On distingue trois genres de fourmis : la rouge, la noire et la
blanche. Celle-ci est extrêmement petite. Il y a aussi trois
grandes races dans l'espèce humaine : la blanche, la noire
et la jaune. Chez les fourmis comme chez les hommes, la
race blanche est incontestablement supérieure aux autres
races.

Comme nous sortions des bois en nous dirigeant vers le
village de Tiu-Til, une rencontre inattendue vint jeter un
froid dans l'âme faible de nos Cambodgiens. Ce fut celle
d'un énorme serpent boa, le premier que je voyais depuis
mon départ de Saigon. Le reptile venait de faire une promenade dans la jungle et regagnait la brousse avec lenteur, dé-
roulant majestueusement ses anneaux et levant la tête à deux
mètres du sol. Hunter allait le tirer du haut de son éléphant,
quand je lui criai de n'en rien faire. Pourquoi tuer les boas?
C'est encore un préjugé que de croire cet animal dangereux.
Sans doute, si vous marchez sur lui, il pourra bien vous
broyer un bras dans ses mâchoires, et même, votre effroi
aidant, s'enrouler autour de votre corps et vous étouffer.
Mais pareille aventure n'arrive presque jamais, n'en déplaise
aux romanciers, et l'on doit se préoccuper avant tout des
services que le boa rend à l'homme dans ces pays infestés de
reptiles beaucoup plus petits, presque invisibles, mais à la
morsure mortelle.

Les zoologistes partagent les reptiles (ophidiens) en deux
grandes familles, désignées sous le nom de *vipéridés* et de
colubridés. Les premiers, ainsi appelés des vipères, sont des
ophidiens essentiellement venimeux, qui ne craignent pas
toujours l'homme, mordent souvent pour le plaisir de mordre
et introduisent leur venin dans la plaie au moyen de dents
en crochets implantées dans leurs maxillaires supérieurs.
Ces dents sont tantôt canaliculées en tube, tantôt simplement cannelées à la surface antérieure. Les crotales ou serpents à sonnettes, les trigonocéphales des Antilles et les
bothrops ou vipères fer-de-lance, les aspics et les cérastes ou
vipères cornues de l'Afrique, appartiennent à la première
catégorie. La seconde, qui est très répandue en Indo-Chine,
comprend les najahs ou serpents à lunettes, les élaps ou serpents corail, les serpents bananes, et les hydrophis ou serpents marins. Ces derniers surtout sont très dangereux et
empêchent nombre d'Européens de se baigner dans les rivières; chaque année ils font des victimes parmi les pêcheurs
annamites.

Les *colubridés,* au contraire, ne sont pas venimeux du tout,
ou bien ils le sont à un degré moindre que les précédents.
Les couleuvres ordinaires, les pythons d'Afrique et les boas
américains ou asiatiques, dont la taille dépasse celle de tous
les autres reptiles, n'ont aucune dent cannelée et manquent
aussi de glandes à venin. Leur principale fonction dans la
nature consiste à détruire les reptiles ou les insectes venimeux et méchants. Ainsi le boa est l'ami de l'homme, comme
certains grands oiseaux à long bec, le marabout, la cigogne,
la grue antigone. Malheureusement la terreur que sa vue
inspire, triomphe de tous les raisonnements, et on ne le
respecte pas toujours. Je puis cependant citer une exception
remarquable.

Il existe à Saigon, — ou du moins il existait encore en
1881, — un très beau serpent boa qui avait élu domicile dans
des terrains vagues, touchant à la ville du côté de la plaine
des Tombeaux. Plusieurs routes longent ces terrains; des
maisons isolées sont bâties dans le voisinage, mais jamais le

Araignée monstre.

serpent n'a fait de mal à personne et jamais les Annamites ne
l'ont inquiété. On le voit de temps à autre traverser lentement une promenade macadamisée qui coupe en deux ses
domaines; si vous êtes en voiture, votre cocher *malabar*
arrête ses chevaux et attend que le maître de céans ait disparu dans les herbes. Le monstre, dont la longueur dépasse
sept mètres, est peut-être le père de tous les petits boas qui
peuplent les jardins de Saigon. Si ces jouvenceaux avaient la

sagesse et la discrétion paternelles, on tolérerait mieux leur présence dont l'utilité est bien reconnue; mais parfois il leur prend fantaisie de s'introduire dans les appartements, et ces licences ne sont pas admises. Par exemple, quand on rentre le soir et qu'on se prépare à se mettre au lit, il est fort désagréable de trouver la place occupée par un petit boa, c'est-à-dire un gros serpent, qui dort chaudement enroulé sur la couverture. Vous oubliez alors qu'il a purgé la maison de corails, de scorpions, d'araignées monstres, de cent-pieds, et qu'il goûte un repos bien mérité. Vous perdez la tête et vous le tuez d'un coup de fusil.

Au village de Tiu-Til, un chasseur cambodgien que j'avais déjà vu à l'aller, vint me proposer mystérieusement de me vendre une belle paire de défenses d'éléphant. Elles avaient, me dit-il, 1 mètre 60 de longueur, et il en demandait 300 francs. A coup sûr ce n'était pas trop cher. L'indigène les tenait enfoncées sous terre depuis huit mois. Vous saurez en effet qu'au Cambodge, comme dans le Siam et toute l'Indo-Chine, l'ivoire des éléphants sauvages est la propriété du roi. Un chasseur tue au péril de sa vie un vieil éléphant mâle; la partie la plus noble de la dépouille, celle qui a une véritable valeur, ne lui appartient pas. Il encourt les peines les plus sévères s'il la conserve clandestinement. Les princes vassaux eux-mêmes, — celui de Battambang, par exemple, — doivent envoyer chaque année un certain poids d'ivoire à leur suzerain. Quand la chasse n'a pas été bonne, le déficit se reporte à l'année suivante. Il en est de même pour certaines fournitures de plantes rares; on ne peut les remplacer par l'équivalent en argent.

En quittant Tiu-Til, nous laissons à droite le chemin de Battambang qui est orienté sud-nord, pour nous enfoncer dans l'ouest à travers une alluvion de formation beaucoup plus ancienne que la Cochinchine et le bas Cambodge ; elle s'étend depuis le Grand-Lac jusqu'au golfe de Siam ; les massifs montagneux de Posat, de Cardamom, de Tapong et de Compong-Som, qui formaient il y a deux mille ans l'île de Kuklok, la limitent vers le sud-est ; la mer la borne du sud à l'ouest, jusqu'aux bouches de la rivière de Kabin et du Ménam ; une douzaine de pics isolés ou de petites chaînes, — anciennes îles semblables à celles qui bordent encore les côtes siamoises et cambodgiennes, — émergent du sein de cette plaine absolument plate, aujourd'hui insubmersible, dont la superficie dépasse 50 000 kilomètres carrés.

A travers cette alluvion fertile, mais cultivée seulement aux environs des villages, nous nous dirigeons vers les mines de saphirs de Boyen, situées à près de 60 milles des montagnes de Cardamom, entre Battambang et le littoral du golfe de Siam.

CHAPITRE XXII

22-30 janvier. — Les mines de saphirs. — Danger de l'exploitation des placers. — Moyen de reconnaître les pierres précieuses. — Rencontre de voleurs. — Retour à Battambang. — Le 1er janvier chinois. — Adieux du vice-roi. — Départ pour la principauté d'Angcor.

22 janvier.

Trois étapes dans la savane suffisent pour atteindre Boyen, qui est le quartier général des chercheurs de pierres précieuses. Tous les environs de cette petite ville ont été retournés et fouillés depuis vingt ans; une autre mine existe à quinze milles au nord, près d'un village nommé *Kadol;* enfin on trouve des rubis non loin de Chentaboum.

Les gisements originaires de tous ces minéraux sont les roches cristallines anciennes; les dépôts alluvionnaires qui recouvrent la contrée en renferment aussi une notable quantité. Mais pour les mettre au jour il faut piocher la terre et déchausser les blocs de rochers, — sommets de montagnes ensevelies dans les alluvions; — ce sont ces fouilles, accompagnées de recherches laborieuses, de triages incessants, qui occasionnent une mortalité considérable parmi les mineurs birmans. Des miasmes dangereux se dégagent de la terre fraîchement remuée et engendrent à la longue des fièvres mortelles. Ces dégagements de gaz se vérifient sous tous les

20

climats, et acquièrent une activité redoutable dans les terrains
marécageux, qui sont une véritable usine à gaz acide sulfhy-
drique, hydrogène sulfuré et arsénié. Dans la zône intertropicale, le phénomène atteint son maximum d'intensité.
J'ignore ce qui se passe à l'isthme de Panama, mais je puis
dire qu'en Cochinchine le creusement du canal de Ving-té,
long de quatre-vingts kilomètres, celui du canal de Chogao,
long de six kilomètres, ont coûté la vie à des milliers d'Annamites soumis au régime de la corvée. Les mineurs birmans
de Boyen sont morts en quelques années dans la proportion
de neuf sur dix ; on n'en compte plus guère que quinze cents.
Il y en a deux mille autres à Chentaboum, autant à Kadol ; en
tout, près de cinq mille. Chacun d'eux doit payer trois piastres
par an pour acheter le droit de ramasser des pierres à son
profit, sous la réserve que les plus belles sont acquises à Catatone, qui est tenu de son côté d'en faire hommage au roi
de Siam. Cette réserve signifie simplement que le mandarin
chargé de la surveillance des mines fait main basse sur toutes
les trouvailles qui ont tant soit peu de valeur. Inutile d'ajouter
que le mineur dérobe tout ce qu'il peut. Appellerai-je cela de
la fraude ? Non.

Si le mineur triche, le mandarin directeur des placers
triche aussi, je vous le promets, et Catatone lui-même, Boudha lui pardonne, ferme les yeux sur bien des misères. C'est
ainsi que ses ministres, ne pouvant pas compter exactement
le nombre des mineurs soumis au droit de capitation, — lequel droit doit être versé au Trésor de Bangkok, — déclarent
deux à trois mille Birmans, alors qu'il y en a le double.

Dirai-je qu'aucun Européen ne doit songer à organiser dans
ces parages une exploitation quelconque ? La seule chose à
faire est de pousser jusqu'à ces mines une pointe de quelques
jours, et d'acheter, chemin faisant, ce que les mineurs birmans

veulent bien offrir aux touristes. Ouvrez l'œil, par exemple,
car il arrive que ces Birmans possèdent presque tous une pa-
cotille de verres diversement colorés qu'ils ne manquent
aucune occasion d'écouler comme pierres précieuses; ayant
fait quatre mille lieues pour se rendre dans le pays des saphirs, le voyageur naïf ne se méfie plus du bleu de cobalt des
verriers.

Au Cambodge, vous trouverez principalement le saphir
rouge ou rubis, le saphir jaune ou topaze, le saphir blanc, le
saphir bleu clair et bleu foncé. Les saphirs bleus représentent
à eux seuls les trois quarts des produits des mines. Le saphir
bleu foncé et le rubis ont la plus grande valeur; les lapidaires
les payent 15 à 20 francs le karat (environ un cinquième de
gramme). J'ignore du reste si la loi des carrés leur est applicable comme au diamant. Vous trouverez aussi des turquoises,
pierres bleues d'une jolie nuance, mais complètement dénuées
de transparence; des zircons, pierre blanche dont l'éclat
n'est pas très vif, mais qui peut être confondue avec le saphir
blanc ou le diamant; des grenats couleur rouge sombre, ou
rouge coquelicot (escarboucles), ou vermeils (grenats nobles)
qui se rapprochent des rubis sans en avoir la valeur. Je n'ai
pas la prétention de vous apprendre à distinguer du premier
coup d'œil, comme ferait un bon lapidaire, ce qu'il y a dans
une poignée de pierres brutes et sans éclat de très bon, de
moins bon et de détestable; les règles sont assez difficiles et
il faut être du métier. Le diamant lui-même, dans son état
naturel, n'est qu'un petit caillou à surface terne et grisâtre;
il doit tout son prix au travail de l'homme et vous ne dai-
gnerez pas toujours, — à votre insu, — le ramasser. Je suis
sûr, pour ma part, que si j'avais reconnu tous ceux que j'ai
tenus dans les mains en remuant le sable des rivières, je

pourrais ouvrir boutique au Palais-Royal. Mais quand on voyage, comme vous ferez sans doute, pour vous distraire et vous instruire plutôt que pour faire fortune, l'essentiel est bien moins de ne rien laisser échapper que d'éviter les fraudes grossières dont les Birmans, — les Cambodgiens aussi, — sont coutumiers. Voici quelques conseils à ce sujet.

Le meilleur caractère que l'on puisse employer pour distinguer les pierres fines les unes des autres est celui de la densité. Il suffit de les peser alternativement dans l'air et dans l'eau, et de tenir compte de la perte de poids qu'elles éprouvent dans cette seconde pesée.

Pierres incolores. — Un zircon blanc pesant un gramme dans l'air, pèse dans l'eau 0,775 ; un saphir, 0,766 ; une topaze, 0,716 ; un diamant, 0,715 ; un quartz, 0,611. Le diamant et la topaze éprouvant à peu près les mêmes pertes, il faut, pour les distinguer, appeler à son aide, soit la dureté, soit encore plutôt l'électricité par la chaleur, caractère qui n'appartient pas au diamant.

Pierres rouges. — Un saphir rouge (rubis), d'un gramme, pèse dans l'eau 0,766 ; un grenat, 0,750 ; un rubis spinelle (beaucoup moins dur que le saphir), 0,722 ; une topaze brûlée 0,716 ; une tourmaline, 0,690.

Pierres bleues. — Saphir bleu, 0,766 ; topaze, 0,716 ; tourmaline, 0,690 ; émeraude, 0,633.

On voit que les saphirs l'emportent sur toutes les pierres fines par la densité ; ils pèsent un cinquième de plus que le quartz ; ce dernier caractère vous empêchera, je le souhaite, d'être trompé indignement par les indigènes.

Après deux jours de promenade à travers les placers et sur des plateaux bas dont les crêtes peu marquées fuient dans la direction de Chentaboum, nous reprîmes la route de Battam-

bang de toute la vitesse de nos éléphants ; j'en avais assez,
plus qu'assez, de ces courses vagabondes, agrémentées de
trop nombreux accès de fièvre, et de cette nourriture peu
substantielle des indigènes, dont le riz constitue la base. Mon
projet fut de revenir à Pnom-Penh par le Grand-Lac en
côtoyant sa rive nord ; après avoir suivi par terre sa rive sud,

Un prince royal.

visité les montagnes de Fer et le pays des Kouys, je regardais
ce retour en jonque comme la chose la plus simple du monde ;
je me trompais.

La première étape vers Battambang se termina au village
de *Takot*. Là, je fis la singulière rencontre d'une bande de
malfaiteurs siamois que les gendarmes de Catatone condui-
saient en prison. Cette vue me rappela l'aventure de don Quichotte, voyant venir sur son chemin « une douzaine d'hommes
à pied, enfilés par le cou à une longue chaîne de fer, comme
les grains d'un chapelet, et portant tous des menottes aux
bras. »

« Quoi ! s'était écrié l'illustre chevalier, est-il possible que
le roi fasse violence à personne ? C'est ici que se présente

l'exécution de mon office, qui est d'empêcher les violences
et de secourir les malheureux, car il est clair que ces forçats
vont par force et non de leur plein gré. »

Là-dessus don Quichotte, du ton le plus honnête, avait prié
les gardiens de l'informer de la cause ou des causes pour
lesquelles ils menaient de la sorte ces pauvres gens.

Je fis comme lui, et voici la réponse qui me fut donnée par
le général des gendarmes :

« Les bons Siamois dont le sort m'intéressait venaient
d'être capturés dans le port de Chentaboum, au moment où
ils se disposaient, après avoir dépisté la justice pendant trois
ans, à prendre la mer et à gagner de lointains rivages. Or
ils étaient coupables d'avoir joué un tour pendable au gouverneur de la province de Raluos, soumise à l'autorité de
Catatone. Ce gouverneur possédait, comme ses congénères,
plusieurs femmes dont il se montrait fort jaloux. Un soir,
l'une d'elles alla très innocemment se baigner à la rivière.
Les bandits, aux aguets, se jettent sur la pauvre femme, la
bâillonnent, s'en emparent et l'emportent dans une forêt voisine, l'attachent à un arbre, exposée aux serpents et aux
tigres, et s'en vont. L'un d'entre eux vient alors trouver
mystérieusement le gouverneur et lui dit qu'une de ses
esclaves le trompe. Colère de Son Excellence, qui fait appeler
la femme; point de femme. Elle est partie disant qu'elle allait
au bain ; elle n'est pas au bain ; plus de doute possible, elle
est infidèle. Le Siamois dit alors qu'il sait bien où la trouver.
Le gouverneur prend son sabre et suit sans méfiance l'honnête homme qui va lui permettre de se venger. Ils partent
tous deux, mais juste à l'opposé du bois où la jeune fille était
toujours attachée. La nuit était venue et le Siamois portait
une torche pour éloigner les fauves. Arrivé dans un endroit
bien obscur, il fait semblant de s'être égaré, et prie le gou-

verneur de monter sur un arbre pendant qu'il va reconnaître son chemin. Il part et ne revient plus. Le gouverneur passa la nuit dans son perchoir, mangé par les fourmis, mais n'osant pas descendre faute de lumière. Quand il revint chez lui, le lendemain matin, furieux d'avoir été berné, il ne trouva plus que les quatre murs. Les voleurs (ils étaient une quinzaine) avaient mis sa maison au pillage. »

Après ce récit, je ne me sentis pas l'envie « de prier M. le commissaire et MM. les gardiens de vouloir bien détacher les forçats et les laisser aller en paix avec leur péché, que Dieu se chargerait de punir », et je poursuivis mon chemin en toute hâte. Le fouet n'est pas nécessaire pour exciter l'éléphant; la voix suffit. Le cornac possède seulement un court bâton terminé par un fer recourbé ; il le lui plante avec force sur le devant du front, soit pour modérer son allure, soit pour l'arrêter. On ne s'explique pas que l'animal tolère un pareil procédé, auquel il doit être sensible, car l'épaisseur de sa peau ne le garantit même pas des piqûres de moustiques.

Le lendemain, nous arrivions à Battambang, et il était temps : j'allais être entièrement désossé.

Je reçus à déjeuner le prince héritier, à qui l'uniforme de général sied à ravir. Le divin Apaï est un grand jeune homme mince, imberbe comme presque tous les Cambodgiens; il porte la tête haute, vous regarde rarement en face, possède l'amitié du roi de Siam, qui est jeune aussi, plus que celle des habitants de Battambang, qui souhaitent de longs jours à son père. Mon hôte va souvent à Bangkok, le Paris de la contrée, et ses succès *dans le monde* ont fait un certain bruit. Le déjeuner fut court, froid, diplomatique, — au moins de la part du futur souverain, qui avait hâte de retrouver son harem. — On le dit extrêmement jaloux.

Le soir, grande fête chinoise dans Battambang : ce jour-là,
— 30 janvier, — commence une nouvelle année pour les Célestes, et ceux-ci sont en liesse. Dans chaque maison, dans
tous les magasins ouverts en grand sur la rue, et jusqu'au
milieu de la rue même, les Chinois ont dressé des autels et
offert à Boudha des festins magnifiques qui s'étalent sur de
longues tables, et où se remarque invariablement le petit
cochon cuit tout entier ; ces festins consacrés au fondateur
de leur religion, ce sont eux qui les mangent, bien entendu,
avec leur ordinaire gloutonnerie. Puis vient l'illumination, qui
se fait, non pas aux fenêtres, mais bien par terre ; des files
de chandelles forment de chaque côté de la rue comme deux
bordures de trottoirs. Enfin les feux d'artifice terminent di-
gnement cette réjouissance tapageuse ; chacun tire le sien
devant sa paillotte et ne se gêne pas pour vous envoyer des
pétards dans les jambes. C'est à vous d'ouvrir l'œil. Le bon
marché des pièces d'artifice fabriquées en Chine est prodigieux ; les fonctionnaires de Saigon s'offrent quelquefois de
ces divertissements sonores ; avec cinq francs on peut faire
assez de bruit pour mettre son quartier sens dessus dessous.

Le 31 janvier se leva enfin ; c'était le jour fixé pour mon
départ. Catatone m'accorda une audience privée à huit heures
du matin. Je le remerciai chaudement de ses bontés, l'entre-
tins de mon excursion dans ses États, et eus l'occasion d'exprimer l'espoir que son tribut serait un jour diminué. Il
hocha la tête en souriant et m'annonça qu'il avait fait apprêter deux belles jonques pour me conduire à Angcor, sous
la garde d'un mandarin.

« Je ne veux pas, fit-il, que vous manquiez de rien. »

Je m'excusai à mon tour de n'avoir pas pu lui rendre sa
somptueuse invitation ; il balbutia je ne sais quoi ; peut-être

bien ai-je eu tort de ne pas le prier à déjeuner avec son divin fils ; mais Boudha m'est témoin que j'ai agi par déférence.

De retour à la sala, je trouvai Nioc qui m'apportait un superbe sampot en soie du pays, comme témoignage de son éternelle amitié. Je mis immédiatement cette précieuse ceinture rouge, ornée de dessins jaunes et bleus :

« Vous êtes presque aussi beau qu'un Cambodgien, » me dit-il alors.

J'ai conservé ce souvenir, qui me rappelle un brave garçon et constitue un bel échantillon de l'industrie indigène. Les soies du Cambodge sont les plus belles de l'Indo-Chine, et la culture du mûrier, l'élève du ver, sont susceptibles de prendre dans ce pays un important développement.

Après un déjeuner rapide pendant lequel je reçus les adieux du petit fumeur d'opium et de sa mère, je descendis à pied la grande rue de Battambang, jusqu'au mouillage où les jonques nous attendaient. Les eaux avaient baissé tellement que toute navigation était interrompue en face de la sala. Nous étions embarqués, et je donnais à Nioc une dernière poignée de main, quand un roulement de voitures se fit entendre : c'était Catatone en personne, suivi de sa cour, qui venait me souhaiter un heureux voyage. Il n'ajouta pas : « un prompt retour ». Confus de tant d'honneurs, je me confondis en remerciements, et enfin, revenu dans ma barque, j'envoyai de la main un salut définitif au vieux vice-roi, aux seigneurs qui semblent heureux de lui obéir, à la grande ville où j'avais reçu si bon accueil et à laquelle je prédis le plus bel avenir.

CINQUIÈME PARTIE

VOYAGE A ANGCOR

CHAPITRE XXIII

31 janvier - 6 février. — Navigation sur la rivière de Battambang. — Comment rament les Indo-Chinois. — Déjeuner à côté d'une famille d'orangs-outangs. — Rencontre d'un bateau monté par un grand mandarin de Pnom-Penh. — Changement de mousson. — Traversée du Grand-Lac pendant la nuit. — Perte d'une jonque. — Arrivée à Siam-Rep, chef-lieu de la principauté d'Angcor. — Insolation et fièvre.

31 janvier.

Les deux petites jonques de Catatone ne calent que 50 centimètres, et cependant elles talonnent sur les bancs de sable. Chacune d'elles porte une cabine de 2 mètres de long sur 1 mètre 30 de hauteur ; cette cabine, qui ne peut abriter qu'une personne, est percée de quatre ouvertures : deux portes suivant l'axe du bateau, deux petites fenêtres sur les côtés ; la barque a de 7 à 8 mètres de long ; les rameurs se tiennent à l'avant et à l'arrière ; l'avant est bas sur l'eau, l'arrière domine comme une minuscule dunette. Outre ces élégants bâtiments, que peuvent seuls posséder les princes et les plus riches seigneurs, nous emmenons une jonque vulgaire, dans laquelle ont pris place le mandarin subalterne qui nous accompagne, ainsi que les gros bagages, des échantillons encombrants, des caisses de vivres. Cette jonque,

grossièrement construite et dépourvue de tout confort, a la
même forme que les premières ; au lieu d'une bonne cabine,
elle porte un simple rouf arrondi comme celui des charrettes ;
des lattes de bois recourbées composent la carcasse de ce
rouf, dont les vides sont fermés par des feuilles sèches de
latanier et de bananier soigneusement entrecroisées ; ces
feuilles constituent un excellent bouclier contre le soleil : la
chaleur ne les traverse pas ; la surface extérieure du rouf brûle
la main, tandis que le dedans conserve toute sa fraîcheur.

Notre navigation est lente ; nous touchons à chaque instant,
et il ne s'agit pas de se mettre au plein[1]. La réverbération du
soleil sur l'eau est abominable ; mais comment détacher les
yeux des rives merveilleusement boisées de l'arroyo ? Toutes
les combinaisons d'arbres, d'arbustes, de plantes aux feuilles
de toutes formes et aux mille couleurs, les conceptions les
plus savantes du plus habile jardinier, se trouvent réalisées
par la nature. Pendant que j'admire ces frais décors, nos
Cambodgiens, le corps nu jusqu'à la ceinture, et la tête
abritée par un simple foulard, nagent debout, suivant leur
coutume, qui est également celle des Annamites et des Siamois. Leur effort s'exerce en poussant la rame devant eux,
et pendant l'opération ils ne perdent pas de vue l'avant du
bateau. Nos matelots français, au contraire, rament assis en
amenant l'aviron à eux, et ils tournent le dos à l'avant. Le
patron seul suit de l'œil la marche de l'esquif. Dans les pays
sauvages, deux yeux ne suffiraient pas toujours à éviter le
danger. La méthode cambodgienne présente, en outre, l'avantage de permettre un travail beaucoup plus long. La mécanique démontre que la méthode européenne développe une
plus grande force musculaire dans un temps donné ; mais, en
revanche, le procédé cambodgien, moins bon pour un coup

---

[1] Terme marin qui signifie s'échouer.

Sampans (ghenois) cambodgiens.

de collier de quelques minutes, permet un effort continu et prolongé pendant des heures entières. Or, dans toute l'Indo-Chine, le proverbe anglais *time is money* en a menti : on arrive quand on peut, le temps n'a pas de valeur, l'essentiel est d'arriver.

A quatre heures, halte auprès d'une douane, ou plutôt d'un octroi qui se trouve à l'extrémité de la ville de Battambang. Nous avons parcouru 16 kilomètres. Cette douane est spécialement affectée au bois; nous trouverons plus loin celle du riz. Les droits d'exportation des bois de toute espèce et de toute qualité s'élèvent au dixième de la quantité exportée, aussi bien à Battambang que dans tout le Cambodge; ils sont payables en nature, et non pas en argent. Inutile d'ajouter que le mandarin chargé de les recevoir ne choisit pas les plus mauvaises billes. Cet état de choses ne saurait durer sous l'administration française.

Ce n'est pas pour payer l'impôt que nous nous arrêtons : c'est simplement pour dîner avant la chute du jour. A cinq heures et demie, on se remet en route; les rameurs, qui ont absorbé une copieuse ration d'eau-de-vie chinoise, nagent jusqu'à sept heures et demie. Il est nuit close depuis une heure. L'obscurité ne permet plus de se conduire à travers les coudes très nombreux du fleuve. On stoppe à côté de grandes jungles à moitié noyées.

1er février.

Ah! l'affreuse nuit que nous avons passée! Personne n'a fermé l'œil. Les moustiques sont impitoyables. Pourquoi donc ce petit animal fait-il partie de la création? Quelle peut bien être son utilité? Les Cambodgiens ont entretenu constamment des feux de bois vert, dont l'épaisse fumée les étouffait; mais la fumée vaut encore mieux que les piqûres. Je les entendais bavarder, écraser les insectes à tour de bras sur leur dos et leurs mollets, et ils disaient aussi : « *Roquen,* » c'est-à-dire froid, car ces gens-là ont froid, quoique le thermomètre marque 18 degrés centigrades.

Ils démarrent au petit jour et rament de toutes leurs forces. Cet exercice les réchauffe. On continue à serpenter dans les méandres de la rivière. Aujourd'hui ses rives sont à sec ; de chaque côté s'étendent des forêts d'arbres aquatiques, dont les plus hautes cimes apparaissaient seules cinq mois auparavant. Ces arbres semblent assez chétifs, quand on vient des bois de Cardamom ; leur hauteur ne dépasse guère une dizaine de mètres. A leur pied croît une brousse clairsemée ; mais, par compensation, le sol, formé d'un limon gras déposé par le lac, est couvert d'un beau tapis de mousse. C'est là le royaume des buffles sauvages ; je ne me sens pas l'envie de les déranger.

A neuf heures, il commence à faire chaud. Nous accostons la rive gauche pour déjeuner à l'ombre d'un palétuvier. Pendant le repas, jugez de ma surprise : une famille de singes vient nous rendre visite sur l'autre bord de la rivière. Des débris de cocos, des bananes que les Cambodgiens leur jettent, les apprivoisent en peu de minutes ; bientôt plusieurs familles, — un village peut-être, — sont assises en face de nous, et dévorent avec force grimaces les cadeaux que nous leur envoyons. Sur ces entrefaites, Nam saisit un chassepot et fait mine de les coucher en joue : toute la bande se sauve. Ces singes-là savent ce que c'est qu'un fusil. Quelquefois les indigènes les tuent pour avoir leurs petits. Hunter m'explique que la mère les porte sur son ventre, dans une poche, et qu'il est nécessaire de la tirer à la tête ; mais nous n'avons nul désir de détruire ces intelligents animaux, qui comprennent bien vite la mauvaise plaisanterie de l'Annamite et

Petit orang-outang, nourri au biberon.

reviennent gambader sur la rive. On continue à leur jeter les débris du déjeuner, et quand nous partons, ils nous font la conduite comme pour témoigner leur reconnaissance.

La chaleur, absolument torride sur cette eau dormante, nous oblige à une seconde halte, vers une heure de l'après-midi. Quel bain délicieux je prendrais si ce fleuve était la Seine ! Mais ici ne vous y fiez pas. D'abord il y a les croco-diles ; puis la rivière fourmille de petits poissons voraces qui mordent n'importe où les imprudents nageurs. On cite un exemple remarquable de la méchanceté de ces poissons : c'est un Français qui en fut victime à Angcolborée, et s'il n'en est pas mort, il n'en vaut guère mieux. D'autres espèces, qui possèdent une nageoire dorsale épineuse, sont à craindre, si vous marchez en vous baignant ; une piqûre de ces nageoires vous empoisonne sans remède.

On reprend la marche vers deux heures sous un soleil de plomb. Beaucoup de bateaux remontent vers Battambang ; nous en comptons quarante, dont les plus grands jaugent cinquante tonneaux. Nous longeons aussi trois villages ; j'en-tends les curieux qui demandent à mes rameurs :

« Quel est ce joli bateau ?

— *Kopal mitop,* répondent ceux-ci. C'est le bateau du mitop. »

Tout homme blanc qui porte des galons est un mitop : un chef d'armée, s'il arrive de Pnom-Penh, un consul s'il vient de Bangkok.

Nouvelle halte à quatre heures et demie, dans une ville importante nommée *Bac-Préa,* où nous dînons. Bac-Préa est située au confluent de la rivière de Battambang et de celle d'Angcolborée ; leurs eaux réunies forment un beau fleuve de 80 à 100 mètres de largeur, sur lequel nos petites jonques naviguent tout à leur aise. Aussi nos Cambodgiens ne s'arrêtent-ils qu'à neuf heures et demie du soir, au port de *Pem-Sema*. Le bruit des tam-tams et des pétards nous apprend que les Chinois célèbrent toujours leur 1er janvier; quand ils s'amusent, — ce qui n'arrive pas tous les jours à ces gens laborieux, — c'est pour tout de bon. Nos jonques sont amarrées à un appontement rustique; le gouverneur me rend visite à mon bord. Nous causons assis en face l'un de l'autre, les jambes croisées, sur le plancher de la jonque ; deux torches nous éclairent, et les moustiques nous dévorent. Il m'annonce que la mousson commence à tourner ; c'est aux époques de changement de mousson que se forment les cyclones. « Le Grand-Lac, dit-il, est très agité tous les matins; il vaudra mieux le traverser de nuit, mais il faudra prendre garde aux pirates. »

Pendant cet intéressant discours, je prête peu d'attention à un léger chatouillement que j'éprouve sur le pied ; mais le chatouillement change de place, je regarde : un gros cent-pieds me monte sur la jambe. Par un brusque mouvement de détente, je le fais tomber à l'eau avant qu'il ait eu le temps de mordre; l'impudent reptile, que la lumière a fait sortir de la cale, servira de souper à quelque poisson. Mais comme c'est agréable de se savoir dans le voisinage de ces bêtes immondes!

2 février.

La nuit a été bonne, et nous sommes partis au petit jour. De Battambang à Pem-Sema, la rivière coule vers le nord-est; à quelques milles au delà de ce dernier port, elle s'infléchit d'équerre et coule dans la direction du sud-est jusqu'au Grand-Lac. Sa largeur est déjà de 150 mètres; à l'embouchure elle atteint un demi-mille. Il y a encore beaucoup d'eau, de deux à trois mètres; le pied des arbres est toujours noyé, les berges sont rarement visibles. On déjeune à bord,

vers dix heures, dans un mouillage exposé au soleil ; la chaleur est ahurissante, nous repartons bien vite. Peu après,
Hunter aperçoit un gros alligator qui fait la sieste sur la rive ;
il fait approcher sa jonque, le tire, le blesse ; mais le monstre
disparaît dans l'eau, qu'il rougit de son sang : il mourra dans

Scolopendre ou cent-pieds (grandeur naturelle).

son repaire. Hunter continue à côtoyer la lisière des forêts
noyées ; il tire d'autres caïmans endormis ; tous sont entre
deux eaux et nous échappent. Rien n'est plus difficile à reconnaître qu'un crocodile étendu sur le sable avec un pied
d'eau trouble sur le dos ; un chasseur novice pourrait le
prendre pour un vieux tronc d'arbre.

Vers trois heures, une grande et belle jonque de 25 mètres
de long, comme seuls en possèdent les plus riches Cambod-

giens, est signalée par tribord avant. Quinze rameurs ont
peine à lui faire remonter le courant. Qu'est-ce que ce bâtiment somptueux? Nous nous en approchons par curiosité.
O surprise! il est monté par un des premiers mandarins de
Norodom, qui reconnaît Hunter, et nous fait des signaux. Ce
seigneur, en route pour Battambang, où il a des parents, s'est
chargé de me remettre des caisses de vivres, des cartouches,
un sac de 500 piastres et ma correspondance d'Europe. Un
peu plus nous le manquions. C'est avec joie que je lui fais
boire une des bouteilles de bière qu'il nous apporte. Le
Grand-Lac, nous dit-il, n'a pas été clément à son égard ; il
regarde avec un certain mépris notre petite flottille, et nous
conseille la prudence. Assurément il n'a pas tort; il eût été
plus avisé encore de nous prêter son vaisseau.

A la tombée de la nuit, nous mouillons près de l'embouchure, au village de *Mat-Pie,* où nous tenons conseil avec
plusieurs pêcheurs indigènes. Quand ils apprennent mon
intention de faire la traversée d'Angcor, c'est-à-dire de franchir une étendue d'eau d'environ dix milles, ces vieux loups
de mer ne se montrent pas rassurés. Il faut bien passer pourtant; le vent est très fort, on attendra une accalmie. Dans
cette région intertropicale, les moussons soufflent suivant
une direction constante, tantôt du sud-ouest au nord-est,
tantôt du nord-est au sud-ouest. La mousson de nord-est
règne pendant la saison sèche; la mousson de sud-ouest, qui
vient de l'Équateur, souffle pendant la saison des pluies. Les
époques de changement de mousson, septembre et février, se
caractérisent par des sauts de vent brusques ; le vent, suivant l'expression des marins, fait le tour du compas. On
conçoit les dangers que présentent ces variations soudaines
pour les navigateurs ; un bateau qui tient sa voilure disposée
pour recevoir une brise venant de la partie nord n'a pas tou-

jours le temps de carguer sa toile à l'approche des *risées* du
sud, et ses voiles une fois déchirées, arrachées, emportées
au loin, il court les plus grands périls. Quand les moussons
sont bien établies, ces sauts ne se produisent pas, et, en
outre, le vent souffle à des heures à peu près constantes, au
même lieu ou dans la même région. Par exemple, sur le
Grand-Lac, c'est le matin qu'il se lève avec le plus de force;
quelquefois une recrudescence se produit au coucher du
soleil, mais elle dure peu.

A huit heures du soir, la mousson n'est pas tombée; il n'y
a pas de lune; tout le monde est d'avis d'attendre au lendemain.

3 février.

La nuit a été très chaude. Au lever du soleil, la brise du
nord-est recommence à souffler avec violence; je descends
à terre. Mat-Pie est un misérable village; les piquets des
paillottes atteignent une hauteur démesurée; je cherche un
peu de fraîcheur dans la demeure du misroc, où je dors tout
l'après-midi. Le soir, calme plat; je ne veux pas finir mes
jours à Mat-Pie : en route !

Nous descendons le fleuve avec nos trois jonques; les
Cambodgiens, fortement stimulés par l'alcool de riz, nagent
avec vigueur; le soleil se couche quand nous entrons dans le
Grand-Lac; la nappe d'eau est tranquille, et nous apercevons
au nord la colline de Pnom-Crôm, qui marque l'entrée de la
rivière d'Angcor. Vingt kilomètres nous en séparent; il faut
quatre grandes heures pour franchir cette distance à l'aviron.
Bientôt les dernières lueurs du jour s'assombrissent; Pnom-
Crôm ne se détache plus sur l'horizon liquide; nous nous dirigeons à la boussole. Ma jonque tient la tête; Hunter s'y est
installé et a cédé la sienne au mandarin de Battambang. La

troisième barque, plus lourde et moins bien armée, nous suit
d'assez loin, et perd sa distance de plus en plus.

Neuf heures. Nous sommes au milieu du lac. L'atmosphère
est calme, mais des lames sourdes font rouler nos embarca-
tions. Il y a encore trois mètres d'eau. Je prends un aviron et
je me mets à ramer à la façon cambodgienne; une longue
pratique n'est pas nécessaire. Hunter suit cet exemple, et
nous perdons bientôt de vue la barque du mandarin. Des
coups de fusil sont tirés par intervalles de quinze à vingt minutes; c'est, paraît-il, une bonne mesure pour éloigner les
pirates, qui préfèrent attaquer les indigènes désarmés.

Dix heures. Nous devons approcher de la rive nord, mais
les forêts noyées se confondent avec l'eau noire du lac. Nous
ne voyons que les étoiles qui brillent sur nos têtes dans un
ciel sombre.

Onze heures. La mousson du nord-est se met à souffler
avec violence. Heureusement elle vient de terre; le rideau
d'arbres que nous commençons à apercevoir atténue sa force.
Cependant les sillons qu'elle creuse autour de notre esquif
sont profonds; les constructeurs cambodgiens possèdent des
notions imparfaites sur la stabilité des corps flottants, et je
compte les coups d'aviron qui nous rapprochent de la rivière
d'Angcor. Enfin le premier arbre noyé est atteint, nous doublons l'embouchure de l'arroyo, nous sommes en sûreté dans
le bois de palétuviers qui émerge du lac, en avant de Pnom-
Crôm.

Mais que sont devenues les deux autres jonques? Un quart
d'heure, une demi-heure se passent, nous ne voyons rien
venir. Les Cambodgiens poussent leurs cris d'appel : Ouh!
Ouh! Rien ne répond. Il faut aller à leur secours; nous quittons notre mouillage en forêt, nous regagnons l'embouchure,
avec l'intention de côtoyer la lisière du bois. Trois minutes

de navigation nous démontrent que le Grand-Lac n'est pas
tenable. On vire de bord avec la plus grande peine, on revient à la rivière et on la remonte pour chercher un des chemins qui permettent aux canots de circuler à travers les

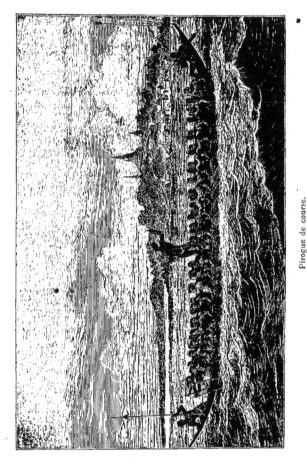

Pirogue de course.

arbres. Le youyou que nous traînons à la remorque est dé-
taché, trois Cambodgiens y prennent place et s'enfoncent résolument dans l'obscurité. Une heure après j'entends encore
leurs appels gutturaux que répète l'écho de la montagne;
mais, vaincu par la fatigue, je m'endors.

4 février.

A l'aube, la jonque du mandarin fait son apparition; surprise par la bourrasque, elle s'était réfugiée dans la forêt, à trois kilomètres dans l'ouest; faute de boussole, son timonier avait fait fausse route. Elle n'a aucune nouvelle de la troisième jonque; le youyou revient de son côté sans avoir rien découvert.

Nous attendons, à l'entrée de la rivière, derrière notre ceinture d'arbres, que la brise du matin soit tombée; vers dix heures, malgré le soleil, nous entrons de nouveau dans le Grand-Lac, nous explorons sa surface agitée encore par un assez fort clapotis; aucun bateau à l'horizon. Nous avançons à deux milles au large, nous revenons à la lisière des forêts noyées, nous la suivons sur cinq kilomètres en poussant des appels désespérés; le youyou est armé une seconde fois pour fouiller l'intérieur des bois; tous les appels, toutes les recherches furent inutiles. Quel a été le sort de cette barque montée par quatre indigènes? Je ne l'ai jamais su. Elle renfermait plusieurs caisses de vivres, divers échantillons des produits du pays, une partie de mes instruments et de mes notes de voyage, et surtout de précieuses dépouilles de tigres, d'éléphants, de crocodiles : l'appât de ces richesses a-t-il séduit les rameurs que le mandarineau de Catatone avait abandonnés à eux-mêmes, ou ceux-ci ont-ils fait naufrage misérablement?

Quand le lac fut à peu près complètement vidé, trois mois plus tard, les pêcheurs de la contrée ont peut-être trouvé une épave dans ces parages; il ne se passe pas d'année sans qu'ils fassent de ces lugubres découvertes. Jusqu'à ce jour aucun bâtiment français ne s'est perdu dans le Grand-Lac; mais sa navigation n'est rien moins que sûre pour les chaloupes-canonnières dont l'avant, alourdi par un canon de plusieurs tonnes, ne se relève pas facilement à la lame.

Revenus, à quatre heures de l'après-midi, à l'entrée de l'arroyo d'Angcor, nous le remontons aussi vite que le permet la fatigue de nos équipages, et vers sept heures nous atteignons un petit village; nous mouillons en face pour passer la nuit.

5 février.

Dès le lendemain matin, après huit heures d'insomnie, je passe marché avec le misroc pour louer deux jonques dans lesquelles on transborde nos bagages; puis je donne congé au mandarin de Battambang, en lui remettant une lettre de remerciements pour Catatone.

Il n'y a pas de charrettes dans le village maritime où nous avons accosté; je me vois donc obligé de faire à pied le voyage d'Angcor. Les Européens de Saigon le font en barque pendant la saison des hautes eaux; les jonques indigènes les prennent à l'embouchure de la rivière et les conduisent jusqu'à la ville de *Siam-Rep*, l'Angcor d'aujourd'hui. Mais au mois de février la navigation est interrompue par la sécheresse, et je décide que nous partirons à pied le lendemain.

L'après-midi est consacré à une infructueuse tentative d'ascension de Pnom-Crôm; cette colline n'a pas cent mètres de hauteur au-dessus de la plaine, mais les forêts noyées rendent son abord inaccessible du côté du lac; on ne peut la gravir que par le nord. C'est la seconde fois que je me perds dans le dédale de ces bois, sous la conduite des guides indigènes.

6 février.

Après une mauvaise nuit, je me mets en route pour Siam-Rep, capitale de la principauté, avec Hunter, Nam et deux

habitants du village. J'ai confié à Sao et au boy chinois la
garde de nos bagages et de nos piastres. Nous partons à pied
vers huit heures, sur la lisière de jeunes bois ; une digue ar-
tificielle, dont la construction remonte à l'époque des premières inondations du Grand-Lac, ou plutôt du golfe partiellement soumis au régime fluvial du Mékong, sert de chaussée
sur un parcours de plusieurs centaines de mètres. A gauche
de cette digue s'élève Pnom-Crôm avec sa ceinture de forêts
noyées ; à droite s'étend une plaine inculte qui n'est plus
submersible par les crues. La route contourne la montagne,
et vers dix heures nous faisons halte sous un bouquet de
bambous pour prendre un déjeuner sommaire. Des Cambodgiens viennent à passer, se dirigeant vers le village d'où
nous venons ; je les appelle, je les interroge sur la distance
qui nous sépare de Siam-Rep :

« Trois heures », disent-ils.

On nous l'avait déjà dit au débarcadère, mais deux renseignements valent mieux qu'un. Seulement il s'agit de bien
s'entendre sur la durée de l'heure, et je ne réfléchis pas à
cela sur le moment. En revanche un scrupule me prit : j'avais
confié plus de six cents dollars à un Annamite et à un Chinois ; il y avait de quoi tenter l'un ou l'autre, le second surtout. Je priai donc Hunter de rebrousser chemin avec Sao et
l'un de nos guides, et je déclarai que je pouvais bien faire
seul une promenade de trois heures, avec l'autre Cambodgien,
jusqu'à cette ville de Siam-Rep, dont le nom signifie littéralement « Siamois aplati, » c'est-à-dire battu à plates coutures.
Dans cette plaine, en effet, d'après les annales cambodgiennes, les Khmers ont infligé aux Siamois une défaite san-
glante.

Mon plan fut exécuté, à cela près que, parti à midi, je
n'arrivai à la sala de Siam-Rep qu'à sept heures du soir, dans

un état d'épuisement que je n'essayerai pas de décrire. L'usage exclusif du riz, qui met à l'abri des accidents diarrhéiques, porte néanmoins une atteinte sérieuse à la santé des Européens; je marchais avec peine et dus faire des ablutions dans les trois ou quatre ruisseaux que le sentier traverse; je me reposai sous les quelques arbres qui embellissent cette plaine dénudée; enfin je livrai une vraie bataille à des vautours acharnés sur le cadavre d'un buffle, — sans réussir du reste à les mettre en fuite. Mais, malgré toutes ces haltes, je n'en avais pas moins reçu pendant six heures consécutives les rayons du soleil équatorial, et cette imprudence involontaire faillit me coûter cher. Pendant la dernière heure de marche je ne tenais plus debout, je ne voyais plus clair, et aussitôt arrivé à la sala, qui se compose ici d'une grande jonque hors de service, je me couchai dans une couverture, en proie à un violent accès de fièvre. Il était temps, plus que temps, de mettre fin à ce voyage. Je le constatai non sans dépit. Dans ces crises soudaines la créature s'insurge contre son Créateur; elle lui reproche d'avoir mis l'esprit humain, insatiable de progrès et de lumières, dans une machine dont les ressorts sont si fragiles, la durée si courte.

CHAPITRE XXIV

7 février.

Ma fièvre a duré une partie de la nuit. Impossible de toucher au déjeuner que me fait servir un mandarin du palais ; je reste couché dans la jonque. A cinq heures du soir, Hunter n'est pas arrivé. Huit heures d'un sommeil léthargique ont engourdi mon cerveau. Suivi de deux jeunes seigneurs qui me font de longs discours, — perdus, hélas ! pour la postérité, — je vais faire un tour dans la ville.

Elle est bâtie sur les deux rives d'un petit arroyo non moins joli que celui de Battambang ; son développement atteint six kilomètres ; sa population dépasse sans doute 25 000 habitants. Je n'en visite que le quartier d'amont, celui qui avoisine le palais ; c'est le quartier commerçant, le marché chinois. Quatre ou cinq grands magasins tenus par des Célestes étalent leurs richesses. J'achète du tabac indigène et des cigares de Manille, puis je reviens dans mon bateau, où je trouve un messager d'Hunter avec un petit mot de ce dernier. En garçon pratique, il a réclamé des voitures à Siam-Rep, et il arrivera le lendemain matin avec une partie de nos bagages. Je dîne donc tout seul, et à la cambodgienne, sous une grande tente que les mandarins ont fait dresser au bord de la rivière ; ces messieurs m'accablent de questions auxquelles je ne puis pas répondre. Décidément j'aurais dû rester plus longtemps à la bonzerie de Posat.

8 février.

Une excellente nuit a dissipé la fatigue de mes jambes et la paralysie de mon cerveau. Un nouveau mandarin vint me voir avec une nombreuse escorte :

« *Balât! Balât!* me dit-il.

— Ah! très bien. »

Je comprends que c'est un des ministres du vice-roi, et je le vois avec plaisir déboucher une bouteille de vin de Madère que les excursionnistes de Saigon lui ont sans doute laissée comme souvenir. Venu seul, avec mon fusil sur le dos, je manque de toute provision d'Europe depuis deux jours. Le balât me parle avec une volubilité toute méridionale, comme si je comprenais sa harangue ; tantôt je réponds *Nen,* c'est-à-dire oui (le oui des grands seigneurs) ; tantôt je secoue la tête en disant *Té,* c'est-à-dire non. Ces réponses alternatives, faites au hasard, ont l'air de dérouter complètement mon interlocuteur. Je devine cependant qu'il parle de voitures, d'Hunter, d'Angcor-Thom ; il veut dire qu'il a envoyé des voitures à Hunter et qu'on nous conduira aux ruines d'Angcor.

Sur ces entrefaites mon Hunter arrive au grand trot de deux petits bœufs ; il était temps, tout ce verbiage m'avait mis la tête en feu. Mon premier soin est de prier l'interprète de dire à monsieur le balât que la fièvre m'a beaucoup fatigué, que je voyage incognito, que je ne ferai pas de visites officielles, et que je ne veux aucune réception. A quoi le ministre répond que le vice-roi fait justement une tournée dans ses provinces, et que, suivant mon désir, tout sera prêt le lendemain matin pour notre excursion aux ruines.

Après le déjeuner et la sieste, nous visitons le château du prince, ou, comme on dit, la citadelle de Siam-Rep. Entourée de petits murs, elle occupe le même espace que celle de Battambang, mais cet espace est presque désert. Chemin

Le roi de Siam.

faisant, nous rencontrons un jeune frère du vice-roi, dont la distinction est extrême ; il est le cousin du divin Apaï, mais non point son ami. Catatone ayant résolu de marier sa fille au général qui représente le roi de Siam auprès de sa personne, Apaï, furieux de voir sa sœur promise à ce Siamois qu'il déteste, essaye de lui couper le cou. Son cousin trouve le procédé un peu leste ; il blâme la cruauté du futur vice-roi, auquel il prédit une triste fin, malgré la protection de l'Empereur, qui a pour système, — étant jeune lui-même, — d'encourager les jeunes princes et d'éliminer les vieux. Mais,

22

ajoute-t-il, les alliances entre les deux familles régnantes de
Battambang et d'Angcor sont si nombreuses, qu'à vrai dire
les deux principautés n'en forment qu'une seule, et la cour
de Bangkok doit compter avec elles. Ce raisonnement me
frappe, et j'entrevois le côté politique de la polygamie, qui
permet aux familles royales ou vice-royales de devenir assez
nombreuses et assez puissantes pour être à l'abri de toute
tentative de dépossession.

9 février.

Nos charrettes sont chargées au petit jour, et nous partons
pour Angcor-Wat avec des bœufs trotteurs. Le chemin, large
et bien entretenu, serpente à travers de jeunes bois, sur un
sable fin déposé par la mer. Une heure suffit pour arriver aux
ruines de la pagode, qui sont aussi celles d'un tombeau que
la piété d'une reine a construit en l'honneur de son époux.
Nous faisons halte dans une jolie sala que les indigènes ont
établie à quelques centaines de mètres en avant de la façade,
et je me dirige vers le monument le plus beau et le mieux
conservé de la civilisation boudhique.

Un certain temps est nécessaire pour se rendre compte des
dispositions d'un édifice qui mesure, hors fossés, *cinq kilomètres et demi* de tour. Ces fossés pleins d'eau n'ont pas
moins de 200 mètres de largeur. Ils figurent un rectangle ;
une enceinte continue à colonnade de vingt mètres de hauteur se développe sur le bord intérieur des fossés. Elle limite
un premier soubassement de 2500 mètres de pourtour sur
quatre mètres de hauteur ; elle est couverte de magnifiques
moulures d'un dessin très perfectionné ; il n'y a pas un déci-
mètre carré de sa surface qui ne soit finement fouillé.

Une large chaussée dallée traverse cette première enceinte, ainsi que le fossé creusé en avant ; à quatre cents
mètres dans l'intérieur du grand rectangle, elle rencontre le

premier péristyle de la pagode. Ce péristyle, formé de colonnes rondes, élégamment sculptées, de trois mètres de hauteur, supporte un second soubassement de sept mètres de
large. Ce péristyle est orné de tours à ses angles ; sur le milieu de ses faces s'ouvrent des arches triomphales.

C'est sur ce second soubassement que se dresse la pagode.

La reine de Siam.

Elle se compose essentiellement de trois rectangles concen-
triques formés par des galeries et étagés les uns au-dessus
des autres. Le rectangle extérieur a 1000 mètres de développement, et tout autour de sa paroi intérieure règne un bas-
relief ininterrompu, représentant des combats mythologiques
et des scènes religieuses. Le second et le troisième rectangles
sont terminés par des tours aux quatre angles; leurs en-
ceintes sont formées de galeries soit à murs pleins, soit à
double colonnade[1]. De grands escaliers abrupts conduisent

[1] On compte, à Angcor-Wat, près de dix-huit cents colonnes ou pilastres. La
plupart des fûts sont monolithes. Les colonnes les plus hautes atteignent 4m,20 et
mesurent 0m,50 de diamètre.

d'un étage au suivant (la hauteur de ces étages est d'environ quinze mètres) ; on en compte quatorze entre le premier et le second étage, douze entre celui-ci et l'édifice central que couronne une tour d'environ soixante-dix mètres de hauteur.

Les deux premiers étages font ressortir merveilleusement

Ruines d'Angcor-Wat.

le sanctuaire du milieu qui forme, à lui seul un admirable temple. Tout l'ensemble est conçu en vue de faire ressortir ce sanctuaire établi au pied de la grande tour ; tout y monte, tout y conduit. Quel que soit le point par lequel on aborde l'édifice, on se trouve involontairement porté et guidé vers l'une des quatre énormes statues qui occupent chacune des faces de cette tour et regardent les quatre points cardinaux.

Au sortir des galeries couvertes du second étage, on découvre subitement cette grande masse de pierres qui repose
sur un énorme soubassement couvert de moulures à fort
relief et du plus remarquable effet. Les décorations sont d'une
richesse inouïe; les merveilles de sculpture éclatent partout.

Façade principale d'Angcor-Wat.

Les voûtes des galeries et des tours, — autrefois dorées, —
sont construites en encorbellement, c'est-à-dire par assises
horizontales. Sur les saillies extérieures des assises, sont
placées de petites pyramides à forme triangulaire élancée,
dont la dimension diminue à mesure qu'on s'élève, de manière à augmenter l'effet de la perspective et de la sensation
de la hauteur. Sur les marches étroites et hautes des escaliers,
sont placés des lions en pierre de grandeur décroissante.

Aucun ciment n'est employé dans l'assemblage des pierres ; elles sont jointes par simple juxtaposition, et l'adhérence est si parfaite qu'en appliquant une feuille de papier contre la ligne de séparation on obtient un trait aussi net que s'il avait été tracé avec une règle[1].

Malgré cette absence de mortier, l'édifice central est encore assez bien conservé et sa restauration ne paraît nullement impossible. Cet état de conservation prouve la jeunesse relative d'Angcor-Wat. Une autre preuve en est donnée par ce fait que les bonzes d'aujourd'hui peuvent lire une partie des inscriptions de la pagode. Les plus anciennes seules, et les plus intéressantes, échappent à leur savoir. Ces bonzes sont les gardiens et les conservateurs du monument ; ils habitent de misérables paillottes au pied des riches galeries sculptées ; à côté des magnificences du passé, le présent n'a pas honte d'étaler ses laideurs. Tous les jours, ces prêtres dévoués arrachent les herbes et les racines qui poussent dans les joints des pierres ; ils disputent à la végétation dévastatrice cet édifice, qui sans eux ne serait plus qu'un monceau de décombres. Malheureusement ils sont trop peu nombreux ; déjà ils abandonnent une partie des galeries aux oiseaux de nuit qui ont pris leur gîte sous les voûtes[2]. Le premier et le second étage sont en partie renversés par les arbres gigantesques dont les racines disjoignent à la longue les plus gros blocs de pierre, des masses de quatre à cinq tonnes, dont le transport et l'élévation à une grande hauteur ont exigé la mise en œuvre d'actions mécaniques très puissantes. Certes, le moment n'est pas éloigné où ce merveilleux monument du

[1] Francis Garnier.

[2] Ce sont surtout des chauves-souris. L'odeur qu'elles répandent et la fiente dont elles recouvrent le parvis de la galerie des bas-reliefs, sur plusieurs centimètres d'épaisseur, rendent certaines salles de cette galerie complètement inabordables.

génie humain sera détruit par l'envahissement de la nature;
la France voudra-t-elle assurer sa conservation? Il y a longtemps que Mouhot adressait un premier appel; plus récemment, les prières les plus pressantes ont été renouvelées en
vain; je ne me flatte pas que la mienne soit mieux entendue[1].

La question de l'ancienneté de ce temple n'est pas élu-
cidée encore. J'interroge les bonzes et mon vieux guide de
Siam-Rep, mais je ne recueille que des réponses confuses ou
contradictoires. « Il y a 2 400 ans, disent-ils, qu'Angcor fut
abandonnée par ses habitants. » Puis ils ajoutent : « Il y a dix-
huit siècles, la mer s'étendait à 70 milles au nord d'Angcor,
jusqu'aux montagnes de *Srei-Srano*, près des ruines de Korat. »
Comment admettre qu'Angcor ait existé au milieu des eaux,
à 70 milles du rivage? Si elle eût été bâtie au sommet d'un
haut plateau, passe encore; mais la plaine qui l'entoure est
presque au même niveau que le fond du Grand-Lac actuel.
Mes Cambodgiens en conviennent, et, poussé à bout, le guide
finit par dire : « La construction de la pagode remonte à douze
siècles. » A la bonne heure! Voilà une date qui concorde
mieux avec les données hydrologiques d'après lesquelles la
formation du Grand-Lac et la submersion de ses rives remontent à six siècles, tout au plus. Encore cette date est-elle
trop éloignée; le voyageur chinois qui visita l'empire khmer
en 1295 et décrivit ses monuments avec une grande minutie,
ne dit pas un mot d'Angcor-Wat. La pagode n'a donc pas
plus de six cents ans d'existence. Du reste, quand on voit de
quelle pierre tendre la femme du Roi Lépreux a fait construire le tombeau de son époux, quand on a remarqué que
ce grès calcaire, altérable par les alternatives de sécheresse

[1] Les Siamois ont fait quelques travaux de restauration, mais fort inintelligents.
Des colonnes rondes ont été placées, le chapiteau en bas, au milieu de colonnes
carrées; les architraves ont été retournées sens dessus dessous, etc.

et d'humidité, est tellement friable qu'il s'effrite à l'ongle[1],
on se convainc de la jeunesse relative de ce monument, dont
la partie centrale, — la plus destructible, — est encore si
bien conservée. Il ne faudrait donc pas s'étonner si l'épigraphie le rajeunissait encore d'un siècle, et peut-être davantage. A coup sûr, Angcor-Wat est de beaucoup postérieur à
toutes les ruines de la région; c'est le dernier chef-d'œuvre
d'une civilisation très avancée, et la légende cambodgienne,
d'après laquelle la grande pagode a résisté aux injures du
temps parce qu'elle a été construite par des femmes, prouve
simplement la galanterie des Khmers.

10 février.

On est admirablement dans cette sala de bambous, destinée aux touristes saigonnais. Trois manguiers sauvages
l'abritent du soleil; ce sont à peu près les seuls grands
arbres que les bonzes aient respectés aux alentours d'Angcor-
Wat. Les racines de ces centenaires commencent à soulever
les larges dalles qui forment le pavé de l'avenue centrale, et
les dragons de pierre qui en gardent l'entrée.

Les monuments des hommes ne doivent pas faire oublier
ceux de la nature. A peu de distance vers l'ouest, s'élève une
petite montagne isolée, haute d'environ cent mètres, couverte
de bois; avant de quitter ces parages, j'en voulus faire l'ascension. Après deux heures de marche au milieu de roches
calcaires entremêlées de quartz blancs, j'eus la satisfaction
de découvrir près du sommet de cette colline, qui s'appelle
Baken, une série de larges escaliers étagés qui sont à peu
près les seuls vestiges d'un ancien temple boudhique[2]. Puis,

---

[1] Les Cambodgiens l'appellent *tma-phoc*, pierre de boue.

[2] Le voyageur chinois du XIIIe siècle fait la description de ce temple, qui était
constamment gardé par cinq mille soldats.

Porte d'enceinte d'Angcor-Thom.

arrivé sur le petit plateau qui couronne la hauteur, un champ
cultivé s'offrit à mes yeux, et à côté de ce champ une misérable hutte. Nous approchâmes, et nous vîmes bientôt venir
à notre rencontre le solitaire qui habite ce lieu. Ne vous
représentez pas le vieux moine à longue barbe qui bénit les
navires en détresse, du haut des falaises du cap Malée; celui
de Pnom-Baken est un jeune homme qui s'est condamné à la
solitude pour l'expiation d'un meurtre involontaire. Le plus
souvent il n'a que des racines à manger, et il refuse toute
nourriture, même des bonzes d'Angcor-Wat. Il nous conduit
obligeamment sur le point culminant de la montagne, son
lieu de méditation favori. De là j'embrasse tout l'horizon
aux quatre points cardinaux. Pnom-Crôm apparaît dans le
sud, à près de douze milles; une autre colline chargée de
ruines, *Pnom-Bok*[1], se dresse au nord-est; la chaîne de
Pnom-Koulen arrête les regards vers le nord. La plaine
d'Angcor, couverte de jeunes bois ou de jungles brûlées par
le soleil, s'étend à nos pieds; le Grand-Lac et sa ceinture de
palétuviers au feuillage sombre, la limite vers le sud; l'œil
n'en voit la fin ni à l'orient ni à l'occident. Les grandes
murailles d'Angcor-Thom nous sont cachées par un rideau
d'arbres; mais les neuf tours d'Angcor-Wat et l'enceinte rectangulaire de la pagode se détachent nettement dans cette
solitude, qu'anime seule une petite rivière aux reflets ar-
gentés, aux rives sinueuses bordées de cocotiers, dont les
eaux coulent tristement vers le Grand-Lac. Supposez le dôme
du Panthéon transporté dans l'enceinte du Louvre et des
Tuileries; supposez huit autres dômes plus petits placés sur
les lignes d'angle de ces palais; figurez-vous enfin que tout.

---

[1] On y trouve des têtes de Siva gigantesques. — Siva, troisième personne de la
Trimourti ou trinité indienne, est le dieu de la destruction et de la mort. Il tue,
mais pour revivifier.

le reste de Paris est rasé, détruit, remplacé par des taillis
chétifs ou des prairies désolées, et que la Seine desséchée
ne roule plus qu'un filet d'eau, vous aurez, sur une petite
échelle, l'idée du spectacle que je contemplais, que d'autres
générations contempleront peut-être dans un millier d'années
du haut du Mont-Valérien. O fragilité humaine !

11 février.

Après une nuit paisible, nous partons à pied pour Angcor-
Thom, à travers une forêt qui s'épaissit aux approches de la
cité défunte; une chaussée, désignée sous le nom de *Chaussée
des Géants,* et bordée de statues de pierre à apparence étrange,
reliait autrefois la pagode à la ville; elle est aujourd'hui à
demi enfouie sous les herbes. Il faut une demi-heure pour la
parcourir jusqu'à l'enceinte fortifiée de l'ancienne citadelle.

Cette enceinte est rectangulaire; elle offre un développement total de quatorze kilomètres et demi; elle enferme une
surface de treize kilomètres carrés. En avant d'elle est creusé
un fossé continu de cent vingt mètres de largeur et de quatre
à cinq mètres de profondeur. Les murailles ont neuf mètres
de hauteur; elles sont soutenues intérieurement par un fort
épaulement de terre qui mesure quinze mètres d'épaisseur au
sommet. Il existe une porte sur chaque côté de l'enceinte;
chacune d'elles est précédée d'un pont de pierre aux arches
très étroites. Un gigantesque dragon forme le parapet de ces
ponts; cinquante-quatre géants assis supportent ce dragon,
dont les neuf têtes se redressent en éventail, faisant face à la
forêt.

Les portes n'ont qu'une seule ouverture, de 10 à 12 mètres
de hauteur, pratiquée dans un énorme massif de maçonnerie
faisant corps avec l'enceinte. Ce massif sert de base à trois
tours terminées en pointe; la tour centrale est la plus élevée.

Sur chacune des quatre faces de ces tours se profile une
grande figure humaine de 3 à 4 mètres de hauteur; une cinquième tête, coiffée de la tiare pointue qui se retrouve dans
toutes les idoles boudhiques, couronne ces tours. Les murs
inférieurs du massif sont ornés de figures en haut-relief :
douze éléphants de grandeur naturelle, portant douze dieux,
semblent sortir de la muraille ; leurs trompes enroulent des
arbustes, les appuient sur le sol et leur font partager l'effort
que supportent ces cariatides inconnues aux Grecs et aux
Romains.

L'intérieur de la citadelle est couvert d'une forêt épaisse
et sombre. Un étroit sentier serpente sous les grands arbres
en se dirigeant vers le nord ; çà et là apparaissent des pierres
de ruines tapissées de mousse. Au bout d'un kilomètre et
demi environ, on rencontre quelques pauvres cases cambodgiennes ; puis on découvre, dans le taillis, l'un des plus
singuliers monuments de l'art khmer. L'enceinte extérieure
en est à moitié enfouie sous les détritus végétaux qui, depuis
des siècles, ont exhaussé le sol de la forêt. Il faut escalader
des monceaux de pierres provenant de la chute des parties
supérieures de l'édifice, et se frayer un passage difficile au
milieu des lianes épineuses. Une galerie rectangulaire, à
colonnade extérieure, entourait ce temple, qui s'appelle le
Baion; elle mesurait environ 130 mètres de côté. Des couloirs perpendiculaires menaient à une seconde galerie concentrique à la première et mesurant 100 mètres sur chaque
face. Au centre de chacune des faces de ce nouveau rectangle
s'élèvent trois tours ; les angles en sont également munis, de
telle sorte que cette seconde galerie supporte seize tours. De
riches sculptures ornent partout les murailles. Dans l'intérieur des tours, ce sont des rois et des reines accompagnés
de leur cour, des combats navals, des animaux fantastiques.

« Mises à la suite les unes des autres, les grandes compo-
sitions en bas-reliefs du Baion s'allongeraient sur une ligne de
1 200 mètres, et l'on y pourrait dénombrer jusqu'à onze mille
personnages ou figures d'animaux divers[1]. »

Au milieu de la cour formée par la deuxième enceinte
s'élève une terrasse pleine de 4 mètres de hauteur, en forme
de croix grecque ; elle supporte une troisième galerie rectangulaire concentrique aux deux premières; mais celle-ci a
deux étages, et l'étage inférieur est tellement obscur, les
entre-croisements des couloirs perpendiculaires sont tellement compliqués, qu'il devient à peu près impossible de
se reconnaître dans ce labyrinthe, et qu'il est nécessaire de
monter par un escalier à pic sur la terrasse supérieure pour
juger de l'ensemble du monument. De cette terrasse, le coup
d'œil est saisissant : autour de vous se dressent cinquante
tours de hauteurs et de circonférences inégales, dont les
faces représentent de grandes figures humaines tournées vers
les quatre points cardinaux. Ces figures, de 5 à 6 mètres de
hauteur, « sont rondes, elles ont les yeux grands ouverts et
légèrement obliques, la bouche large, les lèvres épaisses;
derrière leurs oreilles surchargées de bijoux descendent de
splendides diadèmes qui, encadrant ces masques placides,
leur donnent une sorte de ressemblance avec les sphinx
égyptiens. Il y a sur ces faces un peu étranges, mais néanmoins régulières, un air de force et de sérénité à demi sou-
riantes qui a sa noblesse bien originale. De près comme de
loin, elles s'enchâssent à souhait entre les pilastres qui. les
relient deux à deux; elles prennent naturellement la cour-
bure de la construction, et se marient sans effort à un ensemble architectural qui, malgré la surabondance des
accessoires décoratifs, demeure pourtant correct de trait,

[1] Delaporte, *Voyage au Cambodge.*

harmonieux dans les proportions et, somme toute, grandiose par l'effet[1]. »

La tour centrale du Baion domine toutes les autres; elle a 18 mètres de diamètre à la base, 40 mètres de hauteur, et elle se compose de trois étages distincts. Huit tourelles entourent le dôme central, « au-dessus duquel trône une quadruple tête colossale, au front ceint du diadème et surmontée d'une immense tiare à quatre étages dont le sommet, lotus ou statue dorée, dominait le sol à une hauteur de 50 mètres[2]. »

Un peu plus loin que le Baion, vous rencontrerez les ruines mal conservées de la résidence royale. Son enceinte, formée par deux murailles séparées par un large fossé, mesurait intérieurement 500 mètres sur 300. Six portes donnaient accès dans le palais; la plus monumentale se tient encore debout. En face de cette dernière entrée, vous trouverez une grande terrasse dont les murs de soutènement sont couverts d'admirables sculptures d'un très grand relief. Elle représentent des combats de géants, des êtres fantastiques à bec et à pattes d'oiseaux et à corps humain; plus loin, des scènes de guerre ou de chasse, où figurent de longues séries d'éléphants dans les attitudes les plus variées et les plus naturelles. A l'extrémité nord de cette terrasse, vous verrez sous une paillotte de construction toute récente la statue de ce roi Lépreux dont l'histoire n'est pas encore écrite. Le palais lui-même n'est plus guère qu'un monceau de ruines; quelques vestiges de murailles, de tours, de pièces d'eau ont permis cependant de le reconstituer d'après la description détaillée de l'explorateur chinois.

Il existe encore d'autres débris de monuments dans l'intérieur de la grande citadelle : pagodes, belvédères, tours,

[1] Delaporte.
[2] Id.

magasins de riz, etc.; la végétation tropicale en a eu raison.
Les banians, les *yaos* gigantesques se sont multipliés partout
et ont servi de points d'appui à des lianes si puissantes,
qu'elles n'ont, pour ainsi dire, pas laissé pierre sur pierre.
Tel est le sort qui attend Angcor-Wat; si les peuples occi-

Sculpture cambodgienne.

dentaux veulent sauver le chef-d'œuvre de l'architecture
boudhique, il n'y a plus beaucoup d'années à perdre.

A l'approche du crépuscule, je quitte ces ruines, dont le
spectacle inspire des réflexions salutaires sur la fragilité des
grands empires; nous regagnons la sala pour y passer une
dernière nuit.

12 février.

Je suis allé faire mes adieux à la pagode. Pourquoi la
France, qui n'hésite pas à dépenser des centaines de mille

francs pour des fouilles plus ou moins aléatoires, à Delphes,
à Délos et autres lieux, ne prendrait-elle pas à sa charge la
restauration et l'entretien de ce splendide monument? Pourquoi les recherches épigraphiques en Indo-Chine ne seraient-
elles pas confiées à quelques-uns de ces jeunes savants qui

Sculpture cambodgienne.

s'usent à découvrir les derniers vestiges des antiquités
grecque et latine?

Ce jour-là, le guide me fait voir une grande salle possédant un remarquable écho, sous laquelle la légende veut que
la femme du roi Lépreux ait enfoui ses trésors. Une ligne
taillée en courbe sur le parvis démontre péremptoirement le
fait aux crédules Cambodgiens, mais la sainteté du lieu les
empêche de faire des fouilles. A propos de trésors cachés,

23

on se demande où les Khmers d'aujourd'hui peuvent bien cacher le peu d'argent qu'ils possèdent. Leurs maisons ne ferment pas à clef; le mandarin les fouille à son aise, et il n'y a pas de banquiers au Cambodge. La seule cachette à peu près sûre paraît être le sein de la terre, le fond des bois.

Nous reprenons la route de Siam-Rep après déjeuner. Nam et Sao vont acheter des provisions pour le retour à Pnom-Penh, qui demandera au moins huit jours de navigation. Ils ne trouvent ni assez d'œufs, ni assez de poulets, et me rapportent sept kilogrammes de porc qu'ils ont payés une piastre. Pardon du renseignement; les œufs qui seront mangés les derniers risquent fort de n'être plus frais; ils n'en seront que meilleurs, au dire des Annamites; pour être tout à fait bons, ils devraient avoir été couvés pendant huit jours.

Le soir je retins à dîner le balât et le cousin d'Apaï; ces Cambodgiens sont de braves gens quand on leur montre de la sympathie. Ceux d'entre eux qui ne sont pas totalement abêtis ont conscience de leur abaissement et ils en souffrent devant les Européens. Cela est plus vrai peut-être des mandarins de Siam-Rep que de ceux des autres provinces; je crains que les touristes d'Angcor n'aient pas pour eux beaucoup d'égards, et quand Hunter leur dit que je n'appartiens pas à cette catégorie de voyageurs, ils répondent qu'ils le savent bien. L'événement, du reste, justifie leur dire; ils refusent tout payement pour les huit voitures que nous employons depuis sept jours et qui nous reconduiront à l'embarcadère. Une bande joyeuse d'excursionnistes saigonnais n'en eût pas été quitte pour cent piastres.

13 février.

Partis le matin, nous suivons la grande rue de Siam-Rep, qui se développe sur la rive droite de l'arroyo; une autre rue longe la rive gauche ; l'aspect général n'est pas moins pittoresque qu'à Battambang, et je remarque en outre un grand nombre de roues à godets, de trois à quatre mètres de diamètre, que le courant fait tourner. L'eau élevée à peu de frais par ces machines si simples se déverse dans des conduites en bois et va irriguer les jardins.

Nous traversons rapidement la plaine ensoleillée d'Angcor, plus rapidement que la première fois ; on me montre un petit obélisque qui est le dernier vestige d'une pagode élevée par des gardeurs de buffles ; enfin, vers onze heures, nous arrivons au pied de Pnom-Crôm.

Après le déjeuner, pendant qu'Hunter va chercher des cerfs sur la lisière des forêts noyées, je fais avec trois Cambodgiens l'ascension de la montagne ; une espèce de digue jetée à travers des marécages en facilite l'accès par le nord. Complètement dénudée et de couleur rougeâtre quand on la voit du lac, cette colline est boisée du côté de terre, sur ses versants et même à son sommet. J'y trouve des ruines intéressantes pour un orientaliste : un obélisque en briques, des tombeaux de pierre contemporains d'Angcor, de beaux panneaux sculptés représentant des danseuses, enfin une magnifique statue d'homme à quatre têtes, que les imitateurs de lord Elgin ne connaissent pas, puisqu'ils l'ont respectée. Je trouve aussi dans les tombeaux, qui sont des monuments carrés de six à huit mètres de côté et de cinq mètres de hauteur, les inévitables chauves-souris auxquelles nous livrons, à coups de pierres, une bataille acharnée.

Pnom-Crôm est un monticule de grès calcaire qui renferme quelques filons de marbre. Il domine le Grand-Lac, qui baigne son versant sud ; au delà de la nappe d'eau se dessinent sur le ciel bleu les contours de la chaîne de Posat et de la montagne du Vent. C'est là-haut, sur ce pic aigu à peine visible, que je me trouvais il y a deux mois. Maintenant je me rapproche de Saigon, je reviens en pays civilisé, et ce n'est pas sans un certain plaisir. La vie de sauvage a ses charmes, mais il ne faut pas en abuser. Du côté du nord, la plaine se déroule à perte de vue, peu peuplée sur les bords du lac et au pied des monts *Koulen* et *Méléa,* mais couverte de villages vers l'occident ; je distingue le long serpent de verdure qui s'appelle Siam-Rep ; les tours d'Angcor-Wat sont encore visibles à la lunette. Je suis des yeux les forêts aquatiques qui ceinturent le Grand-Lac sur une largeur de quatre à dix kilomètres et semblent marquer la limite de l'inondation : apparence trompeuse, du reste, car les hautes crues s'étendent bien au delà des bois et déposent une couche annuelle de limon de quinze à vingt centimètres, recouverte d'une herbe extrêmement fine ; sur ce limon, quand l'épaisseur en est suffisante, les forêts se développent et gagnent du terrain dans l'intérieur des terres. L'herbe en question croît à la surface même du lac ; à l'époque de l'année où nous sommes, c'est-à-dire dans la période de sécheresse, ses eaux sont recouvertes d'une mince couche huileuse, de couleur verte, sentant la vase et qu'il est facile de recueillir par filtration. On la prend généralement pour de l'huile de poisson, mais cette croyance n'est guère admissible, parce que la couche existe avant le commencement de la pêche. J'estime qu'elle contient simplement des végétations aquatiques dues à la présence dans l'eau d'une forte proportion de matières limoneuses, et une expérience facile confirme cette supposition. Si vous placez quelques gouttes du liquide vert sur une feuille de papier, vous trouverez incrustées dans le papier, après dessiccation au soleil, des particules vertes très petites, véritables rudiments de l'herbe et de la mousse qui tapissent les espaces submergés, après le retrait de l'inondation.

Du haut de mon observatoire je finis par découvrir Hunter
à quatre ou cinq kilomètres; une forte jumelle marine me le
montre perché sur un char découvert avec son fusil sur les
genoux, et me permet de suivre ses moindres mouvements.
Après quelques minutes d'observation indiscrète, je vois les

Statue à quatre têtes.

bœufs s'arrêter, et mon chasseur coucher en joue un magnifique cerf à sept branches, qui le regarde étonné du haut d'un
tertre. Un nuage de fumée obscurcit les verres de ma longue-
vue, mais je ne perçois aucune détonation. Le cerf n'en est
pas moins tué; Hunter saute en bas de sa voiture, court à sa
victime, achève son agonie à l'aide du couteau de chasse;
puis je distingue qu'il sépare la tête à coups de hachette,
pendant que son boy cambodgien procède au dépeçage. J'attends la fin de l'opération pour m'assurer que l'enragé Nem-

. rod n'ira pas plus loin. Mais non ; la charrette a viré de bord et reprend le chemin de Pnom-Crôm.

Je descends alors de la montagne, par un versant abrupt et dénudé, sous un soleil ardent qui me rôtit les mollets. Les coups de soleil sur la nuque sont mortels ; sur le dos, ils provoquent la fièvre ; dans les jambes, ils ne sont que douloureux. Après une heure de marche à travers les tourbières puantes qui remplissent les bois de palétuviers, nous arrivons sans encombre au petit village qui a été notre débarcadère et où nous allons reprendre la navigation interrompue par le pèlerinage d'Angcor. Hunter revient à la tombée de la nuit, avec un trophée superbe et vingt kilogrammes d'une viande préférable au *corned beef* ; je distribue quelques piastres aux braves charretiers cambodgiens qui nous suivent depuis huit jours ; nous dînons, et vers neuf heures du soir, éclairées par la lune, nos deux jonques quittent ces rivages autrefois habités par un peuple nombreux et puissant.

Le passé de cette région permet-il de fonder quelques espérances pour l'avenir? Oui et non. Les effets du cataclysme, ou plutôt de la révolution lente qui a séparé Angcor de la mer, subsistent et se continuent de nos jours ; le centre de l'ancienne civilisation khmer s'isole de plus en plus des artères fluviales de la péninsule, par le fait du comblement progressif du Grand-Lac, et aucun travail humain ne peut supprimer l'action, ni même enrayer l'effet de forces naturelles de cette importance. Cependant la principauté d'Angcor, privée à tout jamais de sa position exceptionnelle sur les bords d'un golfe profond, n'en reste pas moins un pays riche, fécondé sur une grande partie de sa surface par un limon aussi fertile que celui du Nil, et capable de recevoir un accroissement de population considérable.

CHAPITRE XXV

14-24 février. — Navigation sur le Grand-Lac. — Les escales de Compong-Plouc, Compong-Tiam et Téméa. — Baisse des eaux. — Un ouragan du sud-ouest; relâche forcée d'un jour et d'une nuit dans les forêts noyées. — Erreur de route; réception à coups de fusils, pendant la nuit, dans un village annamite installé au large sur des pilotis de bambous. — La pêche du Grand-Lac; quantités énormes de poissons expédiées dans l'Extrême-Orient. — Navigation nocturne jusqu'à l'entrée de l'ancien golfe d'Angcor. — Épuisement complet; retour à Pnom-Penh et départ pour la France.

14 février.

La première nuit de navigation n'a pas été mauvaise. Nous avons descendu l'arroyo d'Angcor jusqu'à son embouchure; la mousson ne soufflait pas, et nos jonques ont pu s'engager sur le Grand-Lac en faisant route vers l'orient et rasant les forêts noyées.

A six heures, la mousson du nord-est se lève avec le soleil; la houle nous force bientôt à chercher un abri au milieu des arbres. Nous repartons vers midi. Les malheureux Cambodgiens rament sans se plaindre jusqu'à dix heures du soir; nous avons atteint *Compong - Plouc* (embarcadère d'ivoire), grand village de deux à trois mille habitants, situé sur une belle rivière, à quelques milles du lac. Nous y changeons d'équipage, mais non pas de bateaux. Les moustiques de l'endroit sont particulièrement féroces; je ne puis pas fermer l'œil et je contemple la Croix-du-Sud jusqu'au jour, en pensant aux belles ruines de *Méléa* et de *Pra-Khan*, situées non loin de Compong-Plouc ; il est écrit que je passerai à côté d'elles sans les voir, sans y admirer les groupes d'éléphants sacrés (*pra-tomrey*) de vingt mètres de long et de sept mètres de hauteur. Les plus remarquables débris de l'ancienne civilisation khmer (citadelles, chaussées dallées, ponts, lacs artificiels, bassins de pierre, canaux, palais, temples, pyramides commémoratives, etc.) sont situés dans un rayon de deux cents kilomètres autour d'Angcor-la-Grande.

15 février.

Départ à sept heures. Beaucoup d'oiseaux sur les bords de la rivière : perruches criardes, rolliers au plumage bleu, pigeons verts ; quelques cormorans, une bande de vautours au cou et aux pattes rouges ; Hunter brûle ses dernières cartouches. Le vent du matin ne souffle pas, nous pouvons entrer dans le Grand-Lac et caboter jusqu'à neuf heures. Alors la bourrasque se déchaîne et nous nous cachons dans les arbres. Ces rives boisées du Grand-Lac sont certainement fort commodes pour la navigation en barque ; elles offrent un abri sûr au moment du danger.

A deux heures de l'après-midi on se remet à ramer vers le sud-est ; nous approchons de la frontière actuelle du Cambodge qui partage le lac en deux moitiés à peu près égales. Mais le mandarin de Siam-Rep n'ose pas la franchir ; j'essaye inutilement de le décider. Bon gré mal gré, nous remontons pendant trois heures une grande rivière bordée d'arbres énormes, — figuiers, azélias, bombax, — et enchevêtrés de grosses lianes aux fruits vénéneux ; nous passons devant un village siamois nommé *Compong-Chlan* ; le mandarin ne veut s'arrêter qu'à trois milles au delà, au village cambodgien de

Compong-Tiam. Pourquoi? que signifie cette distinction de nationalités? Je ne l'ai jamais bien su. Les rives boisées du fleuve ne sont pas encore découvertes; sa largeur dépasse cent mètres; j'admire des alignements droits d'un à deux kilomètres. Cependant l'inondation s'est déjà retirée d'environ quatre milles. A la lisière des forêts noyées, la profon-

Varant.

deur d'eau n'est plus que de 1 mètre 50. Il y a quarante ans, disent nos rameurs, il restait 4 mètres aux plus basses eaux.

Nous arrivons enfin au prétendu village cambodgien à la chute du jour. Je mande aussitôt le misroc, dont la maison se reconnaît à un trophée suspendu devant la porte : ce trophée, en usage dans le Siam et le Cambodge, consiste en un cadre de bois orné d'un rotin. L'enseigne n'est pas menteuse. A la lecture des lettres de Norodom, ce misroc se livre à toutes sortes de salamalecks ; décidément c'est un vrai Cambodgien. J'en profite pour changer d'esquifs et renvoyer mes Siamois de Siam-Rep ; nous nous installons tous dans

une grande jonque ; Compong-Tiam est, en effet, un important marché de bateaux pouvant porter 1 000 piculs, c'est-
à-dire 60 tonneaux. J'en vois plusieurs sur le chantier ; ils
valent de 25 à 30 barres d'argent (environ 2 000 francs), et
sont faits avec de beaux bois de *sao* qui se rencontrent dans
le nord, du côté des monts *Koulen*.

Le misroc a réquisitionné, pour se concilier mes faveurs,
une assez belle tortue terrestre qui nous donnera de bonne
soupe, et un gros lézard, nommé *varant*, qui ressemble assez
à un crocodile en miniature. Il mesure un demi-mètre de
longueur, et sa chair, m'assure-t-on, a un goût exquis ; je n'ai
garde d'y toucher.

Nous repartons à neuf heures du soir et nous naviguons
toute la nuit, par un clair de lune magnifique.

16 février.

Le vent ne s'est pas levé, et ce calme inusité n'est pas de
bon augure. Nous avons atteint un remarquable étranglement qui partage le Grand-Lac en deux bassins, étranglement
plus apparent que véritable, car il est formé en partie par des
forêts noyées qui font saillie sur la ligne générale des rivages
orientée du nord-ouest au sud-est. Nous nous engageons dans
une espèce de bras de mer qui sépare cette saillie de la terre
ferme ; à neuf heures du matin, nous faisons halte au petit
port de *Téméa*.

Le misroc de Téméa est un Chinois. Il nous envoie mali-
cieusement un déjeuner composé de cinq plats de poisson,
mais refuse de nous vendre des poulets, des engoulevents,
des cailles rouges. Il refuse aussi la monnaie de Battambang ;
à Siam-Rep on avait déjà fait quelques difficultés pour accepter les nouvelles pièces de Catatone. Il paraît que les

anciennes renferment un peu plus d'étain, et les indigènes, instruits par les Célestes, savent faire la différence[1].

Ce jour-là j'essaye de gagner le goulet que forment les palétuviers dans le milieu du lac, afin d'y faire quelques sondages. Ma jonque a 12 mètres de longueur, 2 mètres 20 de largeur maxima; avec son chargement elle cale 70 centimètres et le pont s'élève à 80 centimètres au-dessus de la flottaison. C'est déjà un joli bâtiment; mais un coup de vent m'oblige à renoncer à l'expédition commencée.

De retour à Téméa vers cinq heures, nous recevons la visite du misroc chinois; ce fonctionnaire peu sympathique vient me déclarer que les hommes de son village ont refusé de nous conduire. Je lui réponds qu'il est un mauvais misroc, qu'il ne sait pas se faire obéir, et que le roi le révoquera. Cette menace le laisse froid; bien heureusement nos rameurs de Compong-Tiam ne se révoltent pas et consentent à continuer le voyage.

Nous suivons le grand arroyo, large de 300 à 400 mètres, qui traverse les forêts noyées et nous ramène à minuit dans le bassin méridional du Grand-Lac. Nos malheureux rameurs ne tiennent plus debout; ils amarrent la jonque à un arbre pour essayer de dormir jusqu'au jour.

17 février.

La halte n'a duré que deux heures. Il y avait tant de moustiques près de notre mouillage que les Cambodgiens m'ont supplié, malgré leur épuisement, de prendre le large. Je fais nager mes deux Annamites, je m'empare d'un aviron,

---

[1] Les pièces de monnaie courante en usage à Battambang ont la valeur d'un *cent* (cinq centimes, la centième partie de la valeur nominale de la piastre); elles sont fort petites, presque moitié moindres que nos pièces de cinquante centimes. Cette monnaie, peu encombrante mais facile à perdre, existait au Cambodge avant la ligature, qui est d'importation annamite.

et nous entrons dans le Grand-Lac, en nous tenant à une centaine de mètres de la rive nord.

Vers trois heures du matin, j'aperçois une ligne noire sur l'horizon liquide ; il semble que c'est la côte de Posat.

« Illusion, me dit Hunter ; la grande chaîne de Posat, la montagne du Vent, sont beaucoup trop éloignées pour être visibles à cette heure, malgré les étoiles. Ce que nous voyons, c'est l'ouragan qui agite le milieu du lac ; il arrivera bientôt sur nous. »

Ce pronostic fâcheux ne tarde pas à se vérifier ; la mousson du sud-ouest se met à souffler violemment, et nous avons tout juste le temps de rallier la rive avant l'arrivée de la vague noire. De gros nuages sombres, venus de l'équateur, ont envahi le ciel ; l'obscurité est complète ; nous nous guidons avec un falot. Un arbre isolé sort de l'eau à une vingtaine de mètres en avant de la lisière des forêts noyées ; nous le doublons et passons derrière lui au moment même où la lame nous prend. Ses branches la brisent bien un peu, mais la jonque, qui se trouve engagée dans le feuillage, ne se relève pas sous les rouleaux d'écume qui l'envahissent ; elle menace de couler à pic. Une minute d'anxiété s'écoule ; le falot nous éclaire à peine ; je sonde : deux mètres d'eau ; nous ne pouvons pas attendre le jour dans cette position critique. On dégage le bateau avec de grands efforts, et quelques coups désespérés d'aviron nous mènent au bord de la forêt, avec un tangage invraisemblable. Nous entrons sous bois sans avarie ; à la troisième rangée d'arbres, le taillis nous arrête, l'esquif est amarré solidement à deux palétuviers, et nous restons dans la nuit noire, secoués, ballottés, mais en lieu sûr et délivrés des moustiques que l'ouragan emporte avec lui.

Le matin, la mousson du sud-ouest continue à fraîchir, et la houle du large devient tellement forte que nous ne sommes plus abrités derrière notre môle de branches et de feuillage. La jonque, dont l'avant est trop bas sur l'eau et l'arrière trop élevé, donne du nez, comme disent les marins, d'une façon inquiétante; je fais porter à l'arrière tous les bagages pesants; un seul Cambodgien se tient debout sur la proue, cramponné à une branche et maintenant le bâtiment debout aux lames.

A midi légère accalmie; mais *la mer est faite;* nous ne pouvons songer à sortir. Nous profitons de cet instant de répit pour déjeuner. Les pauvres Cambodgiens mangent leur riz sans se plaindre et boivent l'eau du lac; je leur donne du poisson salé, de la viande et de l'alcool de riz; ils sont heureux.

Le soleil se couche et la tempête dure encore. Quelle nuit nous avons passée au milieu de ces arbres contre lesquels la jonque, secouée par le ressac, peut se briser à chaque instant! L'unique falot que nous possédons ne permet pas d'y voir, et la lune est cachée par d'épais nuages noirs. Je ne regrette pas aujourd'hui d'avoir navigué en jonque sur le Grand-Lac, à l'époque du changement de mousson, mais on ne m'y reprendra plus.

18 février.

Nous restons jusqu'à neuf heures du matin dans la même situation; je commence à me demander si cette relâche forcée va se prolonger jusqu'à l'établissement complet de la mousson du sud-ouest. Hunter, aussi peu soucieux que moi de rester six semaines dans les forêts noyées, interroge les Cambodgiens sur la possibilité de gagner la terre ferme, en s'ouvrant un passage à la hache à travers bois. Nos craintes se dissipent enfin; un calme plat succède à l'ouragan; à midi nous nous hasardons à sortir. La houle, encore grosse, nous prend par le travers; les jonques ne sont pas faites pour supporter un fort roulis, et nous longeons la ligne des arbres au plus près.

Vers quatre heures l'eau est redevenue à peu près calme, les nuages ont fui vers le centre de l'Indo-Chine, le soleil brille; nous respirons. Sur ces entrefaites apparaît une jonque de pêche; nous la hélons, elle s'approche et j'achète plusieurs gros poissons pour nos rameurs. Ces malheureux Cambodgiens qui croyaient nous conduire pendant deux jours seulement, ont épuisé leur maigre provision de riz; c'est bien le moins que je les nourrisse, et cependant rien ne saurait vous peindre la reconnaissance que leurs yeux témoignent à la vue de ces petits cadeaux : les mandarins qui les exploitent oublieraient-ils de leur donner à manger?

Nous arrivons à sept heures vers l'angle sud-est du Grand-Lac; notre esquif se met à l'abri derrière de petites îles couvertes de jungles; la profondeur d'eau est encore d'un mètre et demi. Ce coin du lac est un repaire de pirates; nous tirons des salves aux quatre coins de l'horizon. De grands cris nous répondent; je les prends d'abord pour des appels humains; pas du tout, me dit Hunter, c'est simplement un crocodile qui réclame sa femelle.

19 février.

Il n'a pas été possible de s'endormir, malgré les feux de bois vert allumés pour chasser les taons et les moustiques. Les Cambodgiens exténués ont préféré continuer la route. A neuf heures nous avons gagné le large pour fuir les terribles insectes; un calme absolu régnait dans l'atmosphère; pas un nuage au ciel; il faut bien quelquefois se fier à sa bonne étoile. Mais où aller à cette heure? Il n'existe pas de village avant Compong-Tien-Long où nous avons passé trois mois et demi auparavant et que nous ne pouvons atteindre en moins de douze heures. Or il nous faut un mouillage pour l'aube; car, si la nuit reste tranquille, nous ne pouvons espérer que le soleil reparaisse sans soulever l'une ou l'autre mousson.

Je consulte alors la carte hydrographique dressée il y a quelque dix ans; elle m'apprend qu'un arroyo à deux branches se jette dans le lac à trois milles dans le sud-ouest; nous mettons le cap sur cet arroyo, et pendant que les Cambodgiens dorment, nous nageons de toutes nos forces, Hunter et moi, avec les deux Annamites. Vers minuit, nous sommes arrivés à la ceinture de forêts noyées où doit se trouver l'embouchure promise; nous la cherchons inutilement; nous longeons la lisière des bois vers le sud, sur un parcours de quatre à cinq kilomètres; rien, absolument rien. Cette carte, qui devrait être corrigée tous les trois ou quatre ans, m'a servi à peu près autant qu'aurait pu le faire celle du lac de Genève.

Pendant que je me demande si nous allons être réduits, comme l'avant-veille, à chercher un refuge au milieu des palétuviers, on signale dans le sud-est une faible lumière à peine visible à la surface de l'eau. Est-ce le feu d'un bateau? Non, disent les Cambodgiens réveillés; c'est le phare indiquant l'emplacement d'un village annamite installé sur ses piquets, à deux milles au large, pour faire la pêche. Il n'y a pas à hésiter : nous irons demander asile à ce village annamite. En avant donc! nous tournons le dos au rivage pour gagner le large. Les forêts disparaissent, la lune remplit le ciel de sa lumière blanche, et la surface du lac, unie comme un miroir, prend une teinte argentée et vaporeuse qui rappelle la mer de lait. Sur la dunette d'un vaisseau de guerre, ce spectacle est simplement grandiose; sur une frêle barque,

dans la compagnie de quelques sauvages, il a quelque chose
de mystérieux.

Vers deux heures et demie du matin, le phare annamite
s'est beaucoup rapproché, nous distinguons sur l'eau brillante une tache noire qui représente le village ; mais ce village n'est pas endormi, les veilleurs de nuit nous ont aperçus
et le bruit du tocsin arrive à nos oreilles. On nous a pris pour
des pirates.

Nous approchons toujours ; le bruit lugubre des gongs et
des tam-tams redouble ; puis des lueurs brillent dans les maisons et des détonations retentissent. Ces braves petits Annamites nous reçoivent à coups de fusils !

Que faire ? Virer de bord ? Ils seraient capables de nous
poursuivre avec vingt jonques. Le mieux est d'aller sur eux en
leur criant de cesser le feu. Ainsi nous faisons, au risque de
n'être pas entendus à temps ; Nam et Sao s'égosillent à crier :

« Amis ! Fouançais ! Mitop ! »

Et ils ajoutent des facéties qui ne sont guère de circonstance, mais peignent bien leur caractère insouciant et mo-
queur. On finit par se comprendre, la mousqueterie s'arrête,
et bientôt nous arrivons dans le village, une Venise en miniature. Le chef me rend visite aussitôt, s'excuse fort de la méprise et m'offre un dauphin tout entier ; je n'ai qu'à lui pardonner et à l'abreuver d'eau-de-vie de riz. Amarrés aux pieux
de sa paillotte, dans la rue centrale du village, nous nous
endormons bientôt si profondément que l'ouragan du matin
ne nous réveille pas.

20 février.

J'ai donné à mes matelots cambodgiens un jour de repos
bien mérité ; dans l'après-midi, le lac étant redevenu calme,
j'en profite pour suivre un bateau de pêche.

Le Grand-Lac renferme, ou bien le Mékong lui envoie chaque année une quantité inouïe de poissons plats, d'une espèce particulière, qui trouvent leur pâture dans les brousses noyées. Ce poisson plat se nomme en cambodgien *trei pra,* ce qui veut dire poisson divin ou sacré. Quand le lac se vide (février à juin), la pêche a lieu le plus facilement du monde; les poissons divins sont capturés par centaines de mille, séchés au soleil, salés, mangés dans le pays, ou exportés jusqu'en Chine et dans l'archipel de la Sonde. Les filets, le sel, les jonques ne suffisent pas; 50 000 individus de tous pays sont embrigadés pour cette pêche miraculeuse; un coolie coûte environ cent francs par saison, et a droit en outre à la nourriture (deux ou trois sous par jour), au vêtement, au bétel et au tabac. Ces gens-là feraient donc d'excellentes affaires au service des fermiers de la pêche, si dans chaque pêcherie un agent de la ferme des jeux ne venait pas s'installer et les dévaliser.

La pêche est affermée par cantonnements; chaque locataire paye une redevance fixe. Depuis la séparation des provinces de Battambang et d'Angcor, le Grand-Lac appartient par moitié aux royaumes de Siam et du Cambodge, et chaque trésor royal perçoit environ 220 000 francs pour le fermage de la pêche. L'impôt étant calculé de manière à atteindre environ le dixième de la production, on voit que le Grand-Lac est pour le pays une source de revenus de quatre à cinq millions de francs.

Les filets cambodgiens et annamites ne diffèrent pas des nôtres. Chaque coup de filet rapporte un abondant butin; les poissons plats sont empilés dans des jonques et ramenés au village pour être étendus sur des plates-formes de bambous; les autres poissons, impropres à la salaison, sont rejetés à l'eau ou consommés sur place. Les pêcheurs trouvent souvent

24

de vrais monstres marins auxquels ils livrent, au moment de
l'extrême sécheresse, des combats corps à corps ; mais ces
monstres ne sont plus des poissons, ce sont des mammifères
de l'ordre des *cétacés* (dauphins), ou des *sirénides* (lamantins)[1].
Leur bon marché est fabuleux : un dauphin de cinquante kilogrammes vaut une piastre.

Le poisson divin est relativement beaucoup plus cher. Du
reste, sa cuisson au soleil, qui dégage des odeurs inénar-
rables, exige une certaine habileté. Elle comporte des salages
successifs et des lavages à l'eau froide, accompagnés d'une
sorte de fermentation ; le produit de ces lavages et de ces
fermentations donne ce jus épais, fétide, ayant l'aspect et la
consistance de l'huile de foie de morue, que les Annamites
appellent *nuoc-mam* et savourent comme assaisonnement à
leur riz. Certes c'est là une sauce de haut goût.

Les hommes seuls vont poser et lever les filets ; les femmes
gardent le village — ou la pêcherie — et s'occupent de la
dessiccation du poisson. Si des pirates surviennent, elles
appellent leurs maris à grands coups de tam-tam ; cet instrument sert aussi pour le ralliement des pêcheurs surpris par la
nuit, car chaque cantonnement occupe une grande étendue.

21-24 février.

Nous avons quitté le village vers dix heures du soir. Au
point du jour, on a atteint l'entrée de la passe du Val-Phoc,
et c'est là qu'on s'aperçoit bien de la baisse des eaux (d'en-

---

[1] La taille des dauphins du Grand-Lac ne dépasse pas trois mètres. Les dauphins
d'eau salée atteignent jusqu'à quinze mètres. L'ordre des cétacés renferme les animaux les plus grands de la création (cachalots, baleines).

Les lamantins, plus petits que les dauphins, sont des sirènes d'eau douce. Les
sirènes n'ont pas quatre membres comme les phoques ; elles ne sont pourvues que de
membres antérieurs, mais les cinq doigts de leurs mains sont réunis par une peau
qui en forme une espèce de rame natatoire. Leurs mamelles sont pectorales comme
celles de l'homme et de l'éléphant.

viron huit mètres) survenue depuis quatre mois. Le pied des
arbres reste seul immergé et serait un abri insuffisant contre
la mousson. Mais nous trouvons un arroyo qui nous offre un
excellent refuge ; près de son embouchure, le village de
Compong-Tien-Long est venu depuis quelques jours occuper
la station d'été. L'animation est extrême ; les indigènes vont
travailler, pêcher, dessécher des milliers de poissons, fabri-
quer des tonneaux d'huile ou de nuoc-mam, se démener
comme des enragés pendant deux ou trois mois ; ensuite ils
retourneront dans l'intérieur et sommeilleront tout le reste
de l'année [1]. Dans ce petit port il ne serait pas impossible de
changer de rameurs et de bateau ; mais les fidèles Cambodgiens qui me conduisent depuis Compong-Tiam (15 février)
ne veulent pas me quitter.

A trois heures de l'après-midi, on se remet en route ; le
Val-Phoc est bientôt traversé, nous entrons dans le fleuve qui
sert d'émissaire au Grand-Lac pendant la saison sèche. Un
peu plus bas, de nombreuses îles ou bancs de sable en
rendent la navigation difficile à cette époque, même pour des
jonques ; nous prenons à notre droite une sorte de canal la-
téral qui permet d'éviter ces hauts-fonds et nous nous y
engageons de nuit. Vers huit heures l'obscurité devient telle
dans la forêt épaisse qui borde les deux rives du petit arroyo,
à peine large de dix mètres, qu'il faut s'arrêter. Mais aussitôt
des nuées de moustiques nous attaquent ; malgré l'absence
de lune, on décide de continuer la route. Je ne me fie plus à

---

[1] C'est chose merveilleuse que la facilité de la vie dans ce climat brûlant : les
hivers rigoureux avec leurs misères y sont inconnus ; les maisons confortables et
bien closes n'y sont donc pas nécessaires ; on peut coucher en plein air, et les seuls
vêtements sont ceux que la pudeur exige ; l'homme a besoin de peu de nourriture,
l'usage de la viande y est plus malsain que salutaire ; les besoins de l'existence né-
cessitent donc une faible quantité de travail ; toutes ces causes naturelles engendrent
la paresse, et c'est à la combattre que le législateur doit s'appliquer.

nos Cambodgiens qui dorment en ramant ; je prends l'aviron
d'arrière et en même temps je tiens la barre entre mes
jambes. Combien de fois notre esquif alla-t-il se choquer
contre les arbres ou s'échouer sur des bancs invisibles ? Combien de fois les Cambodgiens durent-ils entrer dans l'eau
pour le dégager ? Je l'ignore. Cette nuit noire m'a laissé un

Tarentule.

souvenir vague, mais horrible ; chaque fois que nous heur-
tions les lianes suspendues sur nos têtes, une pluie de feuilles,
d'insectes, de petits animaux rampants, s'abattaient autour
de nous. Dès que les premières lueurs du jour permirent de
s'y reconnaître, je me couchai sous le rouf et je restai plongé
pendant sept à huit heures dans un véritable sommeil cata-
leptique. Quand je me réveillai, en proie à une agitation fé-
brile, nous étions à l'entrée de l'ancien golfe d'Angcor, au
goulet de Compong-Schnan, sur la rive occidentale du Tonlé-
Sap, en face du marais giboyeux qu'Hunter avait visité plus
d'une fois. Mais je ne songeais guère à chasser.

Je me souviens que nos Cambodgiens nous quittèrent à ce
village de Compong-Schnan ; ils prirent soin eux-mêmes de
trouver une bonne barque et de bons rameurs pour nous
conduire à Pnom-Penh. Leurs adieux furent touchants, et je
ne pus pas payer assez ni les services qu'ils nous rendaient

Scorpion (grandeur naturelle).

depuis sept jours, ni les ennuis d'une traversée de retour qui
devait durer au moins autant. Après leur départ, je n'eus
pas le courage de visiter les fabriques de poteries du pays
(*Compong-Schnan* signifie embarcadère des marmites), ni
la distillerie d'opium ; je me sentais arrivé au degré de sur-
excitation nerveuse que provoquent, sous ce climat terrible,
les fatigues, les émotions, les privations trop prolongées, et
qui exige un retour immédiat en Europe.

Le lendemain, vers dix heures du soir, notre jonque arrivait en vue de Phom-Penh, et mouillait à l'appontement du Protectorat, que l'*Anadyr* avait quitté avec nous le 2 novembre précédent ; j'y dormis encore cette nuit-là, mangé par les cancrelas, auxquels je ne prenais pas plus garde qu'un vieux Kouys. Une canonnière, venue de Saigon à l'occasion de la fête du roi, était mouillée à quelques mètres, et je n'oublierai jamais la surprise que me causa, à mon réveil, la vue de plusieurs Françaises élégamment vêtues, qui prenaient leur café au lait avec les officiers du bord, ni l'ahurissement de ces dames quand elles me reconnurent sous le rouf de la misérable jonque, habillé à la cambodgienne, la figure défaite, et le teint non moins plombé que celui de mes deux Annamites.

Quelques jours après, revenu à Saigon, je m'embarquais pour la France avec une joie égale à celle qui me remplissait au moment de mon départ pour le Cambodge.

CHAPITRE XXVI

CONCLUSION. — LA COLONISATION DE L'INDO-CHINE

I. Description physique et politique de la péninsule. — Limites de l'Indo-Chine française. — Importance relative du Cambodge dans cet empire colonial. — Le péril chinois ; nécessité d'organiser une armée annamite et de construire un chemin de fer stratégique près de la frontière chinoise du Tonkin.

II. Causes de l'infériorité commerciale de la France dans l'Extrême-Orient. — Création d'une banque des colonies.

Nous venons de parcourir environ 1 500 kilomètres dans le royaume du Cambodge, et cependant nous n'avons vu qu'une petite partie de l'Indo-Chine. Quelle est l'importance relative de ce royaume à côté des autres États de la péninsule ? Quelle place occupera-t-il dans l'empire colonial que la France semble résolue à fonder entre l'Hindoustan et la Chine ? Quel ensemble de moyens paraît devoir assurer la colonisation du Cambodge et des régions voisines, au triple point de vue humanitaire, politique et commercial ? Je n'ai pas la prétention de résoudre des questions aussi complexes ; mais il me sera permis, en terminant ce voyage, de mettre à profit les observations recueillies sur place et la petite expérience acquise pour poser ces questions, indiquer les difficultés à vaincre, les périls à conjurer, et aussi les fautes qui,

en paralysant nos efforts, fourniraient des armes nouvelles
aux adversaires des entreprises coloniales [1].

I

La péninsule de l'Indo-Chine, dont l'ossature est formée
par des ramifications de l'Himalaya, est limitée à l'ouest par
la vallée du Brahmapoutre, qui la sépare de l'Hindoustan ; le
golfe de Siam et la mer de Chine la baignent au midi et à
l'orient, sur un développement de côtes qui atteint 5,000 kilomètres ; démesurément étirée vers l'équateur, elle embrasse
25 degrés de latitude nord ; sa largeur est comprise entre le
90° et 107° de longitude est de Paris, et sa superficie dépasse
un million et demi de kilomètres carrés. Le Cambodge en
occupe à peine la quinzième partie.

Cinq grands fleuves, dont le cours général est dirigé vers le
sud, divisent cette contrée en autant de bassins : l'Iraouaddy,
le Salouen, le Ménam, le Mékong et le Soncoï. Aucun Européen n'a pu jusqu'à ce jour remonter jusqu'à leurs sources,
dont la découverte résoudra un des problèmes les plus dis-
cutés de la géographie asiatique.

Les deux premiers de ces cours d'eau arrosent l'empire
birman, aujourd'hui annexé aux possessions britanniques de
l'Inde ; le Ménam est tout entier compris dans les limites du
royaume de Siam ; le Mékong, qui paraît descendre du plateau du Thibet, traverse la province chinoise du Yunan, le
Laos, le Cambodge et la Cochinchine française ; enfin le
bassin du Soncoï, ou Fleuve-Rouge, embrasse le Yunan méridional et le Tonkin. Ce dernier cours d'eau est seul navigable

---

[1] Cette conclusion est le résumé d'une étude adressée à M. le ministre de la Marine
en octobre 1884, et publiée dans la *Revue maritime et coloniale* en avril 1885.

jusqu'aux frontières de la Chine, mais seulement pour des
jonques de petit tonnage.

On peut dire que ces grands fleuves et leurs affluents sont

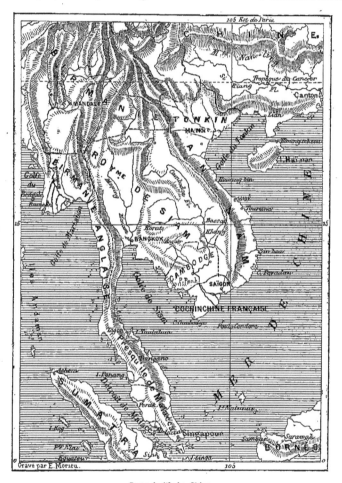

Carte de l'Indo-Chine.

les bienfaiteurs de l'Indo-Chine. C'est près de leurs rives que
les indigènes vivent le plus commodément, et sur beaucoup
de points, — notamment dans les deltas du Mékong et du
Soncoï, — la population est deux à trois fois plus dense que

celle de la France. Ce fait de l'agglomération des habitants le long des rivières a une importance évidente au point de vue des transactions commerciales.

Les divisions politiques de l'Indo-Chine concordent assez bien avec les divisions hydrographiques :

La Birmanie occupe la vallée de l'Iraouaddy;

Le Siam, la vallée du Ménam;

Le Cambodge, le bassin du Grand-Lac;

La Cochinchine, le delta du Mékong;

Le Laos, la vallée supérieure du Mékong;

L'Annam, le versant oriental du grand plateau laotien;

Le Tonkin, le bassin du Fleuve-Rouge.

Il va sans dire que ces limites naturelles ne donnent qu'une idée approximative des frontières de ces différents États. Nous connaissons déjà la Cochinchine et le Cambodge; il est nécessaire de dire quelques mots de la Birmanie, du Siam, du Laos et du Tonkin.

BIRMANIE

Géographiquement parlant, la Birmanie n'est qu'une vaste vallée traversée du nord au sud par un fleuve puissant, l'Iraouaddy, qui est navigable pour les navires à vapeur jusqu'à 1,200 kilomètres de son embouchure, à peu de distance de la frontière chinoise (*Bahmo*). Politiquement, cette vallée s'est divisée, jusqu'à la fin de l'année 1885, en deux parties distinctes : la Birmanie anglaise, qui s'étendait depuis la mer jusqu'à 400 kilomètres environ dans l'intérieur; la Birmanie indépendante, gouvernée par un souverain dont la résidence, Mandalay, s'élève près des anciennes capitales, Ava et Amarapoora.

La superficie totale des deux Birmanies est d'environ 500 000 kilomètres carrés (presque la surface de la France); celle de la Birmanie indépendante dépassait 350 000 kilomètres carrés, et sa population était évaluée à cinq millions d'habitants. Le haut Laos, tributaire de la Birmanie, est une région fort peu connue, dont l'étendue n'atteint pas tout à fait celle du Cambodge (100 000 kilomètres carrés).

Mandalay, capitale des Birmans, était aussi le centre commercial de la Birmanie indépendante. Des bateaux à vapeur, appartenant à une compagnie anglaise, font le service entre cette ville et le port de Rangoon, qui est devenu, après trente ans d'occupation britannique, le second port de commerce du golfe de Bengale.

Je ne hasarderai aucune hypothèse sur les origines des peuplades birmanes. Il est certain toutefois que leur type n'offre guère de ressemblance ni avec celui des Siamois, qui viennent de l'Inde, ni avec celui des Cambodgiens, qui semblent avoir régné pendant une longue suite de siècles sur le centre et le midi de l'Indo-Chine, ni au type des Annamites, qui en occupaient le nord bien avant le commencement de l'ère chrétienne. Race belliqueuse et même farouche, les Birmans ont soutenu contre l'Angleterre, en 1825 et 1850, des guerres acharnées, mais malheureuses, qui se sont terminées par l'annexion du Pégou à l'empire des Indes. Leur implacable haine contre les Anglais semblait les pousser de plus en plus dans les bras de la France, quand nos rivaux leur ont déclaré la guerre sous un prétexte futile, ont fait main basse sur leur capitale presque sans coup férir, et se sont ouvert une voie qui leur permettra peut-être de détourner à leur profit le commerce du Yunan.

SIAM

Au sud de la Birmanie est situé l'empire ou le royaume de Siam. Empire ou royaume, peu importe ; je dois dire cependant que le jeune monarque qui règne à Bangkok porte le titre de *roi des rois* (*pra-tiao*), et le fait est que, tout en reconnaissant la suzeraineté de l'empereur de Chine, il a des rois sous sa domination. Celui du Cambodge, par exemple, était du nombre de ses vassaux avant de devenir notre protégé.

Le royaume de Siam comprend :

Le Siam proprement dit, qui occupe le bassin du Ménam ;

Le Cambodge siamois (principautés de Battambang et d'Angcor) ;

Le Laos siamois, qui occupe le bassin du Mékong et renferme plusieurs royaumes tributaires, parmi lesquels celui de Bassac ;

La presqu'île de Malacca.

L'étendue de la monarchie siamoise dépasse 500,000 kilomètres carrés, et je ne crois pas exagérer en calculant sa population d'après la moyenne kilométrique du Cambodge (douze habitants par kilomètre carré) ; il y aurait donc en Indo-Chine huit à dix millions de Siamois ou de Laotiens autochtones payant tribut à la cour de Bangkok. La vallée du Ménam, les bords du haut Mékong et de ses affluents de rive droite sont assez peuplés ; mais entre les deux fleuves s'étendent d'immenses plateaux couverts de forêts vierges et complètement déserts.

La vallée du Ménam, habitée par les Siamois proprement dits, la vallée du haut Mékong, habitée par les paisibles tribus laotiennes, forment une barrière naturelle entre l'Indo-Chine française et les possessions britanniques.

Les institutions, les mœurs, le type sont les mêmes dans le Siam qu'au Cambodge; connaissant l'un de ces pays, vous connaissez l'autre. Dans les provinces voisines de Bangkok, il semble que l'administration est meilleure que celle de Norodom; dans le Laos, elle est peut-être un peu plus mauvaise, s'il est possible.

ANNAM ET TONKIN

Au sud du royaume de Siam, nous trouvons le Cambodge, qui occupe une superficie de 100 000 kilomètres carrés et compte un million d'habitants. Nous venons de le parcourir, et je n'ai rien de plus à en dire ici. Après le Cambodge est située la Cochinchine (60 000 kilomètres carrés), qui nous est également bien connue. Ici s'exerce l'autorité directe de la France, là son protectorat, depuis plus de vingt ans. De même que le Cambodge nous donne une juste idée du Laos, appelé à faire partie de notre nouvel empire colonial, de même la Cochinchine, peuplée de 1 600 000 Annamites et de 150 000 Chinois, est le portrait fidèle de l'Annam et du Tonkin, que de récents traités ont placés sous notre loi.

Le royaume d'Annam forme, entre la mer de Chine et les crêtes du plateau laotien, une longue et étroite bande de terre, peu peuplée, peu fertile, malsaine, envahie par les forêts. Sa population ne paraît pas dépasser cinq millions d'habitants; sa superficie atteint 240 000 kilomètres carrés. La configuration géographique de ce pays ne lui permet pas d'avoir de grandes rivières; en revanche, ses côtes présentent plusieurs emplacements excellents pour la création de ports de refuge, qui seront fort utiles dans ces parages fréquentés par les typhons.

L'Annam est séparé du Tonkin par une barrière montagneuse. Une étroite corniche, à parois escarpées sur la mer, marque parfaitement la limite de ces deux États, peuplés par la même race d'hommes et réunis depuis moins d'un siècle. Le Tonkin, berceau des Annamites, est baigné par la mer de Chine entre 18° et 21° de latitude nord, et ses frontières continentales sont : au nord, les provinces chinoises de Kouang-Tong, Kouang-Si et Yunan; à l'ouest et au sud, les petits États laotiens, tributaires de la Birmanie, du Siam et de l'Annam. Sa superficie est d'environ 140 000 kilomètres carrés (plus du quart de la France); sa population dépasse huit millions d'habitants.

Un grand nombre de rivières, dont la plus importante est le Soncoï ou Fleuve-Rouge, fertilisent la plaine du Tonkin. Le Fleuve-Rouge se jette dans la mer de Chine par plusieurs bras qui, réunis à ceux d'autres rivières, forment un vaste delta dont la fertilité est merveilleuse. C'est dans les 12 ou 15 000 kilomètres carrés de ce delta que, à la suite de nombreuses invasions d'irréguliers et de rebelles chinois, les Annamites se sont réfugiés et entassés; pas un pouce de terrain cultivable n'y reste en friche; la densité de la population y est de beaucoup supérieure à celle de la France. Tout autour du delta s'étend une région huit à dix fois plus vaste, désignée sous le nom de haut Tonkin; autrefois habitée et cultivée, elle est aujourd'hui déserte; ses forêts et ses montagnes servent de repaires à des pillards de toutes les nations et à des Pavillons de toutes les couleurs, contre lesquels nous aurons longtemps à nous mettre en garde.

Telles sont les différentes contrées qui se partagent la péninsule indo-chinoise. Le Siam proprement dit (vallée du

Ménam) et le Laos (vallée du haut Mékong), doivent être
exclus du rayon d'action directe de la France; mais de nouveaux traités de commerce pourront les ouvrir à nos produits.

Le Cambodge, la Cochinchine, l'Annam et le Tonkin forment dès aujourd'hui des possessions *médiates* ou *immédiates*
de la France; leur étendue est de 550 000 kilomètres carrés;
leur population comprend un million et demi de Cambodgiens (y compris ceux d'Angcor et de Battambang, dont le
retour à la mère patrie peut faire l'objet de faciles négocia-
tions avec la cour de Bangkok), et seize millions d'Annamites
au minimum, d'après les plus basses évaluations.

On voit qu'il y a loin de ce nouvel empire colonial à celui
que Dupleix voulait fonder dans l'Inde; l'empire anglais des
Indes mesure 3 000 000 de kilomètres carrés; il compte deux
cents millions d'hommes. Nos conquêtes en Indo-Chine seront
une maigre compensation des fautes commises au siècle dernier, et parmi ces conquêtes le Cambodge ne compte que
pour le cinquième en étendue et le dixième en population.

Ce pays que nous venons de visiter, non sans quelque
peine, n'est donc, à ce double point de vue de la population
et de la superficie, qu'une fraction assez faible de nos possessions asiatiques; mais, si on le considère sous d'autres
rapports, son importance augmente singulièrement.

1° Le Cambodge, dont le sol peut recevoir toutes les riches
cultures de la zone intertropicale, est accessible par eau. Les
bâtiments du plus fort tonnage peuvent remonter dans le
Grand-Lac pendant deux mois de l'année; des vapeurs de
mille à quinze cents tonneaux vont en tout temps jusqu'à
Pnom-Penh, la capitale. Le Laos, au contraire, est fermé
aux communications fluviales; les premiers rapides du Mékong se rencontrent près de la frontière septentrionale du
Cambodge, à 280 milles de la mer. Aucune des petites ri-

vières de l'Annam n'est navigable; celles du Tonkin ne le
sont pas toujours, et on aurait grand tort de s'exagérer les
avantages que la navigation du Fleuve-Rouge peut procurer
au commerce européen. D'abord elle est intermittente; car,
pendant la saison sèche, le fleuve ne peut porter que de
petites jonques; puis elle ne laisse pas d'offrir des difficultés, sinon des dangers, pendant la saison des pluies, à
cause de l'existence d'une quantité de bancs de sable ou de
barrages naturels qui donnent naissance à des rapides.

2° Au point de vue politique et militaire, le Cambodge
touche au Siam, qui lui-même touche à la Birmanie. La
vallée du Ménam nous sépare seule de l'empire des Indes.
Sans aller jusqu'à dire que le voisinage des Anglais nous est
désagréable, je puis bien reconnaître que celui des Siamois
du haut Ménam nous oblige à beaucoup moins de circon-
spection. Le Cambodge est un poste avancé d'où nous sur-
veillons les progrès de nos rivaux vers l'Orient, en même
temps qu'une base d'opérations pour les reconnaissances
commerciales dirigées dans le centre de la péninsule.

C'est au Tonkin que se trouve la partie faible des frontières
continentales de l'Indo-Chine française.

Le Tonkin confine à l'empire chinois par une frontière
montagneuse, boisée, difficile à surveiller et à défendre, dont
le développement atteint 1 000 kilomètres. Si la Chine n'est
pas aujourd'hui un voisin bien redoutable, elle le deviendra
sûrement. Maîtresse du bassin supérieur du Fleuve-Rouge,
elle menacera la vallée inférieure de ce fleuve; le meilleur,
et même le seul moyen de la tenir en respect, consiste à
couvrir cette frontière par un chemin de fer stratégique qui
transportera rapidement sur les points menacés les troupes
françaises et surtout l'*armée annamite* à la solde de la France.
Ce chemin de fer à voie étroite, long de 600 kilomètres, coû-

tera environ cent millions de francs. Il permettra d'étouffer immédiatement les révoltes, d'arrêter les incursions chinoises, *quelle que soit la saison;* il maintiendra sur le haut fleuve la sécurité sans laquelle aucune colonisation, aucune transaction commerciale ne sont possibles ; il réduira les frais d'occupation au minimum, et, à ce dernier point de vue seulement, les économies réalisées chaque année couvriront largement les intérêts du capital de construction. Ce travail de première urgence, qui est fort peu de chose à côté des railways anglais de l'Hindoustan, devra se faire dans un délai très court; il y va de la possession même de notre empire d'Indo-Chine.

L'idée d'organiser une nombreuse armée annamite peut étonner à première vue; on a cependant fait deux premiers pas dans ce sens, et ce ne sont que les premiers : depuis quatre ans un régiment de tirailleurs indigènes existe en Cochinchine; il vient de faire bravement la campagne du Tonkin. Tout récemment, la formation de deux régiments de tirailleurs tonkinois a été décrétée; nous avons donc déjà un noyau de huit à dix mille hommes de troupes indigènes qui, avec leurs cadres français, tiendraient tête en rase campagne à quarante mille de ces pseudo-soldats du Fils du Ciel, leurs ennemis héréditaires. La race annamite possède de sérieuses qualités militaires. Autant le Chinois est pusillanime, autant l'Annamite méprise le danger. Disciplinés à l'européenne, conduits par des chefs européens, les Annamites pourront fournir une armée coloniale excellente et assez nombreuse pour changer complètement notre situation vis-à-vis de la Chine.

On me dira : Mais cette armée sera une lourde charge pour le budget colonial. Sans doute, mais pas plus lourde cependant, sur le pied de paix, que les quinze ou dix-huit mille hommes de troupes françaises qu'il serait indispensable d'en-

tretenir constamment dans l'Indo-Chine. Si le budget de la
colonie ne peut faire face à cette dépense nécessaire, la colonie est mauvaise, et il faut la quitter. Dépense nécessaire,
ai-je dit; car, à supposer même que la cour de Pékin ne re-
vendique aucun droit de suzeraineté sur l'Annam, le seul fait
d'un voisinage qui s'étend à 1 000 kilomètres de frontières
mal définies et infestées de brigands, doit faire prévoir l'éventualité de guerres de guérillas plus ou moins officielles.

On dira aussi : Cette armée sera un danger pour notre occupation. Non. Dans tout l'Annam, de même qu'en Cochinchine et au Cambodge, le peuple considérera les Français
comme des libérateurs, si l'administration française ne
choque pas ses anciennes coutumes, le débarrasse des mandarins détestés, lui procure sécurité et bien-être. C'est à la
France à profiter d'une situation qui peut se résumer ainsi :
à l'intérieur, despotisme analogue à celui de notre protégé
Norodom; à l'extérieur, menace perpétuelle d'une invasion
chinoise. L'Annam, affranchi par la France, ne pourra plus
se passer d'elle; abandonné à lui-même, ce pays ne tarderait
pas à se voir envahi, foulé aux pieds par des hordes innombrables qui ramèneraient les mandarins à leur suite. Ce danger, que les Annamites sont trop intelligents pour ne pas
comprendre, nous permet de leur donner une puissante organisation militaire. L'ancienne Compagnie anglaise des
Indes entretenait à ses frais 240 000 cipayes; ne pouvons-
nous armer, équiper, instruire, aux frais du budget colonial,
cent mille soldats annamites? Si l'entreprise est taxée de chi-
mère, l'avenir nous réserve d'éclatantes surprises.

La haine des mandarins chinois, — je ne dis pas du peuple
chinois, — pour les nations européennes, n'est un mystère
pour personne. On évalue aujourd'hui à 400 000 hommes
l'effectif de paix des armées chinoises ou tartares qui sont

réparties sur une surface plus grande que l'Europe ; on dit
que ces troupes sont fort mal instruites, plus mal discipli-
nées, qu'elles manquent d'état-major, d'artillerie, d'inten-
dance ; que les voies de communication rapide, — les routes
même, — n'existent pas en Chine ; que le gouvernement de
Pékin ne peut pas rassembler plus de 50 000 hommes sur les
frontières de nos possessions : tous ces faits, parfaitement
exacts à l'heure actuelle, le seront-ils dans vingt ans? Cela est
au moins douteux. L'esprit militaire a existé en Chine ; les
désastres subis peuvent le réveiller. Qu'on mesure les progrès
réalisés depuis 1860 par l'armée et surtout par la marine
chinoises ; qu'on suppose seulement la même marche ascen-
dante suivie pendant vingt autres années, et alors ce n'est
plus 15 000 hommes qu'il nous faudra pour défendre nos
frontières coloniales, c'est 60 000 ; et je demande où nous les
prendrons si l'armée annamite n'est pas organisée.

Oui, nos nouvelles conquêtes nous ménagent plus d'une
complication si d'énergiques mesures militaires ne sont pas
prises ; le péril chinois, à peine visible en 1860, sensible aujourd'hui, effraye les Européens perspicaces qui habitent
l'Extrême-Orient, et je citerai à ce propos les paroles d'un
Anglais de Calcutta :

« Pourquoi, me disait-il en 1881, n'allez-vous pas au
Tonkin? Nous en serons enchantés. *Vous nous servirez de matelas contre la Chine.* »

II

Les considérations précédentes, aussi bien que les observations recueillies dans le cours de notre excursion au Cambodge, permettent au lecteur de se faire une idée des diffi-

cultés que présente, au double point de vue politique et humanitaire, la colonisation de l'Indo-Chine. Simplifier les rouages, éliminer les mandarins et ne pas leur laisser même l'ombre du pouvoir, doit être la devise administrative ; organiser une armée indigène, couvrir la frontière chinoise par un chemin de fer stratégique, occuper les frontières naturelles, sera le programme militaire.

Il nous reste à examiner la colonisation au point de vue commercial.

En général, après avoir occupé une colonie nouvelle, assuré la sécurité des personnes, la facilité des transports, les nations européennes se préoccupent de tirer parti des nouveaux débouchés ouverts à leur commerce et de se rémunérer ainsi de leurs sacrifices en hommes et en argent. En France, il n'en est pas tout à fait ainsi. Nous faisons la police de nos colonies, nous y entretenons à grands frais des troupes, des officiers civils et militaires, et les étrangers accaparent à peu près tout le commerce. En Cochinchine, par exemple, le mouvement général d'affaires s'est élevé récemment (1883) à 155 millions de francs ; or la part de la France ne dépasse pas le quinzième. Après vingt ans d'occupation paisible, ce résultat est fait pour décourager. Dix millions d'importations ou d'exportations, — le commerce d'une bonne ville de province, — dans cette colonie qui nous a coûté trois cents millions et des milliers de soldats !

Je ne rééditerai pas ici les attaques dirigées contre la politique des extensions coloniales ; je concède à ses adversaires qu'ils ont raison de dire : « Ce n'est pas la peine de conquérir de nouvelles terres pour le plus grand avantage de l'étranger. Un empire colonial dont le marché n'appartient pas au commerce national ne mérite pas le nom d'empire colonial. C'est une lourde charge pour la mère patrie, et pas autre chose. »

Cette vérité s'impose par son évidence même; mais aussi la vérité contraire n'est pas moins éclatante : personne ne s'avisera de dire que l'Hindoustan, ou Java, ou Manille, font la ruine de l'Angleterre, de la Hollande et de l'Espagne. Pourquoi sommes-nous plus maladroits que nos voisins? Toute la question est là.

Les causes de notre infériorité sont au nombre de deux :

1° Insuffisante protection des systèmes douaniers;

2° Indifférence du capital national.

Quand les Anglais s'emparent d'un nouveau coin de terre, aussitôt leurs négociants d'accourir, non pas des négociants véreux, mais des représentants authentiques de maisons considérables. Nous autres, Français, nous tirons l'épée, nous faisons le coup de feu, nous mettons les princes indigènes à la raison, nous importons une armée de fonctionnaires avec tout l'attirail de nos institutions, et c'est tout. Ou plutôt non, ce n'est pas tout : pendant que nos capitaux dorment en France, nous ouvrons nos ports à deux battants, et nous disons aux étrangers : Messieurs, donnez-vous donc la peine d'entrer.

Certes, une conduite aussi désintéressée mérite la reconnaissance de nos rivaux, qui nous en fournissent de temps en temps l'ironique témoignage; mais elle ne durera pas éternellement. Il nous suffit de prendre les tarifs de douane des Anglais dans l'Inde et de les appliquer à *rebours*. Le gouvernement de la reine est beaucoup trop libéral pour exclure le commerce étranger des riches marchés de Bombay, Madras, Calcutta : seulement les cotonnades ne payent que 2 pour 100 d'entrée, les vins payent 40 pour 100. Agissons de même en Indo-Chine, à cela près que les droits d'entrée seront de 2 pour 100 pour les vins, de 40 pour les cotonnades.

Cela fait, le gouvernement aura terminé sa tâche, qui est

incessantes du commerçant isolé dont une attaque de dysenterie peut causer la ruine.

En même temps qu'elle chercherait des débouchés nouveaux pour le commerce proprement dit, la Banque pourrait favoriser certaines entreprises agricoles; l'Indo-Chine est peu peuplée eu égard à son étendue, mais nous avons à notre service l'immigration chinoise, toujours prête à répondre au premier appel adressé à un chef de congrégation d'Hong-Kong ou de Canton. Le Chinois agriculteur, qui se fixe à la terre et se marie chez le peuple indigène, n'est pas dangereux comme le Chinois commerçant, qui retourne dans son pays après avoir drainé l'argent d'une colonie; loin de le repousser, il faut l'attirer par tous les moyens et mettre à profit ses qualités éminentes, ses habitudes de tempérance, son esprit de solidarité, son respect du principe d'autorité, son acharnement au travail. « Quiconque a un peu vécu dans l'intérieur de la Chine n'a pu manquer d'être touché de la lutte acharnée et courageuse que livrent à la misère ces immenses foules, trop nombreuses pour la terre qu'elles cultivent. Leur résignation est admirable[1]. » La fusion de cette énergique race chinoise, avec les races cambodgienne et laotienne, atrophiées par un long régime de servitude, ne peut manquer de produire un bon résultat. A ce point de vue comme aux précédents, la Banque pourra rendre les plus grands services à l'œuvre générale de la colonisation indochinoise, et il faudra moins de temps et moins d'efforts qu'on ne suppose pour arriver, avec une méthode suivie et une direction ferme, à la conquête pacifique de cette grande péninsule, qu'une armée annamite, bien organisée et dévouée à la France, défendrait, le cas échéant, contre toute ambition étrangère.

[1] Francis Garnier.

Telle est la conclusion de ce voyage. Je la livre au public pour ce qu'elle vaut, car je ne suis ni commerçant, ni banquier, ni industriel. Le soleil équatorial, qui fait pousser des arbres monstres, des plantes monstres, — sans parler des crocodiles et des tigres, — exerce aussi quelque action sur le cerveau humain ; s'il m'a inspiré des idées fausses, je prie le lecteur de s'en prendre à lui. Quoi qu'il en soit, l'utopie mène quelquefois à la vérité, de même que plus d'un théorème géométrique se démontre par l'absurde ; et ce n'est pas sans se fourvoyer en dehors du bon chemin qu'on trouvera le remède au mal dont souffrent nos colonies et notre commerce colonial. Ce mal est si violent que d'aucuns le prétendent mortel et voudraient couper court à toute nouvelle entreprise lointaine ; à coup sûr, il ne peut être guéri que par un spécifique énergique, et l'on n'en trouvera pas la formule exacte sans une étude laborieuse.

FIN

FAC-SIMILÉ D'ÉCRITURE CAMBODGIENNE

ឲ្យបំយកទកាគ្រាស្រីទេឡលបាតវិនាគ្រះអានឡេង ទៅត្រីកា

TABLE

PREMIÈRE PARTIE

DE FRANCE AU CAMBODGE

CHAPITRE I

CHAPITRE II

CHAPITRE III

DEUXIÈME PARTIE

VOYAGE AUX MONTAGNES DE FER

CHAPITRE IV

CHAPITRE V

CHAPITRE VI

CHAPITRE VII

CHAPITRE VIII

CHAPITRE IX

TROISIÈME PARTIE

VOYAGE A POSAT

CHAPITRE X

CHAPITRE XI

CHAPITRE XII

CHAPITRE XIII

CHAPITRE XIV

TABLE · 399

CHAPITRE XV

CHAPITRE XVI

CHAPITRE XVII

CHAPITRE XVIII

QUATRIÈME PARTIE

VOYAGE A BATTAMBANG

CHAPITRE XIX

CHAPITRE XX

CHAPITRE XXI

CHAPITRE XXII

CINQUIÈME PARTIE

VOYAGE A ANGCOR

CHAPITRE XXIII

CHAPITRE XXIV

CHAPITRE XXV

CHAPITRE XXVI

CONCLUSION. — LA COLONISATION DE L'INDO-CHINE

17183. — Tours, impr. Mame.